普通高等教育"十一五"国家级规划教材
普通高等教育机电类系列教材

电气控制及PLC

第3版

主　编　周　军
副主编　王文红　史中权
参　编　李　奎

机械工业出版社

本书是普通高等教育"十一五"国家级规划教材。本书从工程实践的角度出发，强调宽基础、重应用，力争为学生今后的持续创造性学习打好基础。

全书内容分三大部分：第一部分主要介绍继电器—接触器控制系统的组成、工作原理及控制系统设计，内容涉及常用低压电器元件、电气控件系统电路图的构成及工作原理，典型设备电气控制系统分析，简单电气控制系统设计；第二部分介绍可编程序控制器（PLC）及其在机械设备控制中的应用，内容涉及 PLC 的系统构成和工作原理，PLC 应用程序的设计与编制，应用计算机编程软件编制 PLC 应用程序的方法及应用，以及 FX_{1N} 系列 PLC 和 PLC 控制系统的开发应用；第三部分简要介绍电动机调速系统，内容涉及直流调速系统和交流调速系统的构成及工作原理，分别介绍单闭环调速系统、无静差调速系统两类调速系统应用以及异步电动机的调速方法。

本书可作为普通高等院校机械设计制造及其自动化专业以及相近专业的教材，也可供相关专业工程技术人员参考。

图书在版编目（CIP）数据

电气控制及 PLC/周军主编．—3 版．—北京：机械工业出版社，2015.5
（2025.8 重印）

普通高等教育"十一五"国家级规划教材
ISBN 978-7-111-49729-5

Ⅰ.①电… Ⅱ.①周… Ⅲ.①电气控制-高等学校-教材②plc 技术-高等学校-教材 Ⅳ.①TM571.2②TM571.6

中国版本图书馆 CIP 数据核字（2015）第 056707 号

机械工业出版社（北京市百万庄大街 22 号　邮政编码 100037）
策划编辑：路乙达　贡克勤　责任编辑：贡克勤　徐　凡
责任校对：张玉琴　封面设计：张　静
责任印制：张　博
北京建宏印刷有限公司印刷
2025 年 8 月第 3 版第 9 次印刷
184mm×260mm · 12.75 印张 · 318 千字
标准书号：ISBN 978-7-111-49729-5
定价：35.00 元

电话服务　　　　　　　　　　网络服务
客服电话：010-88361066　　　机 工 官 网：www.cmpbook.com
　　　　　010-88379833　　　机 工 官 博：weibo.com/cmp1952
　　　　　010-68326294　　　金　书　网：www.golden-book.com
封底无防伪标均为盗版　　　　机工教育服务网：www.cmpedu.com

普通高等教育机电类系列教材编审委员会

主 任 委 员：邱坤荣
副主任委员：左健民　周骥平
　　　　　　林　松　戴国洪
　　　　　　王晓天　丁　坤
秘　　　书：秦永法
委　　　员：（排名不分先后）
　　　　　　秦永法　朱龙英
　　　　　　丁　坤　余　皞
　　　　　　叶鸿蔚　李纪明
　　　　　　左晓明　郭兰中
　　　　　　乔　斌　刘春节
　　　　　　王　辉　高成冲
　　　　　　侯志伟　杨龙兴
　　　　　　张　杰　舒　恬
　　　　　　赵占西　黄明宇

序

进入21世纪以来,在社会主义经济建设、社会进步和科技飞速发展的推动下,在经济全球化、科技创新国际化、人才争夺白炽化的挑战下,我国高等教育迅猛发展,跨入了高等教育大众化阶段,使高等教育理念、定位、目标和思路等发生了革命性变化,逐步形成了以科学发展观和终身教育思想为指导的新的高等教育体系和人才培养工作体系。本套教材第1版就是在大批应用型本科院校和高等职业技术院校异军突起、超常发展之际,由我们组织扬州大学、南京工程学院、河海大学常州校区、淮海工学院、南通大学、盐城工学院、淮阴工学院、常州工学院、江南大学等12所高校编写的。据调查,用户反映良好,并反映这套教材基本上体现了我在序中提出的四个特点,符合地方应用型本科工科院校的教学实际,较好地满足了一般应用型本科工科院校的教学需要。用户的评价使我们很高兴,但更是对我们的鞭策和鼓励,我们应当为过去取得的进步和成绩而高兴,同样,我们更应当为今后这些进步和成绩的进一步发展而正视自己。我们并不需要刻意去忧患,但如果存在值得忧患的现实而不去忧患,就很难有更美好的明天。因此,我们在总结前一阶段经验教训的新起点上,坚持以国家新时期教育方针和科学发展观为指导,坚持高标准、严要求,坚持"质量第一、多样发展、打造精品、服务教学"的方针,坚持高标准、严要求,把下一轮机电类教材修订、编写、出版工作做大、做优、做精、做强,为建设有中国特色的高水平的地方应用型本科工科院校做出新的更大贡献。

一、坚持用科学发展观指导教材修订、编写和出版工作

应用型本科院校是我国高等教育在推进大众化过程中崛起的一种重要的办学类型,它除应恪守大学教育的一般办学基准外,还应有自己的

个性和特色，就是要在培养具有创新精神、创业意识和创造能力的工程、生产、管理、服务一线需要的高级技术应用型人才方面办出自己的特色和水平。应用型本科人才的培养既不能简单"克隆"现有的本科院校，也不能是原有专科培养体系的相似放大。应用型人才的培养，重点仍要思考如何与社会需求的对接。既要从学生的角度考虑，以人为本，以素质教育的思想贯穿教育教学的每一个环节，实现人的全面发展；又要从经济建设的实际需求考虑，多类型、多样化地培养人才，但最根本的一条还是坚持面向工程实际，面向岗位实务，按照"本科学历＋岗位技术"的标准，有针对性地进行人才培养。根据这样的要求，"强化理论基础，提升实践能力，突出创新精神，优化综合素质"应当是工作在一线的本科应用型人才的基本特征，也是本科应用型人才的总体质量要求。

培养应用型人才的关键在于建立应用型人才的培养模式，而培养模式的核心是课程体系与教学内容。应用型的人才培养必须依靠应用型的课程和内容，用学科型的教材难以保证培养目标的实现。课程体系与教学内容要与应用型人才的知识、能力、素质结构相适应。在知识结构上，科学文化基础知识、专业基础知识、专业知识、相关学科知识等四类知识在纵向上应向应用前沿拓展，在横向上应注重知识的交叉、联系和衔接。在能力结构上，要强化学生运用专业理论解决实际问题的实践能力、组织管理能力和社会活动能力，还要注重思维能力和创造能力的培养，使学生思路清晰、条理分明，有条不紊地处理头绪纷繁的各项工作，创造性地工作。能力培养要贯彻到教学的整个过程之中。如何引导学生去发现问题、分析问题和解决问题应成为应用型本科教学的根本。

探讨课程体系、教学内容和培养方法，还必须服从和服务于大学生全面素质的培养。要通过形成新的知识体系和能力延伸促进学生思想道德素质、文化素质、专业素质和身体心理素质的全面提高。因此，要在素质教育的思想指导下，对原有的教学计划和课程设置进行新的调整和组合，使学生能够适应社会主义现代化建设的需要。我们强调培养"三创"人才，就应当用"三创教育"、人文教育与科学教育的融合等适应时代的教育理念，选择一些新的课程内容和新的教学形式来实现。

研究课程体系，必须看到经济全球化与我国加入世界贸易组织以及高等教育的国际化对人才培养的影响。如果我们的课程内容缺乏国际性，那么我们所培养的人才就不可能具备参与国际事务、国际交流和国际竞争的能力。应当研究课程的国际性问题，增设具有国际意义的课程，加快与国外同类院校的课程接轨。要努力借鉴国外同类应用型本科院校的办学理念和培养模式、做法来优化我们的教学。

在教材编、修、审全过程中，必须始终坚持以人的全面发展为本，紧紧围绕培养目标和基本规格进行活生生的"人"的教育。一所大学使得师生获得自由的范围和程度，往往是这所大学成功和水平的标志。同样，我们修订和编写教材，提供教学用书，最终是为了把知识转化为能力和智慧，使学生获得谋生的手段和发展的能力。因此，在修订、编写教材过程中，必须始终把师生的需要和追求放在首位，努力提供教的方便和学的便捷，努力为教师和学生留下充分展示自己教和学的风格和特色的发展空间，使他们游刃有余，得心应手，还能激发他们的科学精神和创造热情，为教和学的持续发展服务。教师是课堂教学的组织者、合作者、引导者、参与者，而不应是教学的权威。教学过程是教师引导学生，和学生共同学习、共同发展的双向互促过程，因此，修订、编写教材对于主编和参加编写的教师来说，也是一个重新学习和思想水平、学术水平不断提高的过程，决不能丢失自我，决不能将"枷锁"移嫁别人，这里"关键在自己战胜自己"，关键在自己的理念、学识、经验和水平。

二、坚持质量第一，努力打造精品教材

教材是教学之本。大学教材不同于学术专著，它既是学术专著，又是教学经验的理性总结，必须经得起实践和时间的考验。学术专著的错误充其量只会贻笑大方，而教材之错误则会贻害一代青年学子。有人说："时间是真理之父"，对于我们所编写的教材来说，时间是最严厉的考官。教材的再次修订，我们坚持高标准、严要求，用航天人员"一丝不苟""一秒不差"的精神严格要求我们自己，确保教材的质量和特色。为此，必须采取以下措施：第一，高等教育的核心资源是一支优秀的教师队伍，必须重新明确主编和参加编写教师的标准和要求，实行主编负责制，把好质量第一关；第二，教材要从一般应用型本科工科院校实际出发，强调实际、实用、实践，加强技能培养，突出工程实践，内容适度简练，跟踪科技前沿，合理反映时代要求，这就要求我们必须严格把好教材修订计划的评审关，择优而用；第三，加强教材修订的规范管理，确保参编、主编、主审以及交付出版社等各个环节的质量和要求，实行环节负责制和责任追究制；第四，确保出版质量；第五，建立教材评价制度，奖优罚劣。对经过实践检验，用户反映好的教材要

不断修订再版，切实培育一批名师编写的精品教材。出版的精品教材必须配有多媒体课件，并逐步建立在线学习网站。

三、坚持"立足江苏、面向全国、服务教学"的原则，努力扩大教材使用范围，不断提高社会效益

下一轮教材修订工作，必须加快吸收有条件、有积极性的外省市同类院校、民办本科院校、独立学院和有关企业参加，以集中更多的力量，建设好应用型本科教材。同时，要相应调整编审委员会的人员组成，特别要注意吸收省内外的优秀"双师型"教师和有关企业专家。

四、建立健全用户评价制度

要在使用这套教材的有关高校进行教材使用质量跟踪调查，并建立网站，以便快速、便捷、实时地听取各方面的意见，不断修改、充实和完善教材编写和出版工作，实实在在地为教师和学生提供精品服务，实实在在地为培养高质量的应用型本科人才服务。同时也努力为造就一批应用型本科工科院校高素质、高水平的教师提供优良服务。

本套教材的编审和出版一直得到机械工业出版社、江苏省教育厅和各主编、主审和参加编写院校的大力支持和配合，在此，一并表示衷心感谢。今后，我们应一如既往地更加紧密地合作，共同为应用型本科工科院校的教材建设做出新的贡献，为培养高质量的应用型本科人才做出新的贡献，为建设有中国特色社会主义的应用型本科教育做出新的努力。

普通高等教育机械工程及自动化专业
机电类系列教材编审委员会
主任　教授　邱坤荣

前言 PREFACE 第3版

本书是普通高等教育"十一五"国家级规划教材,适合作为普通高等工科院校机械设计制造及其自动化专业以及相近专业的教材。本书强调宽基础、重应用,按照应用型人才培养目标,突出实践能力的培养,力争为学生今后的持续创造性学习打好基础。本书内容由三大部分组成:第一部分为继电器-接触器控制系统,包括常用低压电器、控制电路基本环节和典型系统的分析及基本设计方法;第二部分为可编程序控制器(PLC)的原理、系统及编程,这部分增加了PLC介绍以及PLC控制系统开发应用的内容;第三部分为直流及交流调速系统简介。本书在内容上注意循序渐进,由浅入深,便于读者掌握基本控制原理和控制方法。本书注重概念的阐述,重视实用性,力求与实际相结合。本书前两部分属传统的"电气控制"和"PLC",编写时注重了两者之间的联系。与同类教材相比,增加了第三部分,这部分内容简要介绍了有关直流、交流调速系统的基本知识,以便为后继课程打下基础,但由于学时的限制,内容只能尽量压缩,不足之处请读者指正。

本书由河海大学周军教授主编,并编写第九章、十章。第一、三章由王文红编写,第二、四章由李奎编写,第五~八章由史中权编写。张超、郝达飞等为本书的编写提供了帮助,在此表示衷心感谢。

由于编者水平有限,书中难免有遗漏和错误之处,敬请读者批评指正。

本书配有免费电子课件,欢迎选用本书作教材的老师登录www.cmpedu.com注册下载。

编　者

前言 第2版 PREFACE

　　本书是普通高等教育"十一五"国家级规划教材，适合作为普通高等工科院校机械设计制造及其自动化专业以及相近专业生的教材。本书强调宽基础、重应用，按照应用型人才培养目标，突出实践能力的培养，力争为学生今后的持续创造性学习打好基础。本书内容由三大部分组成：第一部分为继电器—接触器控制系统，包括常用低压电器、控制电路基本环节和典型系统的分析及基本设计方法；第二部分为可编程序控制器（PLC）的原理、系统及编程，与初版相比，这部分增加了PLC介绍以及PLC控制系统开发应用的内容；第三部分为直流及交流调速系统简介。本书在内容上注意由浅入深，循序渐进，便于读者掌握基本控制原理和控制方法。本书注重概念的阐述，重视实用性，力求与实际相结合。本书前两部分属传统的"电气控制"和"PLC"，编写时注重了两者之间的联系。与同类教材相比，增加了第三部分，这部分内容简单介绍了有关直流、交流调速系统的基本知识，以便为后继课程打下基础，但由于学时的限制，内容只能尽量压缩，不足之处请读者指正。

　　本书配有电子教案，欢迎选用本书作教材的老师索取，索取邮箱13911506625@139.com。

　　本书由江苏大学朱伟兴教授、南京航空航天大学赵东标教授主审，由河海大学周军教授担任主编，南京工程学院海心教授担任副主编。第一、二章由王文红编写，第四章由李奎编写，第三、五、六、七、八章由海心编写，第九、十章由史中权编写，第十一、十二章由周军编写。主审朱伟兴教授对本书提出了许多宝贵意见。此外，张超、郝达飞等为本书的编写提供了帮助，在此表示衷心感谢。

　　由于编者水平有限，书中肯定有遗漏和错误之处，敬请读者批评指正。

编　者

目录
CONTENTS

序
第3版前言
第2版前言
第一章　常用低压电器 …………………………………………………………… 1
  第一节　概述 …………………………………………………………………… 1
  第二节　常用控制类电器 ……………………………………………………… 6
  第三节　常用保护类电器 ……………………………………………………… 23
  习题与思考题 …………………………………………………………………… 28

第二章　继电器—接触器控制电路基本环节 …………………………………… 29
  第一节　电路图的基本概念及绘制 …………………………………………… 29
  第二节　三相异步电动机的基本结构、工作原理和机械特性 ……………… 33
  第三节　三相笼型异步电动机的直接起动与正反转控制电路 ……………… 43
  第四节　三相笼型异步电动机减压起动控制电路 …………………………… 47
  第五节　三相笼型异步电动机的制动控制电路 ……………………………… 51
  第六节　三相笼型异步电动机有级变速控制电路 …………………………… 55
  第七节　电液组合控制电路 …………………………………………………… 58
  第八节　其他功能控制电路 …………………………………………………… 61
  习题与思考题 …………………………………………………………………… 66

第三章　典型机械设备电气控制系统分析 ……………………………………… 68
  第一节　卧式车床的电气控制电路 …………………………………………… 69
  第二节　组合机床的电气控制电路 …………………………………………… 73
  习题与思考题 …………………………………………………………………… 78

第四章　继电器—接触器控制系统设计 ………………………………………… 79
  第一节　电气设计的主要内容 ………………………………………………… 79
  第二节　电动机的选择 ………………………………………………………… 81

第三节　电器控制电路的设计 …………………………… 83
　　第四节　电气控制系统设计实例 ………………………… 88
　　习题与思考题 …………………………………………… 92

第五章　可编程序控制器（PLC）基本原理 …………………… 94
　　第一节　概述 …………………………………………… 94
　　第二节　可编程序控制器硬件构成及工作原理 ………… 102
　　习题与思考题 …………………………………………… 111

第六章　可编程序控制器应用程序 …………………………… 112
　　第一节　编程概述 ……………………………………… 112
　　第二节　可编程序控制器的指令系统 …………………… 118
　　第三节　功能图、步进梯形图及步进指令 ……………… 130
　　第四节　功能指令应用 ………………………………… 141
　　习题与思考题 …………………………………………… 146

第七章　FX_{1N}系列 PLC 及其编程软件 ……………………… 148
　　第一节　FX_{1N}系列 PLC 介绍 ………………………… 148
　　第二节　FX_{1N}系列 PLC 联机软件 SWOPC – FXGP/WIN – C
　　　　　　操作说明 ……………………………………… 152
　　第三节　GX Developer 编程软件 ……………………… 160
　　习题与思考题 …………………………………………… 162

第八章　PLC 控制系统的开发应用 …………………………… 163
　　第一节　PLC 控制系统设计的一般方法 ……………… 163
　　第二节　PLC 控制系统开发应用举例 ………………… 167
　　习题与思考题 …………………………………………… 174

第九章　直流调速系统 ………………………………………… 176
　　第一节　直流电动机的调速方法 ………………………… 176
　　第二节　性能指标 ……………………………………… 177
　　第三节　单闭环调速系统 ……………………………… 179
　　第四节　无静差调速系统 ……………………………… 180

第十章　交流调速系统 ………………………………………… 184
　　第一节　全控型功率电子器件 ………………………… 184
　　第二节　交流调速原理 ………………………………… 185
　　第三节　异步电动机调速方法 ………………………… 186

参考文献 …………………………………………………… **190**

第一章

常用低压电器

第一节 概 述

一、低压电器的分类

低压电器通常是指工作在交流电压小于1200V、直流电压小于1500V的电路中起通、断、保护、控制或调节作用的电器设备。

低压电器种类繁多，结构各异，用途广泛，功能多样。其分类方法很多，下面介绍低压电器常用的分类方法。

1. 按其在电路中的作用分

1）控制类电器：包括接触器、开关电器、控制继电器、主令电器等。其在电路中主要起控制、转换作用。

2）保护类电器：包括熔断器、热继电器、过电流继电器、欠电压继电器、过电压继电器等。其在电路中主要起保护作用。

2. 按其控制的对象分

1）低压配电电器：包括刀开关、熔断器和断路器等。主要用于低压配电系统，要求在系统发生故障的情况下动作准确、工作可靠，有足够的热稳定性和动稳定性。

2）低压控制电器：包括接触器、控制继电器、起动器、主令电器等。主要用于电气传动系统，要求使用寿命长、工作可靠、维修方便。

3. 按其动作方式分

1）自动切换电器：在完成接通、分断或使电动机起动、反向以及停止等动作时，依靠其本身的参数变化或外来信号而自动进行动作的电器，如接触器、继电器、熔断器等。

2）非自动切换电器：通过人力做功（用手或通过杠杆）直接扳动或旋转操作手柄来完成切换的电器，如刀开关、转换开关、按钮等。

4. 按其执行的机能分

按电器的执行机能可分为有触点电器和无触点电器。

二、低压电器的发展概况

低压电器的产生和发展是和电的发明和广泛应用分不开的，从按钮、刀开关、熔断器等最简单的低压电器开始，到多种规格的低压断路器、接触器以及由它们组成的成套电气控制设备，都是随着生产的需要而发展的。

建国以来，随着我国国民经济的恢复和大规模经济建设的进行，国民经济各部门对低压电器的种类、品种、质量提出了越来越高的要求。低压电器的品种也从少到多，产品质量从低到高逐渐发展，但产品与电工行业的国际标准（International ElectroTechnical Commission，IEC）标准仍有一定的差距。

改革开放后，我国低压电器制造工业有了飞速的发展。一方面，国产产品如CJ20系列接触器、RJ20系列热继电器、DZ20系列塑料外壳式断路器等都是国内20世纪80年代的更新换代产品，符合国家新标准（参考IEC标准制定），有的甚至符合IEC标准。另一方面，积极从德国ABB公司、AEG公司及西门子公司、美国西屋公司、日本寺崎公司等引进了接触器、热继电器、起动器、断路器等先进的产品制造技术，并基本实现了国产化，使我国低压电器的产品质量有较大的提高。

当前，我国低压电器的发展仍在不断提高其技术参数的性能指标，并在其经济性能上下功夫。其间，使用新材料、新工艺、新技术对产品质量的提高、性能的改善有着十分重要的作用。同时，我国大力开发新产品，特别是多功能化产品及机电一体化产品，如电子化的新型控制电器（接近开关、光电开关、固态继电器与接触器、电子式电机保护器等）正不断研制、开发出来。总之，低压电器正向高性能、高可靠性、多功能、小型化、使用方便等方向发展。

本章主要介绍机械设备电气控制中经常用到的低压电器，着重介绍部分技术先进、符合IEC标准的电器产品，了解其结构、工作原理、用途、型号、图形符号及文字符号，为阅读和理解电气控制电路以及正确选择、使用这些器件打下基础。

三、电磁式低压电器的基本原理

低压电器按其工作原理可分为两大类：一类是非电量控制电器，其主要是通过外力做功直接作用于电器的操纵手柄，完成电路功能的切换；另一类是电磁式低压电器，其主要是利用电磁机构原理进行工作，由电磁机构（检测部分）、触点系统（执行部分）和灭弧装置三部分组成。低压电器中大部分为电磁式电器。

1. 电磁机构

（1）电磁机构的结构形式

电磁机构由电磁线圈、铁心和衔铁三部分组成。按照衔铁的运动方式，电磁机构可分为直动式和拍合式两种，如图1-1所示。其中，图c为直动式，图a、图b为拍合式。

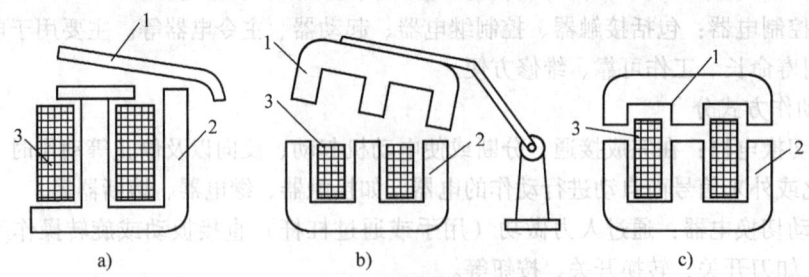

图1-1 电磁机构示意图

1—衔铁 2—铁心 3—电磁线圈

电磁线圈通电后产生电磁吸力，衔铁在电磁吸力的作用下产生机械位移，与铁心吸合，从而带动触点系统吸合与断开。根据通入电磁线圈的电流种类不同，可分为直流电磁线圈和交流电磁线圈。

直流电磁线圈通电后，铁心中剩磁比较小，铁心不发热，所以线圈一般做成无骨架的瘦高型，铁心和衔铁的材料为软钢或工程纯铁。交流电磁线圈通电后，铁心中有涡流和磁滞损耗，铁心发热，所以线圈做成有骨架的矮胖型，铁心材料为硅钢片，以减少涡流。

(2) 电磁机构工作原理

电磁线圈通电，线圈产生的磁通作用于衔铁，产生电磁吸力，电磁吸力大于弹性力，使衔铁闭合，复位时由复位弹簧将衔铁拉回原位。电磁机构的工作特性常用吸力特性和反力特性来表示。

吸力特性：电磁机构的电磁吸力 F 与触点气隙 δ 的关系曲线称为吸力特性。

电磁吸力可按下式求得：

$$F = 4 \times 10^5 B^2 S \tag{1-1}$$

式中，B 为气隙磁通密度；S 为磁极截面积。

当 S 为常数时，电磁吸力与气隙磁通密度 B 的二次方成正比，由于 $B = \Phi/S$，即 F 与气隙磁通 Φ 的二次方成正比。

对于交流电磁机构而言，若线圈外加电压 U 不变，则存在下式：

$$U \approx E = 4.44 f \Phi N \tag{1-2}$$

式中，U 为线圈外加电压；E 为线圈感应电动势；f 为电压频率；Φ 为气隙磁通；N 为线圈匝数。

当线圈外加电压 U、电压频率 f 和线圈匝数 N 均为常数时，气隙磁通 Φ 也为常数，故电磁吸力也为常数，与气隙大小无关。

根据磁路定律

$$\Phi = IN/R_m \tag{1-3}$$

$$R_m = \delta/(\mu_0 S) \tag{1-4}$$

所以

$$\Phi = \mu_0 INS/\delta \tag{1-5}$$

式中，Φ 为气隙磁通；I 为线圈电流；N 为线圈匝数；R_m 为磁阻；δ 为气隙；μ_0 为真空磁导率。

由于气隙磁通保持不变，所以交流电磁机构的线圈电流与气隙大小成正比关系。

交流电磁机构的吸、反力特性和电流曲线如图 1-2 所示。

图 1-2 中 δ_2 为动、静触点起始位置的气隙；δ_1 为动、静触点接触时的气隙，考虑到漏磁通的影响，F 会随着气隙的减小略有增加，而电流随着气隙的减小而成比例减小。

对于直流电磁机构而言，由于外加电压 U 和线圈电阻不变，所以电流 I 为常数，根据磁路定律，磁通 Φ 与气隙 δ 成反比关系，所以 $F \propto \Phi^2 \propto 1/\delta^2$，直流电磁机构的吸、反力特性和电流曲线如图 1-3 所示。

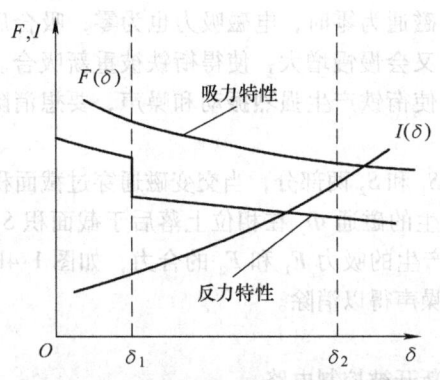

图 1-2 交流电磁机构的吸、反力特性和电流曲线

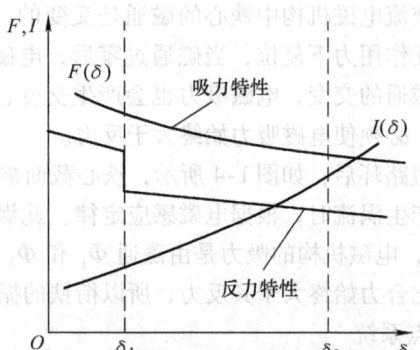

图 1-3 直流电磁机构的吸、反力特性和电流曲线

反力特性：电磁系统的反作用力与气隙的关系曲线称为反力特性。电磁机构的反作用力包括弹簧拉力、衔铁自身重力和摩擦力等。由图1-2和图1-3可以看出，交直流电磁机构的反力特性基本相同，即由起始位置气隙δ_2减小到触点接触时的气隙δ_1过程中，反作用力随着气隙减小而增大，到达δ_1位置时，反作用力会突然增大。这是由于触点对衔铁的初压力造成的，在气隙由δ_1到0的区域内，气隙越小，触点压得越紧，反作用力越大，其曲线比δ_2到δ_1阶段更陡。

由图1-2中可以看出，交流电磁机构吸合时，起动电流大，吸力大，动作快；吸合后，保持电流小，功耗小，但吸力与反力差值较小，容易受振动等影响。吸合时的电流约为保持时电流的6~15倍。

由图1-3中可以看出，直流电磁机构在吸合过程中吸力始终大于反力，且气隙越小，吸力越大。保持时，吸力与反力差值较大，因此吸合牢固，但功耗较大。

在快速频繁动作的回路中，一般选用直流电磁机构而不选择交流电磁机构，这是因为从吸力特性分析：在吸合过程中，直流电磁机构电流恒定，而交流电磁机构的起动电流比保持电流大得多（U形铁心$I_{吸} = 5~6I_{保}$，E形铁心$I_{吸} = 10~15I_{保}$），频繁动作易使平均电流大于额定工作电流，散热条件不满足时，可能烧毁元件，所以选用直流电磁机构。

短路环：在交流电磁机构的铁心截面上，需要设置一个短路环，如图1-4所示。

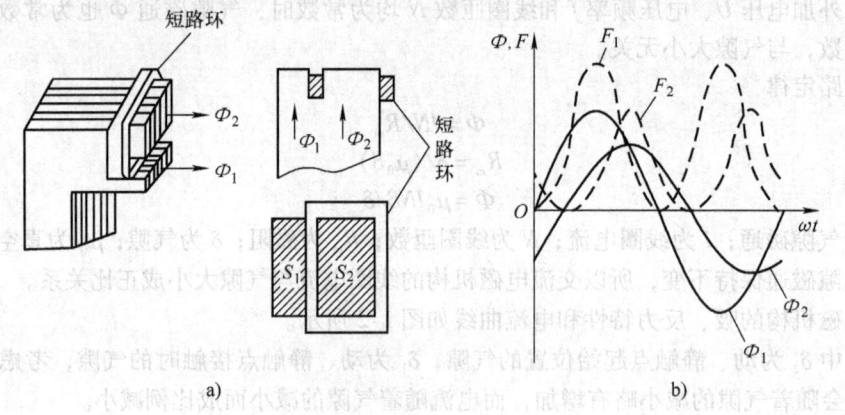

图1-4　交流电磁机构的短路环
a) 结构示意图　b) 电磁吸力图

由于交流电磁机构中铁心的磁通是交变的，故当磁通为零时，电磁吸力也为零，吸合后的衔铁会在反作用力下复位，当磁通过零后，电磁吸力又会慢慢增大，使得衔铁被重新吸合。随着铁心中磁通的交变，电磁吸力也会产生交变，从而使衔铁产生强烈振动和噪声，要想消除振动和噪声，必须使电磁吸力始终大于反力。

设置短路环后，如图1-4所示，铁心截面被分为S_1和S_2两部分，当交变磁通穿过截面积S_2并在环中产生涡流时，根据电磁感应定律，此涡流产生的磁通Φ_2在相位上落后于截面积S_1中的磁通Φ_1，电磁机构的吸力是由磁通Φ_1和Φ_2分别产生的吸力F_1和F_2的合力，如图1-4b所示。由于此合力始终大于其反力，所以衔铁的振动和噪声得以消除。

2. 触点系统

触点是电磁式低压电器的执行部分，用以接通或断开被控制电路。

触点按其控制的电路可分为主触点和辅助触点，主触点主要用于控制主电路，允许通过较大的电流，辅助触点用于通断辅助电路或控制电路，只允许通过较小电流。

触点按其原始状态可分为常开触点和常闭触点。所谓原始状态即线圈未通电时触点所处状态，线圈通电后闭合的触点称为常开触点，常用于接通电路。线圈通电后断开的触点称为常闭触点，常用于切断电路。

触点按其接触形式可分为点接触、线接触和面接触，触点的三种位置状态分别为完全断开、恰好接触和完全接触，如图 1-5 所示。

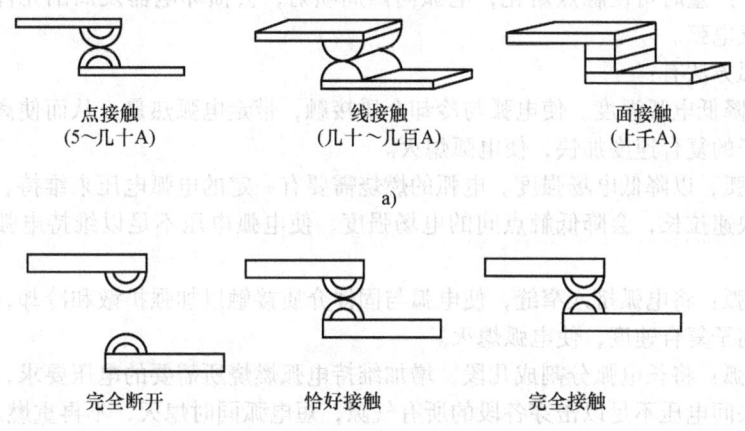

图 1-5　触点的接触形式和位置
a) 触点的形式　b) 触点的三个位置

触点按其结构形式可分为桥式触点和指式触点，其结构如图 1-6 所示，图 a、图 b 为桥式触点，其接触形式可以为点接触或面接触，点接触桥式触点多用于辅助触点或继电器触点，面接触桥式触点适用于大电流，如大容量接触器的主触点。桥式触头的材料主要为银铜合金。图 c 为指式触点，其接触形式为线接触，接触的过程是滚动摩擦，适用于通断中等大小的电流，如接触器主触点。指式触点的材料主要为黄铜。

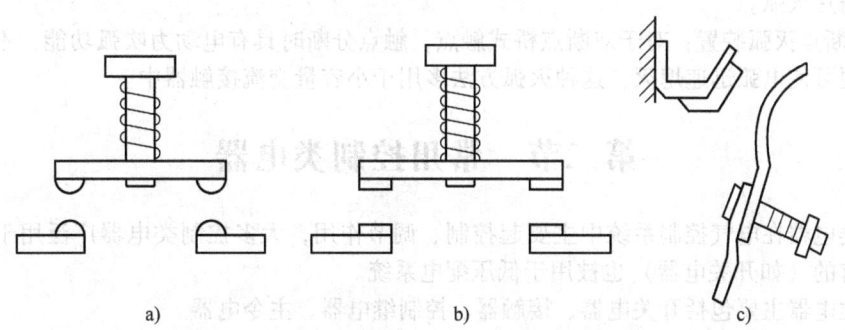

图 1-6　触点的结构形式
a)、b) 桥式触点　c) 指式触点

3. 灭弧系统

电路电压超过 10~12V、电流超过 80~100mA 时，断开瞬时，在断开的两个触点之间将出现强烈的电火花，称为电弧。

电弧的本质是触点间气体在强电场作用下产生的放电现象。所谓气体放电，就是触点间隙中的气体被游离而产生大量的电子和离子，在强电场作用下，大量的带电离子作定向运动，于是绝缘的气体变成了导体，电流通过这个游离区时所消耗的电能转换为热能和光能，发出光和热的效应，产生高温并发出强光，这就是我们所看到的电火花。

电弧的存在会对电器和电路产生一系列的危害：由于电弧的存在，电路实际并没有断开；电弧温度很高，严重时可使触点熔化；电弧向四周喷射，会损坏电器及周围元件。因此必须采取相应措施熄灭电弧。

常用的灭弧方法有：

1）冷却，降低电弧温度。使电弧与冷却介质接触，带走电弧热量，从而使离子的运动速度减慢，又使离子的复合速度加快，使电弧熄灭。

2）拉长电弧，以降低电场强度。电弧的燃烧需要有一定的电弧电压来维持，加快触点分断速度，将电弧快速拉长，会降低触点间的电场强度，使电弧电压不足以维持电弧的燃烧从而会使电弧熄灭。

3）窄缝灭弧：将电弧挤入窄缝，使电弧与固体介质接触以加强扩散和冷却，减小离子的运动速度，加快离子复合速度，使电弧熄灭。

4）短弧灭弧：将长电弧分割成几段，增加维持电弧燃烧所需要的电压要求，而且增大了散热面积，使触头间电压不足以击穿各段的所有气隙，短电弧同时熄灭，不再重燃。

常用的灭弧装置有：

1）磁吹式灭弧装置：在一个与触点串联的磁吹线圈产生的磁场作用下，电弧受电磁力的作用而拉长，被吹入由固体介质构成的灭弧罩内，与固体介质相接触，电弧被冷却而熄灭。

2）窄缝（纵缝）灭弧装置：在电弧所形成的磁场电动力的作用下，可使电弧拉长并进入灭弧罩的窄（纵）缝中，几条纵缝可将电弧分割成数段并且与固体介质相接触，电弧便迅速熄灭。这种结构多用于交流接触器。

3）栅片灭弧装置：当触点分开时，产生的电弧在电动力的作用下被推入一组金属栅片中而被分割成数段，彼此绝缘的金属栅片的每一片都相当于一个电极，每两片灭弧片之间都会有一定的绝缘强度。对交流电弧来说，近阴极处，在电弧过零时就会出现一个 150~250V 的绝缘强度，使电弧无法继续维持而熄灭。由于交流电弧的栅片灭弧效应要比直流效果好，所以交流电器常采用栅片灭弧。

4）多断点灭弧装置：对于双断点桥式触点，触点分断时具有电动力吹弧功能，不用任何附加装置，便可使电弧迅速熄灭，这种灭弧方法多用于小容量交流接触器中。

第二节 常用控制类电器

控制类电器在电气控制系统中主要起控制、调节作用，大多控制类电器广泛用于电气传动系统中，有的（如开关电器）也被用于低压配电系统。

控制类电器主要包括开关电器、接触器、控制继电器、主令电器。

一、低压开关电器

低压开关电器主要用于低压配电系统及电气控制系统，对电路和电器设备进行不频繁地通断、转换电源或负载控制，有的还可用作小容量笼型异步电动机的直接起动控制。开关电器应用十分广泛，品种很多，主要有刀开关、组合开关、低压断路器。

1. 刀开关

"刀开关"是具有刀形触片的各类开关电器的总称。它们属结构比较简单、操作方便的手动电器。根据不同的工作原理、使用条件和结构形式，刀开关及其与熔断器组成的产品可分为板用刀开关、开启式负荷开关、熔断器组合电器等。

（1）板用刀开关

板用刀开关是手动电器中结构最简单的一种。图1-7所示是刀开关的结构图，由手柄、触刀、静插座、铰链支座和绝缘支座等组成。合上手柄时，使触刀绕铰链支座转动，将触刀插入静插座内，电路接通；拉下手柄时，触刀脱离静插座时将电路断开。

板用刀开关按极数分为单极、双极、三极，其中三极刀开关用量最大；按切换功能（位置数）可分为单投和双投；按操作方式又可分为中央手柄式、带杠杆机构式、旋转操作式等。

刀开关的文字符号为Q，图形符号如图1-8所示。

目前，国内大批量选用的板用刀开关有HD11、HD12、HD13、HD14等系列刀开关及HS11、HS12、HS13等系列刀形转换开关。其中HD12、HD13、HD14系列刀开关和HS12、HS13系列刀形转换开关能切断额定电流值以下的负载电流，用于接通或分断电路。而HD11系列刀开关和HS11系列刀形转换开关不能分断电流，只能作隔离电流用的隔离开关。

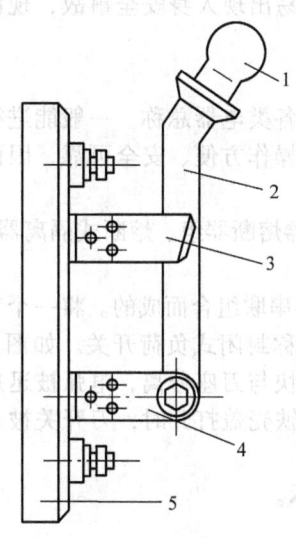

图1-7 刀开关结构
1—手柄 2—触刀 3—静插座
4—铰链支座 5—绝缘支座

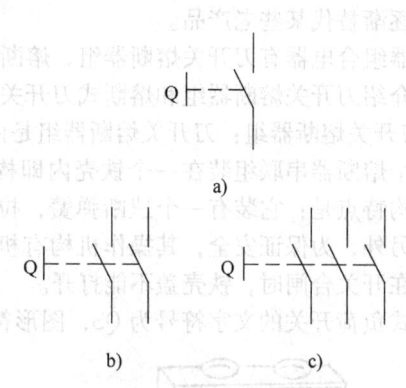

图1-8 刀开关的图形符号
a）单极 b）双极 c）三极

刀开关的型号含义：

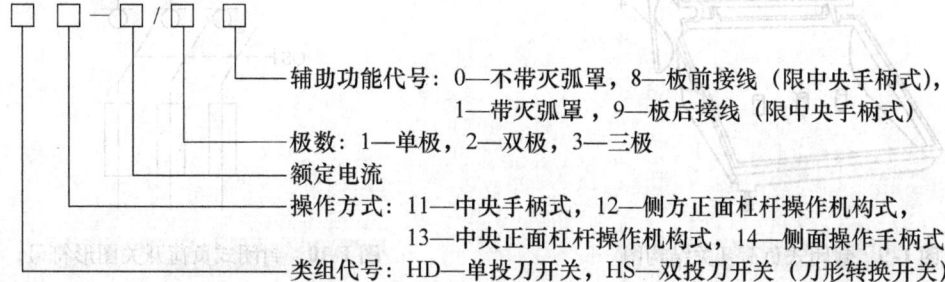

HD11~HD14系列刀开关和HS11~HS13系列刀形转换开关的技术数据可查阅相关手册。

刀开关的主要技术参数有：

1) 额定电压：指在规定条件下，刀开关长期工作中能承受的最大电压。
2) 额定电流：指在规定条件下，刀开关在合闸位置允许长期通过的最大工作电流。
3) 通断能力：指在规定条件下，刀开关在额定电压时能接通和分断的最大电流值。
4) 电寿命：指在规定条件下，刀开关不经维修或更换零件的额定负载操作循环次数。

在选用刀开关时，刀开关的额定电压应大于或等于电路的额定电压，额定电流应稍大于或等于电路中的工作电流，刀开关的极数、位置数和操作方式可根据实际需要选定。当用刀开关直接通断小型负载时，应注意选择相应的通断能力。

（2）开启式负荷开关

开启式负荷开关（习称胶盖瓷底刀开关）由刀开关和熔断器串联组合而成，常用来分断工作负荷电流，用作电气照明电路的控制开关及分支电路的配电开关，三极开启式负荷开关有时也可用于 5.5kW 以下的三相笼型异步电动机不频繁直接起动和停止控制。

目前，国内常用的开启式负荷开关有 HK2、HK4 系列等。开启式负荷开关具有使用方便、价格低廉等优点，但其在控制电动机时易出现一相熔丝提前熔断，电动机缺相运行而被烧坏的现象，且该开关无灭弧装置，分断大电路时，产生电弧很大，易出现人身安全事故，现已逐渐被塑料外壳式低压断路器所取代。

（3）熔断器组合电器

熔断器组合电器是由刀开关、隔离器与熔断器组合而成的各类电器总称。一般能进行有载通断，并有一定的短路保护功能。熔断器组合电器结构紧凑、操作方便、安全可靠，因而被广泛采用并逐渐替代某些老产品。

熔断器组合电器有刀开关熔断器组、熔断式刀开关、隔离器熔断器组、熔断式隔离器 4 种。下面介绍刀开关熔断器组和熔断式刀开关。

1) 刀开关熔断器组：刀开关熔断器组是由刀开关和熔断器串联组合而成的。将一个三极刀开关与三个熔断器串联组装在一个铁壳内即构成铁壳开关，又称封闭式负荷开关。如图 1-9 所示，其结构特点是：它装有一个速断弹簧，拉闸时动刀片能很快与刀座分离，电弧被迅速拉长而熄灭；另外，为保证安全，其操作机构有机械连锁装置，当铁壳盖打开时，刀开关被卡住不能合闸，在开关合闸时，铁壳盖不能打开。

封闭式负荷开关的文字符号为 QS，图形符号如图 1-10 所示。

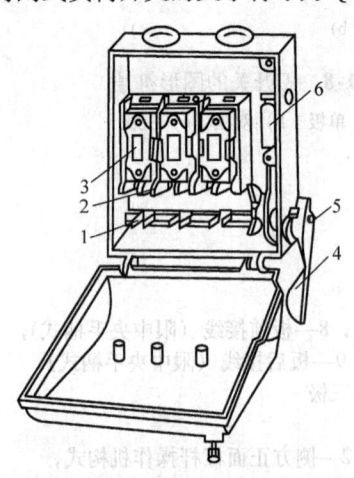

图 1-9 封闭式负荷开关结构图
1—闸刀 2—夹座 3—熔断器 4—手柄
5—转轴 6—速断弹簧

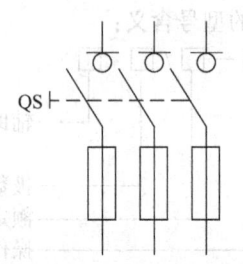

图 1-10 封闭式负荷开关图形符号

目前，国内常用的封闭式负荷开关有 HH3、HH4、HH10D、HH11 等系列，可用于配电电路中作电源开关，手控不频繁接通或断开带负荷电路，三极封闭式负荷开关还可作为小型异步电动机的非频繁全电压起动的控制开关。

2）熔断式开关：刀开关的动触点由熔断器组成时即为熔断式刀开关，也称刀熔开关。其兼有熔断器和刀开关的功能，在正常情况下，熔断式刀开关可以接通和分断额定电流及额定电流以下的电流，如果电路中出现严重过载及短路故障，熔断器中的熔体就被熔断，及时切断故障电路。因此，熔断式刀开关可用做配电电路和电动机控制电路中电源开关的短路保护。

目前，国内常用的熔断式刀开关有 HR3、HR5、HR11 等系列。HR3 系列熔断式刀开关由刀开关和 RT0 型熔断器组合而成；HR5 系列熔断式刀开关为更新设计产品，配用 NT 型熔断器或类似水平产品；HR11 系列熔断式刀开关为 20 世纪 80 年代攻关达标产品，配用 RT15 型熔断器。

2. 旋转开关

旋转开关因其可实现多组触点组合故有组合开关之称，实际是一种转换开关。如图 1-11 所示，旋转开关有多对静触片和动触片，分别装在由绝缘材料隔开的胶木盒内，其静触片固定在绝缘垫板上，动触片套装在有手柄的绝缘转动轴上，转动手柄就可改变触片的通断位置，以达到接通或断开电路的目的。

由于开关转轴上装有扭簧储能机构，使开关能快速闭合或分断，以利于灭弧，且其分合速度与旋转速度无关。

旋转开关的文字符号为 SCB，图形符号如图 1-12 所示。

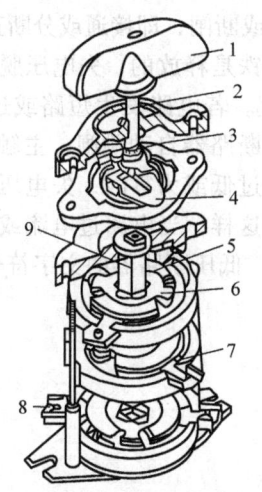
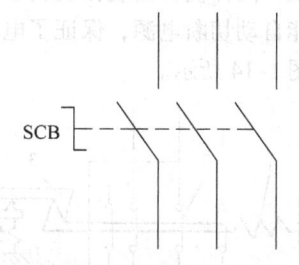

图 1-11　HZ10 型旋转开关结构图　　　　图 1-12　旋转开关图形符号

1—手柄　2—转轴　3—弹簧　4—凸轮　5—绝缘底板
6—动触片　7—静触片　8—接线柱　9—绝缘方轴

旋转开关具有结构紧凑、体积小、操作方便等优点，在机床电气控制中主要用作电源开关，不带负载接通或断开电源，供转换之用；也可以按电动机控制要求组合，直接控制电动机的起动、停止、Y－△变换等，旋转开关不适于频繁操作的场所使用。

目前，国内常用的旋转开关有 HZ10、HZ15 等系列。引进产品有德国西门子公司的 3LB 和 3ST 系列等。

3. 低压断路器

低压断路器过去常称自动开关或空气开关，为了符合 IEC 标准，现统一使用低压断路器这个名称,可简称断路器。

当电路正常工作时,断路器可以接通或分断正常负载电流;当电路发生严重的过载或短路时,断路器能够自动地分断故障电路,有效地保护串接在其后面的电气设备。因而,低压断路器是一种具有保护环节的开关电器,广泛应用低压配电电路、电气控制电路中。

按结构形式分,断路器有万能式和塑料外壳式两种。万能式(曾称框架式)断路器一般有个钢制框架,所有部件均安装在这个框架内(导电部分加绝缘)。万能式断路器容量较大,用作配电电路的保护开关。塑料外壳式断路器的主要特征是有一个塑料外壳,所有部件均安装在这个外壳中。塑料外壳式断路器容量较小,除可用作配电支路的保护开关外,还可用作电动机、照明电路及电热电路的控制开关。塑料外壳式断路器的操作方式多为手动,主要有板式和按钮式两种。

下面介绍塑料外壳式断路器。

断路器主要由三个部分组成:

1)触点和灭弧系统。

2)各种可供选择的脱扣器,包括过电流脱扣器、失电压脱扣器、欠电压脱扣器、热脱扣器和分励脱扣器。

3)操作机构和自由脱扣机构(自由脱扣是指当电路出现故障时,不论操作手柄在何位置,触点均能迅速自动分断)。

图1-13是低压断路器的工作原理图。图中选用了过电流和欠电压两种脱扣器。当电路正常工作时,断路器的主触点靠操作机构手动(或电动)合闸或断闸,即接通或分断正常工作电流。当断路器合闸后,主触点合上,此时,过电流脱扣器的衔铁是释放的,失电压脱扣器的衔铁是吸合的,它们都使自由脱扣机构的主触点锁在闭合位置上。若电路发生短路或过电流故障时,过电流脱扣器的衔铁被吸合,使自由脱扣机构自动脱扣,断路器自动跳闸,主触点分离,及时有效地切除高达数十倍额定电流的故障电流;若电网电压过低或为零时,失电压脱扣器的衔铁被迫释放,同样使自由脱扣机构动作,断路器分断电路。这样,当电路过电流或欠电压时,断路器都能自动切断电源,保证了电路及电路中设备的安全。低压断路器的文字符号为QF,图形符号如图1-14所示。

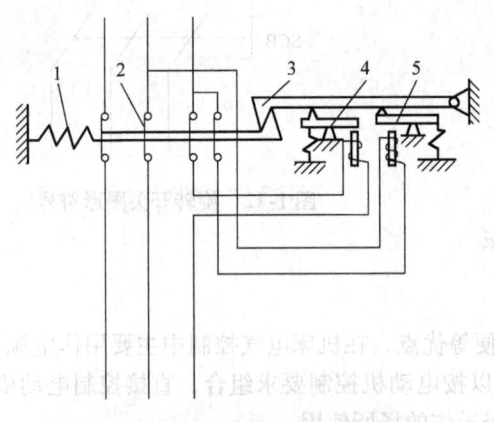 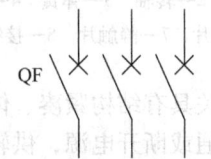

图1-13 低压断路器的工作原理图　　　　图1-14 低压断路器的图形符号
1—释放弹簧　2—主触点　3—钩子
4—过电流脱扣器　5—失电压脱扣器

低压断路器具有多种保护功能,通断能力较大,运行安全可靠,故障动作时三相联动,动作后不需更换元件可继续使用,且有体积小、重量轻、价格低等优点,因而在电路中得到了广泛应用,在工厂中常用断路器来替代刀开关熔断器组。

目前,国内常用的塑料外壳式断路器有 DZ5、DZ10、DZ15、DZ20、DZ10X 等系列,其中 DZ20 系列断路器是 20 世纪 80 年代开发的换代产品。引进生产的塑料外壳式断路器有:日本寺崎公司的 TO、TG 和 TH–5 系列、美国西屋公司的 H 系列、德国西门子公司的 3VE 系列、德国 ABB 公司的 M611 (DZ106) 系列和 S060 系列等。

DZ20 系列断路器的型号含义:

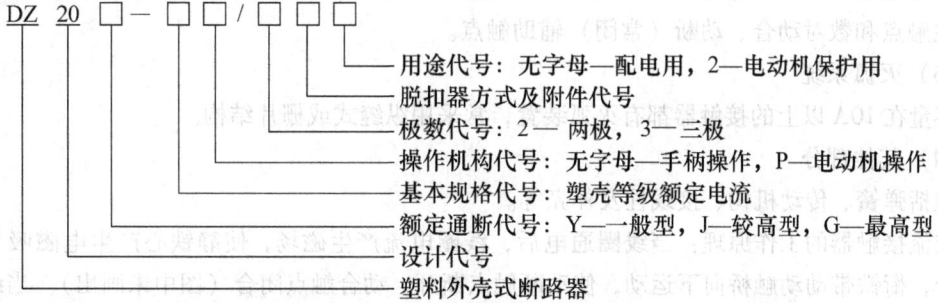

脱扣器方式及附件代号可查阅相关手册。

部分塑料外壳式断路器的技术数据可查阅相关手册。

低压断路器的主要技术参数除额定电压、额定电流(脱扣器额定电流)之外,还有:

1) 壳架等级额定电流:同一规格的断路器中能装的最大脱扣器额定电流。

2) 额定极限短路分断能力 (I_{CN}):断路器在规定试验电压及其他规定条件下的极限短路分断电流值,可用预期短路电流表示(交流时为周期分量有效值)。

3) 额定运行短路分断能力 (I_{CS}):断路器在规定试验电压及其他规定条件下的一种比 I_{CN} 小的分断电流值,不同使用类别下的 I_{CS} 和 I_{CN} 标准比例关系的数据系列可查阅相关手册。

选用低压断路器时应满足:

1) 断路器的额定工作电压和额定电流应分别不低于电路额定电压和计算电流。

2) 热脱扣器的整定电流应与所控制电动机的额定电流或负载额定电流一致。

3) 断路器的瞬时或短延时脱扣器整定电流应大于负载电路尖峰电流,对于电动机保护电路,当动作时间大于 0.02s 时,可按不低于 1.35 倍起动电流的原则确定;当动作时间小于 0.02s 时,则应增加为不低于起动电流的 1.7~2 倍。

二、接触器

1. 接触器的用途和分类

接触器是一种用来自动接通和断开主电路、大容量控制电路的控制电器,其主要控制对象是电动机,也可用于其他电力负载,如电热器、电焊机、电炉、变压器及电容器等。接触器不仅可用来频繁地接通或断开带负荷电路,而且能实现远距离控制,还具有失电压保护功能,因而被广泛使用。

接触器种类繁多,按使用的电路不同可分为交流接触器和直流接触器;按驱动力不同可分为电磁式、气动式和液压式等接触器;按灭弧介质不同可分为空气式、油浸式和真空式接触器。

下面主要介绍产量较大、应用较广泛的空气电磁式交流接触器(简称交流接触器)。

2. 交流接触器的结构和工作原理

图 1-15 是 CJ20 交流接触器的结构示意图。交流接触器由以下 4 部分组成：

(1) 电磁机构

电磁机构由电磁线圈、静铁心和衔铁等组成，其功能是操作触点的闭合和断开。

(2) 触点系统

触点系统包括主触点和辅助触点，主触点可以通断较大的电流，用于主电路；辅助触点通断较小的电流（一般不超过 10A），用于控制电路。一般每台接触器有 3 对（或 4 对）动合（常开）主触点和数对动合、动断（常闭）辅助触点。

(3) 灭弧系统

容量在 10A 以上的接触器都有灭弧装置，常采用纵缝式或栅片结构。

(4) 其他部分

包括弹簧、传动机构、接线柱及外壳等。

交流接触器的工作原理：当线圈通电后，线圈电流产生磁场，使静铁心产生电磁吸力将衔铁吸合，衔铁带动动触桥向下运动，使动断触点断开，动合触点闭合（图中未画出）。当线圈断电时，电磁吸力消失，衔铁在弹簧的作用下释放，各触点又恢复原来的位置。

接触器的文字符号为 KM，图形符号如图 1-16 所示。

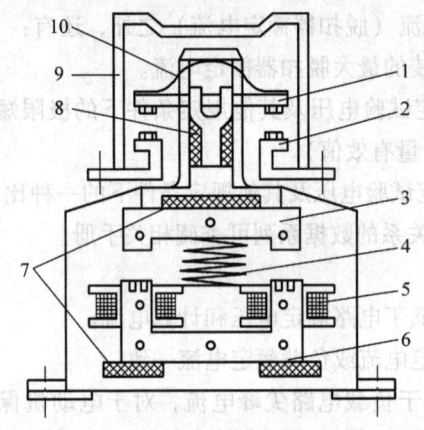

图 1-15 CJ 20 交流接触器的结构示意图

1—动触桥 2—静触点 3—衔铁 4—缓冲弹簧
5—电磁线圈 6—静铁心 7—垫毡 8—触点弹簧
9—灭弧罩 10—触点压力簧片

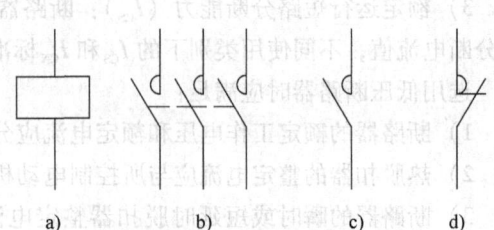

图 1-16 接触器的图形符号

a) 线圈 b) 主触点 c) 动合（常开）辅助触点
d) 动断（常闭）辅助触点

3. 接触器的型号及主要技术参数

目前，国内常用的交流接触器有 CJ10、CJ12、CJ20、CJ24、CJX1、CJX2 等系列，其中 CJ20 和 CJ24 系列接触器是 20 世纪 80 年代开发的新产品，分别替代了 CJ10、CJ12 系列。CJ20 系列接触器主要用于控制三相笼型异步电动机的起动、停止等；CJ24 系列接触器主要用于冶金、矿山及起重设备中控制绕线转子电动机的起动、停止和切换转子电阻。引进生产的交流接触器有：德国西门子公司的 3TB 和 3TF 系列、法国 TE 公司的 LC1 和 LC2 系列、德国 BBC 公司的 B 系列等。

CJ20 系列交流接触器的型号含义为：

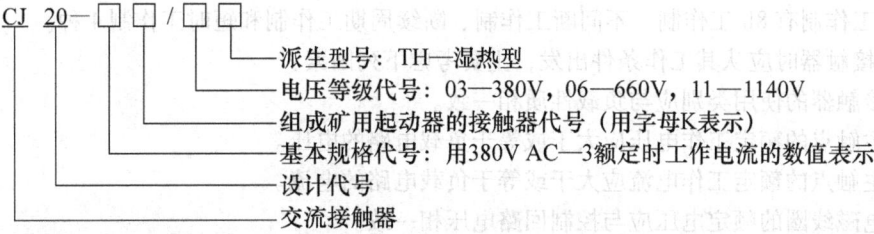

接触器铭牌上所规定的电压、电流、功率及电寿命仅是对应于一定使用类别的额定值。根据 JB 2455—1985《低压接触器》，低压接触器常见使用类别及其代号见表 1-1。

表 1-1　低压接触器常见使用类别及其代号

电流种类	使用类别代号	典型用途举例
AC	AC-1	无感或微感负载、电阻炉
	AC-2	绕线转子异步电动机的起动、停止
	AC-3	笼型异步电动机的起动、停止
	AC-4	笼型异步电动机的起动、反接制动、反向、点动
DC	DC-1	无感或微感负载、电阻炉
	DC-2	并励直流电动机的起动、点动、反接制动
	DC-3	串励直流电动机的起动、点动、反接制动

部分 CJ20 系列接触器的技术参数可查阅相关手册。

交流接触器的主要技术参数有：

（1）额定电压

额定电压是指主触点的额定工作电压。另外还有辅助触点、电磁线圈的额定电压。

（2）额定电流

额定电流是指主触点的额定工作电流，它是在规定工作条件下（额定工作电压、使用类别、额定工作制和操作频率等），保证电器正常工作的电流值。

主触点的额定电压和额定电流是接触器最重要的参数，均标注在电器铭牌上。

（3）约定发热电流

接触器处于非封闭的状态下，按规定条件试验时，其各部件在 8h 工作制下的温升不超过极限值时所能承受的最大电流。

（4）接通和分断能力

接触器在规定条件下，能在给定电压下接通和分断的预期电流值。在此电流值下接通和分断时，不应发生熔焊、飞弧和过分磨损等。在低压电器标准中，按接触器的用途分类，规定了它的接通和分断能力，可查阅相关手册获得。

（5）机械寿命和电寿命

机械寿命是指需要维修或更换零、部件前（允许正常维护包括更换触头）所能承受的无载操作循环次数；电寿命是指在规定的正常工作条件下，不需修理或更换零、部件的有载操作循环次数。

（6）操作频率

操作频率是指每小时允许的操作次数。操作频率直接影响到接触器的电寿命及灭弧室的工作条件，对于交流接触器还影响线圈温升，所以它是一个重要的技术指标。

（7）工作制

标准工作制有 8h 工作制、不间断工作制、断续周期工作制和短时工作制 4 种。

选用接触器时应从其工作条件出发，主要考虑下列因素：

1) 接触器的使用类别应与负载性质相一致。
2) 主触点的额定工作电压应大于或等于负载电路的电压。
3) 主触点的额定工作电流应大于或等于负载电路的电流。
4) 电磁线圈的额定电压应与控制回路电压相一致。
5) 主触点和辅助触点的数量以及辅助触点的种类应满足控制系统的需要。

另外，直流接触器与交流接触器非常相似，直流接触器用于控制直流电动机的起停、换向等。常用的直流接触器有 CZ0、CZ18 等系列，其中 CZ18 系列接触器为 20 世纪 80 年代开发的更新产品，可取代 CZ0 系列。

CZ18 系列直流接触器的型号含义为：

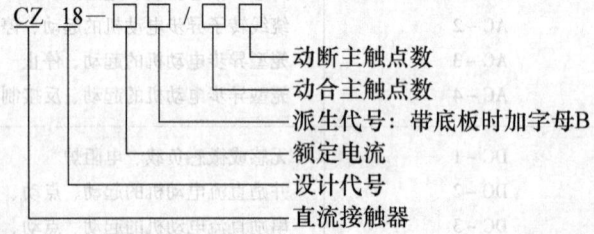

三、控制继电器

继电器是在某种输入量的作用下，得到某种输出量，实现信号的转换、传输、放大，以便控制电路执行某种功能。其输入量可以是电流、电压、功率等电量，也可以是温度、时间、速度、压力等非电量，而输出都为触点的动作。继电器在控制电路中起控制、放大和保护等作用。

继电器种类繁多，广泛应用于电力系统、电力拖动系统以及电信遥控系统中。这里仅介绍用于电力拖动系统中以实现控制过程自动化和提供某种保护的继电器。按继电器在电路中所起作用的不同，可分两大类：一类是在电路中主要起控制、放大作用的控制继电器；另一类是在电路中主要起保护作用的保护继电器。

控制继电器主要有中间继电器、时间继电器、速度继电器等。保护继电器有过电流继电器、欠电流继电器、过电压继电器、欠电压继电器、热继电器等。

下面介绍常用控制继电器。保护继电器将在第三节介绍。

1. 中间继电器

中间继电器是在控制电路中传输或转换信号的一种电器元件，其作用主要是扩展控制触点数量或增加触点容量。中间继电器种类很多，除专门的中间继电器之外，额定电流较小（不大于 5A）的接触器也常被用作中间继电器。

中间继电器属接触式继电器，其工作原理与接触器相同，但其一般仅用于控制电路中。

中间继电器的文字符号为 KA，图形符号如图 1-17 所示。

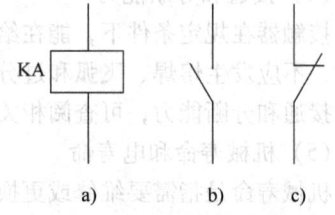

图 1-17 中间继电器的图形符号
a) 线圈 b) 动合触点 c) 动断触点

目前，国内常用中间继电器有 JZ7、JZ8（交流）及 JZ14、JZ15、JZ17（交、直流）等系列。引进产品有德国西门子公司的 3TH 系列和 BBC 公司的 K 系列等。

JZ15 系列中间继电器型号的含义：

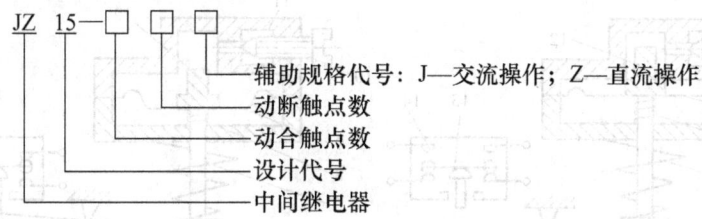

```
JZ 15-□□□
            └── 辅助规格代号：J—交流操作；Z—直流操作
         └───── 动断触点数
       └─────── 动合触点数
    └────────── 设计代号
 └───────────── 中间继电器
```

2. 时间继电器

时间继电器是一种定时元件，在电路中用来实现延时控制，即时间继电器接收到输入信号以后需经一段时间延时后才能输出信号来控制电路。时间继电器的应用范围很广，特别是在电力拖动系统和各种自动控制系统中，要求各项操作之间有必要的时间间隔或按一定的时间顺序接通或断开的机组。

时间继电器按其延时原理来分有电磁式、空气阻尼式、同步电动机式和电子式时间继电器。

电磁式时间继电器是利用电磁阻尼原理而产生延时的。其特点是延时时间短（例如 JT3 通用继电器只有 0.3~5.5s），延时精度差，稳定性不高，而且只能是直流供电，断电延时；但其结构简单，价格低廉，寿命长，继电器本身适应能力较强，输出容量往往较大。在一些要求不太高，工作条件又较恶劣的场合（如起重机控制系统），常采用这种时间继电器。

同步电动机式时间继电器是利用微型同步电动机拖动减速齿轮以获得延时的。其特点是延时范围宽，可从几秒到几十小时，延时过程能通过指针直观地表示出来，延时误差仅受电源频率影响；但机械结构复杂，体积较大，寿命短，价格较贵，适宜于自动或半自动化生产过程中的程序控制。目前，国内常用的同步电动机式时间继电器有 JS10、JS11 系列以及引进德国西门子公司生产的 TPR 系列等。

下面主要介绍空气阻尼式时间继电器和电子式时间继电器。

（1）空气阻尼式时间继电器

空气阻尼式时间继电器是利用空气阻尼作用而达到延时目的的，它是应用较广泛的一种时间继电器。空气阻尼式时间继电器的结构原理图如图 1-18 所示，其有通电延时型和断电延时型两种。现以通电延时型为例介绍时间继电器的工作原理。

如图 1-18a 所示，当电磁铁线圈 1 通电后，衔铁 4 克服弹簧阻力与静铁心 2 吸合，于是顶杆 6 与衔铁 4 之间有一段间隙。在弹簧 7 的作用下，顶杆就向下移动，顶杆与活塞 12 相连，活塞下面固定橡皮膜 9。活塞向下移动时，橡皮膜上面形成空气稀薄的空间，与橡皮膜下面的空气形成压力差，对活塞的移动产生阻尼作用，使活塞移动速度减慢。在活塞顶部有一小的进气孔（图中未画出），逐渐向橡皮膜上面的空间进气，平衡上下两空间压力差。当活塞下降到一定位置时，杠杆 15 使延时触点 14 动作（动断触点断开，动合触点合上）。延时时间即为自电磁铁线圈通电时刻起到触点动作时为止的这段时间，通过调节螺钉 10 调节进气量的多少来调节延时时间的长短。当线圈 1 断电时，电磁吸力消失，衔铁 4 在弹簧 3 作用下释放，并通过顶杆 6 将活塞 12 推向上端，这时橡皮膜上方气室内的空气通过橡皮膜 9、弹簧 8 和活塞 12 的肩部所形成的单向阀，迅速地从橡皮膜下方的气室缝隙中排掉，因此杠杆 15 与微动开关 13 能迅速复位。

在线圈 1 通电和断电时，微动开关 16 在推板 5 的作用下都能瞬时动作，即为时间继电器的瞬动触点。

图 1-18b 是断电延时型时间继电器的结构原理图，其延时原理与通电延时型时间继电器相同，请读者自行分析。

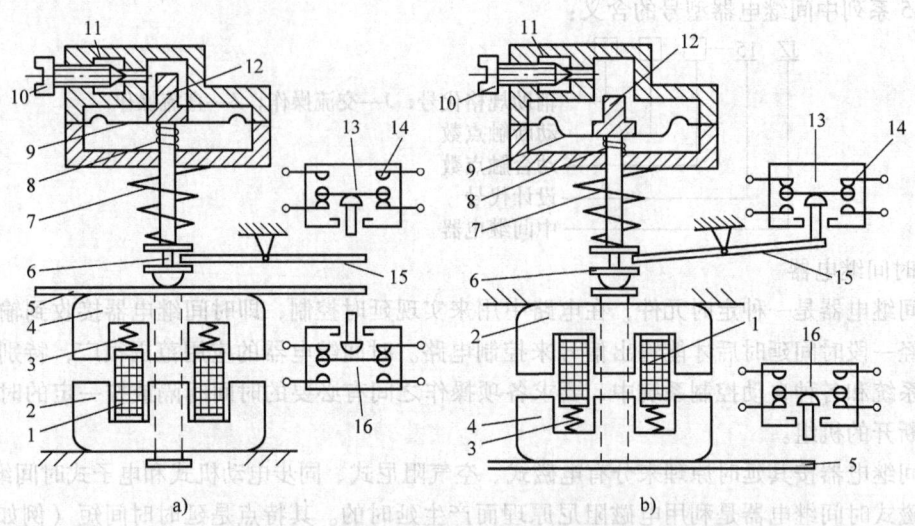

图1-18 空气阻尼式时间继电器的结构原理图
a) 通电延时型 b) 断电延时型
1—线圈 2—静铁心 3、7、8—弹簧 4—衔铁 5—推板 6—顶杆 9—橡皮膜
10—螺钉 11—进气孔 12—活塞 13、16—微动开关 14—延时触点 15—杠杆

时间继电器的文字符号为KT，图形符号如图1-19所示。

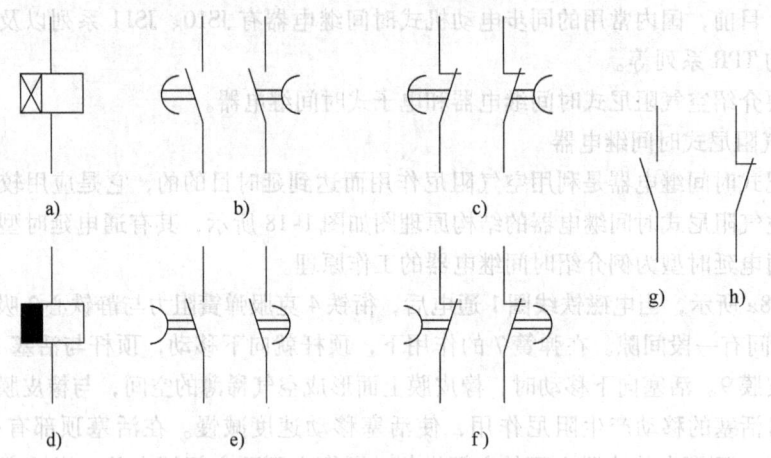

图1-19 时间继电器的图形符号
a) 通电延时线圈 b) 延时闭合的动合触点 c) 延时断开的动断触点
d) 断电延时线圈 e) 延时断开的动合触点 f) 延时闭合的动断触点
g) 瞬时动合触点 h) 瞬时动断触点

空气阻尼式时间继电器的优点是：延时范围大，且不受电压和频率波动的影响；可以做成通电延时型及断电延时型两种产品；结构较简单，寿命长和价格低廉。其缺点是：延时误差大（±10%～±20%），延时值易受周围环境温度的影响。在延时精度要求不是很高的场合（如机床控制电路中），常采用这种时间继电器。

目前，国内常用的空气阻尼式时间继电器有 JS7、JS16、JS23 等系列，其中 JS23 系列时间继电器是国内 20 世纪 80 年代开发的换代产品。引进产品有法国 TE 公司的 JSK 系列时间继电器等。

JS23 系列时间继电器的型号含义：

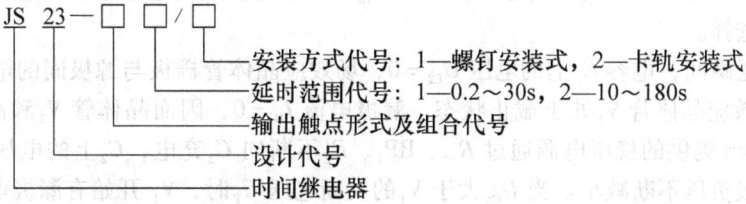

输出触点形式及组合代号可查阅相关手册。

部分时间继电器的技术数据可查阅相关手册。

(2) 电子式时间继电器

电子式时间继电器是利用电子线路来达到延时目的的，又称电子式延时电器。一般电子式延时电器除了执行继电器外，全部由电子元件及线路组成，与传统的电磁式、空气阻尼式、同步电动机式时间继电器相比，具有延时范围宽、延时精度高、工作可靠、寿命长、体积小、消耗功率少以及调节方便等优点。多用于电力传动、自动顺序控制及各种生产过程的控制系统。从发展的趋势看，电子式时间继电器必然会取代传统的时间继电器。

电子式时间继电器按其构成原理可分为两大类，即 R－C 式晶体管时间继电器和数字式时间继电器。下面介绍 R－C 式晶体管时间继电器的工作原理。

R－C 式晶体管时间继电器是利用 RC 电路充放电时，电容器上的电压不能突变，而只能缓慢变化的特性作为延时基础的，因而改变充放电电路的时间常数 τ（$\tau=RC$），一般改变电阻 R 值，即可调节延时时间。

图 1-20 是 JS20 系列通电延时型晶体管时间继电器的电路图。整个电路分：稳压电源、R－C 充放电电路、电压鉴别电路和输出电路为 4 部分。

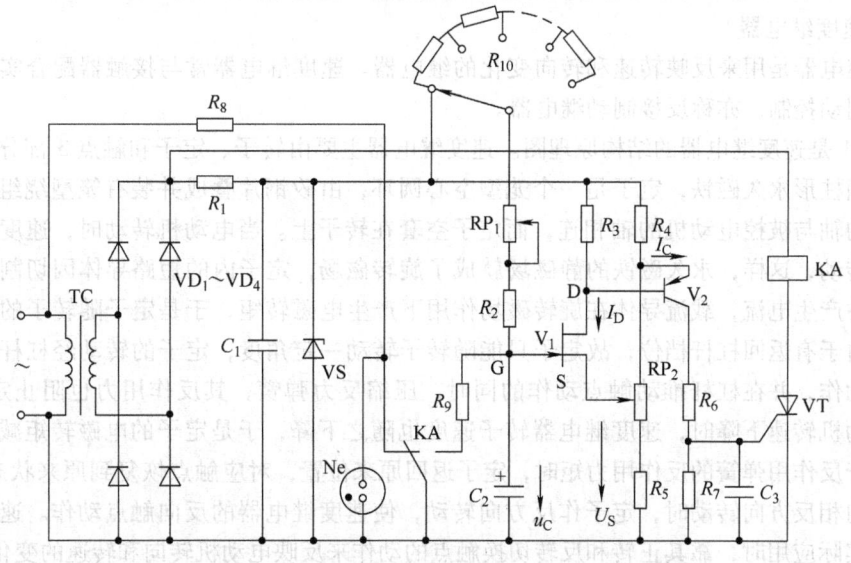

图 1-20 JS20 系列通电延时型晶体管时间继电器电路

电路中 V_1 采用了 N 沟道结型场效应晶体管为电压鉴别电路的核心元器件,其特点是输入阻抗高并属耗尽型,即当栅与源极间电压 $U_{GS} \leq 0$ 时,仍有漏极电流 I_D 存在,故使该电路延时范围广,开关特性好,精度高。

延时环节由 RP_1、R_2、R_{10}、C_2 组成,其中 R_{10} 由 9 个兆级固定电阻串联而成,延时范围通过波段开关加以选择。

当电源接通瞬间,电容 C_2 上的电压 $U_{C2}=0$,场效应晶体管栅极与源极间的电压 $U_{GS}=U_{C2}-U_S=-U_S$。场效应晶体管 V_1 处于截止状态,漏极电流 $I_D=0$,因而晶体管 V_2 和晶闸管 VT 均截止。此后,由 VS 提供的稳压电源通过 R_{10}、RP_1、R_2 不断向 C_2 充电,C_2 上的电压由零依指数规律上升,栅源极负压不断减小。当 U_{GS} 大于 V_1 的夹断电压 U_P 时,V_1 开始有漏极电流 I_D 产生,I_D 流经电阻 R_3 使 D 点电位降低。在 R_4 的正反馈作用下,当 D 点电位低于晶体管 V_2(PNP 型)的发射极电位时,V_2 瞬间导通,并使晶闸管 VT 导通和继电器 KA 动作。由上可知,从时间继电器接通电源 C_2 开始被充电到 KA 动作为止的这段时间即为通电延时动作时间。KA 动作后,KA 的动合触点闭合,使 C_2 通过 R_9 放电,与此同时氖指示灯 Ne 起辉,场效应晶体管 V_1、晶体管 V_2 截止,晶闸管 VT 仍保持导通。当电源切断后,KA 才释放,电路恢复原来状态。

目前,国内常用的电子式时间继电器有 JS13、JS14、JS15、JS20 等系列,引进生产的电子式时间继电器有日本富士公司的 ST、HH、AR、RT 系列等。

JS20 系列电子式时间继电器的型号含义:

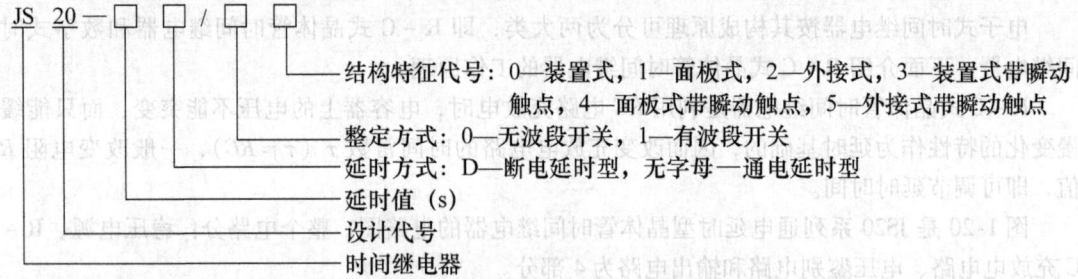

部分 JS20 系列电子式时间继电器的主要技术参数可查阅相关手册。

(3) 速度继电器

速度继电器是用来反映转速和转向变化的继电器。速度继电器常与接触器配合实现对电动机的反接制动控制,亦称反接制动继电器。

图 1-21 是速度继电器的结构原理图。速度继电器主要由转子、定子和触点 3 部分组成。转子是一个圆柱形永久磁铁,定子是一个笼型空心圆环,由矽钢片叠成并装有笼型绕组,速度继电器转子的轴与被控电动机的轴相连,而定子空套在转子上。当电动机转动时,速度继电器的转子随之转动,这样,永久磁铁的静磁场就成了旋转磁场,定子内的短路导体因切割磁场而感应电动势并产生电流,载流导体在旋转磁场作用下产生电磁转矩,于是定子随转子的旋转方向转动,但由于有返回杠杆档位,故定子只能随转子转动一定角度,定子的转动经杠杆作用使相应的触点动作,并在杠杆推动触点动作的同时,压缩反力弹簧,其反作用力也阻止定子转动。当被控电动机转速下降时,速度继电器转子速度也随之下降,于是定子的电磁转矩减小,当电磁转矩小于反作用弹簧的反作用力矩时,定子返回原来位置,对应触点恢复到原来状态。同理,当电动机向相反方向转动时,定子作反方向转动,使速度继电器的反向触点动作。速度继电器在电路中实际应用时,靠其正转和反转切换触点的动作来反映电动机转向和转速的变化。

调节螺钉的位置,可以调节反力弹簧的反作用力大小,从而调节触点动作时所需转子的转速。一般速度继电器的动作转速不低于 120r/min,复位转速为 100r/min 以下。

速度继电器的文字符号为 KS，图形符号如图 1-22 所示。

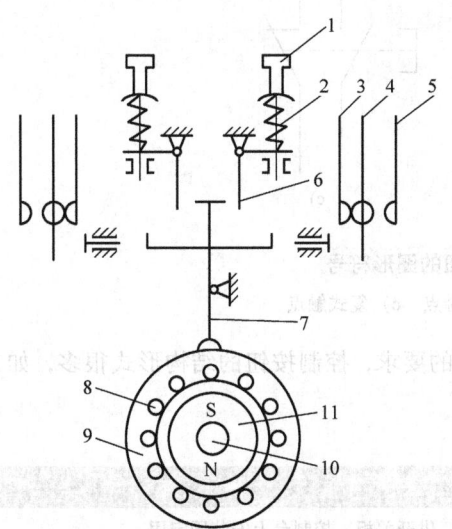
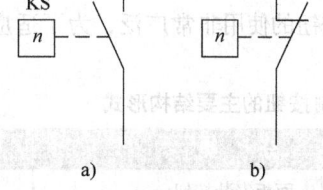

图 1-21　速度继电器的结构原理图
1—螺钉　2—反力弹簧　3—动断触点　4—动触点
5—动合触点　6—返回杠杆　7—杠杆　8—定子导体
　　9—定子　10—转轴　11—转子

图 1-22　速度继电器的图形符号
a）动合触点　b）动断触点

目前，国内常用的速度继电器有永磁型 JY1 和 JFZ0 系列。
部分 JY1、JFZ0 系列速度继电器的主要技术参数可查阅相关手册。

四、主令电器

主令电器主要用来接通和分断控制电路，用以发出命令或信号，达到对电力传动系统的控制。

主令电器应用广泛，种类繁多，主要有控制按钮、位置开关（包括行程开关、微动开关、接近开关等）、万能转换开关等。

1. 控制按钮

控制按钮是一种短时接通或分断小电流电路的电器，它不直接去控制主电路的通断，而是在控制电路中用于手动发出控制信号，去控制继电器、接触器或电气联锁电路，以实现对各种运动的控制。

控制按钮是一种结构简单的手动电器，其典型结构如图 1-23 所示，由按钮帽、桥式触点、复位弹簧、两对静触点组成。常态时，桥式触点将静触点 1、2 接通，静触点 3、4 断开。当按下按钮帽时，带动桥式触点下移动，将静触点 1、2 先断开，然后再将静触点 3、4 接通。当松开按钮时，在复位弹簧作用下，先是静触点 3、4 断开，再将静触点 1、2 接通，恢复原来状态。

控制按钮的文字符号为 SB，图形符号如图 1-24 所示。

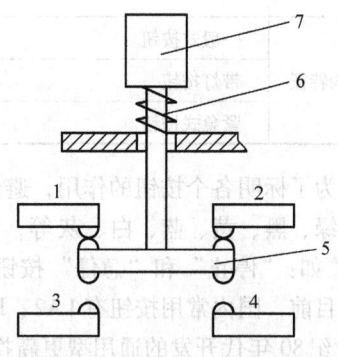

图 1-23　控制按钮的结构示意图
1、2、3、4—静触点　5—桥式触点
6—按钮帽　7—复位弹簧

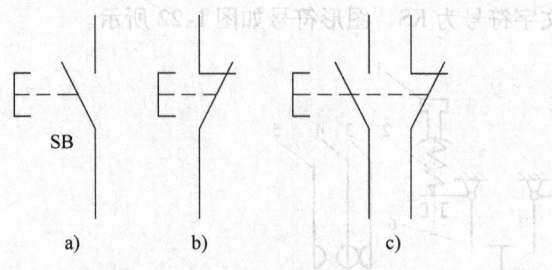

图1-24 控制按钮的图形符号

a）动合触点　b）动断触点　c）复式触点

控制按钮的使用非常广泛，为了适应控制系统的要求，控制按钮的结构形式很多，如表1-2所示。

表1-2 控制按钮的主要结构形式

分 类		代号	特 点
安装方式	面板安装按钮		供开关板、控制台上安装固定用
	固定安装按钮		底部有安装固定孔
防护式	开启式按钮	K	无防护外壳，适于嵌装在柜、台面板上
	保护式按钮	H	有防护外壳，可防止偶然触及带电部分
	防水式按钮	S	具有密封外壳，可防止雨水侵入
	防腐式按钮	F	具有密封外壳，可防止腐蚀性气体侵入
操作方式	按压操作		按压操作
	旋转操作　手柄式	X	用手柄操作旋钮，有两位置或三位置
	旋转操作　钥匙式	Y	用钥匙插入旋钮进行操作，可防止误操作
	拉式	L	用拉杆进行操作，有自锁和自动复位两种
	万向操纵杆式	W	操纵杆能以任何方向进行操作
复位性	自复按钮		外力释放后，按钮依靠弹簧作用恢复原位
	自持按钮		按钮内装有自持用电磁机构或机械机构，主要用作互通信号，一般为面板安装式
结构特征	一般式按钮		一般结构
	带灯按钮	D	按钮内装有信号灯，兼作信号指示
	紧急式按钮	J	一般有蘑菇头突出，作紧急时切断电源用

为了标明各个按钮的作用，避免误操作，通常将按钮帽做成不同颜色以示区别，其颜色有红、绿、黑、黄、蓝、白、灰等，颜色使用必须符合GB/T 4025—2003《指示灯和按钮的颜色》。如："停止"和"急停"按钮必须是红色，"起动"按钮是绿色等。

目前，国内常用按钮有LA2、LA10、LA18、LA19、LA20、LA25等系列，其中LA25系列是20世纪80年代开发的通用型更新换代产品，LAY系列为引进产品。现代新型按钮不但要求动作精度高、电气性能良好，通断绝对可靠，而且还要求造型新颖美观、手感好、功能齐全、安装使用方便。

LA25系列控制按钮型号含义：

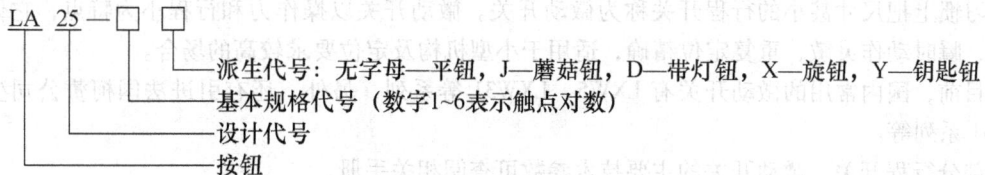

部分 LA25 系列控制按钮的主要技术参数可查阅相关手册。

2. 位置开关

在工业电气系统的顺序控制、定位控制和位置状态的检测中，位置开关被广泛使用。位置开关按结构分为机械式和电气式两种。机械设备中常用的机械式位置开关有行程开关和微动开关等，电气式位置开关有接近开关、光电开关等。

（1）行程开关、微动开关

行程开关（又称限位开关）是依照生产机械的行程发出命令以控制其运行顺序或行程大小的主令电器。行程开关常装在基座的某个预定位置，被控对象的运动部件装有撞块。当撞块碰上行程开关，行程开关就通过机械可动部分的动作，将机械信号转换为电信号，对控制电路发出指令以实现对机械系统的自动控制、程序控制或位置保护。行程开关广泛用于各类机床和起重机械等有位置要求或顺序要求的机械设备中。

图 1-25 是直动式行程开关的结构图。行程开关的工作原理与控制按钮相同，区别仅是行程开关不是靠手指的按压，而是利用生产机械运动部件上撞块的碰压而使触点动作。

行程开关的文字符号为 SQ，图形符号如图 1-26 所示。

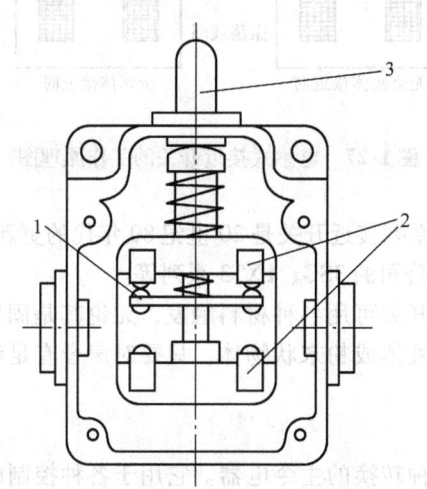

图 1-25　直动式行程开关的结构图

1—动触点　2—静触点　3—推杆

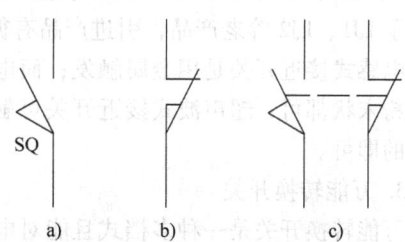

图 1-26　行程开关的图形符号

a) 动合触点　b) 动断触点　c) 复式触点

行程开关种类繁多，按操作形式分为直杆式（柱塞式）、直杆滚动式（滚动柱塞式）、转臂式、万向式、叉式、铰链杠杆式等，按复位方式分为自动复位和非自动复位，按外壳防护形式分为开启式、防护式和防尘式，按运动速度分为瞬动式和慢动（蠕动）式。

行程开关具有体积小、动作可靠、寿命长、调整方便等优点。

目前，国内常用行程开关有 LX19、JLXK1、LX32 等系列，其中 JLXK1 系列为机床用的快速行程开关（瞬动），LX32 系列行程开关是 20 世纪 80 年代开发的换代产品。

习惯上把尺寸甚小的行程开关称为微动开关。微动开关以操作力和行程小为特点，它体积更小，瞬时动作灵敏，重复定位精确，适用于小型机构及定位要求较高的场合。

目前，国内常用的微动开关有 LXW5、LXW31 等系列，另外，还有引进法国柯赞公司生产的 831 系列等。

部分行程开关、微动开关的主要技术参数可查阅相关手册。

（2）接近开关　接近开关是一种非接触式开关，当物体接近某一信号机构时，信号机构发出接近信号，它不像机械式行程开关必须施以机械力。接近开关的用途已远超出一般行程控制和限位保护，它还可用于检测、计数、测速，以及可直接与计算机或可编程序控制器的接口电路连接，作为它们的传感器之用。

无触点的接近开关与有触点的行程开关相比，其优点是：动作可靠、反应速度快（即操作频率高）、寿命长、灵敏度高、没有机械损耗、适应恶劣的工作环境等，所以在工业生产方面已逐渐得到推广应用。

接近开关按其激励方式（输入信号）、接收方式可分为电感式、电容式和超声波式三种。其中以电感式接近开关最为常用。

图 1-27 是电感式接近开关的工作原理图。接近开关由一个高频振荡器和一个整形放大器组成，振荡器振荡后，在开关的检测面产生交变磁场，当金属体接近检测面时，金属体产生涡流，吸收了振荡器的能量，使振荡减弱以致停振。针对"振荡"和"停振"两种不同的状态，由整形放大器转换成"高"和"低"两种不同的电平，从而起到"开"和"关"的控制作用。

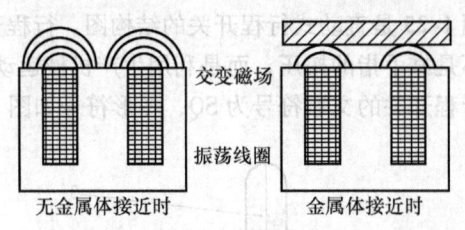

图 1-27　电感式接近开关的工作原理图

目前，国内常用电感式接近开关的产品有 LJ1、LJ2、LJ5、LXJ6、LXJ18 等系列，其中 LJ5 系列接近开关是 20 世纪 80 年代的更新产品，取代了 LJ1、LJ2 等老产品，引进产品有德国西门子公司的 3SG、LXT3 系列等。

电感式接近开关是用金属触发；而电容式接近开关可用各种材料触发，无论其是固体、液体或粉末状都可；超声波式接近开关可触发固体、液体或粉末状物体，只要对声音有足够反射能力的即可。

3. 万能转换开关

万能转换开关是一种多档式且能对电路进行多种转换的主令电器。它用于各种控制电路的转换、电气测量仪表的转换以及配电设备的远距离控制，也可用作小容量电动机的起动、制动、调速和换向控制。

图 1-28 是 LW6 系列万能转换开关单层的结构示意图。它主要由触点底座、操作定位机构、凸轮、手柄等部分组成，其操作位置有 0 ~ 12 个，触点底座有 1 ~ 10 层并叠装而成，每层触点底座里有三对触点和一个装在转轴上的凸轮，每层凸轮可做成不同形状。操作时，手柄带动转轴和凸轮一起旋转，当手柄转到不同的位置时，可使每层的各触点按设置的规律接通或断开，因而这种开关可以组成多种接线方案。

万能转换开关的图形符号如图 1-29 所示。图中"0"表示手柄的中间位置，两侧的数字表示手柄的操作位置，即用虚线代表手柄位置，有几条虚线就有几个手柄位置。带小圆圈的实线则表示一路触点,在触点图形符号下方的虚线位置上画"·",表示当操作手柄处于该位置时,该路触点是处于接通状态;若在该虚线位置上未画"·"时,则表示该路触点处于断开状态。其文字符号为 SA。

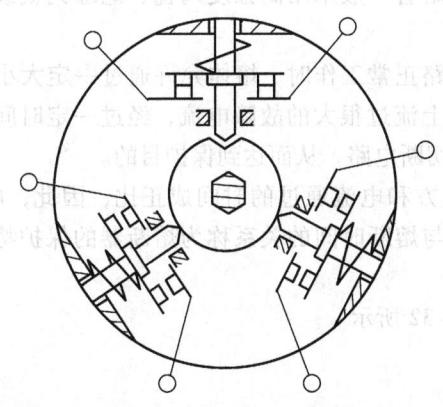

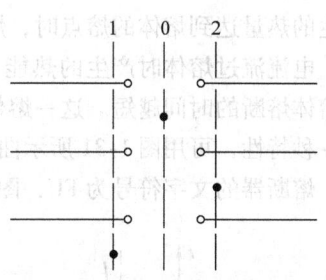

图 1-28 LW6 系列万能转换开关单层的结构示意图

图 1-29 万能转换开关的图形符号

目前,国内常用的万能转换开关有 LW5、LW6 等系列。

4. 凸轮控制器

凸轮控制器是一种大型的手动控制电器,也是多档式、多触点,利用手动转动凸轮去接通和分断大电流的转换开关。主要用于起重设备中直接控制中小型绕线转子异步电动机的起动、停止、调速、换向和制动。

图 1-30 是凸轮控制器的原理图。其工作原理与万能转换开关相似,当转动手柄时,在绝缘方轴上的凸轮随之转动,从而使触点组按规定顺序接通和分断。由于用它可直接控制电动机工作,所以其触点容量大并有灭弧装置,体积也大,操作时比较费力。

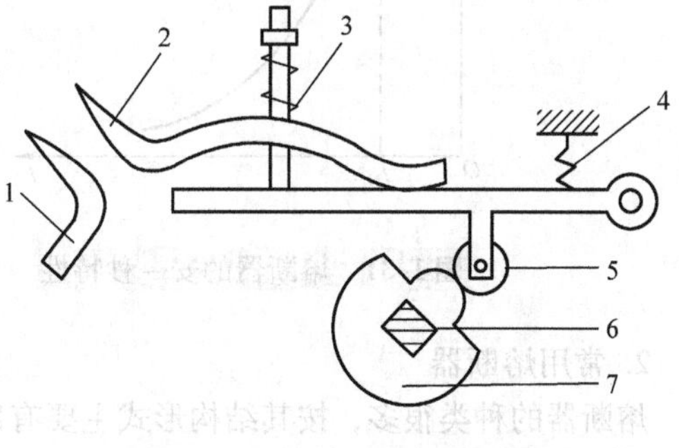

图 1-30 凸轮控制器的原理图

1—静触点 2—动触点 3—触点弹簧
4—复位弹簧 5—滚子 6—绝缘方轴 7—凸轮

在电路中,凸轮控制器图形符号的表示方法与万能转换开关的表示方法相同。

目前,我国常用的凸轮控制器有 KT10、KT14 及 KT15 等系列。

第三节 常用保护类电器

一、熔断器

熔断器是一种最简单有效的保护电器,广泛应用于低压配电系统和各种控制系统中,主要用作短路保护,同时也是单台电气设备的重要保护元件之一。熔断器与开关电器组合可构成各种熔断器组合电器,使开关电器附加短路保护功能。

1. 熔断器结构及工作原理

熔断器主要由熔体或熔丝（俗称保险丝）和安装熔体的熔管两部分组成。熔体是熔断器的核心，通常是采用低熔点的铅、锡、锌、铜、银及其合金等材料制成丝状，或根据保护特性的需要设计成灭弧栅状和具有变截面片状结构。熔管一般采用高强度陶瓷、绝缘钢板或玻璃纤维等制成，在熔体熔断时兼有灭弧作用。

熔断器的熔体与被保护的电路串联，当电路正常工作时，熔体允许通过一定大小的电流而不熔断；当电路发生短路或严重过载时，熔体上流过很大的故障电流，经过一定时间，当电流产生的热量达到熔体的熔点时，熔体被熔断，切断电路，从而达到保护目的。

电流流过熔体时产生的热能与电流的二次方和电流通过的时间成正比，因此，电流越大，则熔体熔断的时间越短。这一熔体熔断电流值与熔断时间的关系称为熔断器的保护特性，也称安-秒特性，可用图 1-31 所示曲线表示。

熔断器的文字符号为 FU，图形符号如图 1-32 所示。

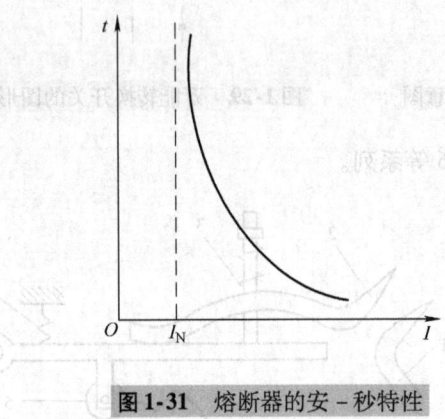

图 1-31　熔断器的安-秒特性　　　　图 1-32　熔断器的图形符号

2. 常用熔断器

熔断器的种类很多，按其结构形式主要有以下几种：

（1）插入式熔断器

常用插入式熔断器有 RC1A 系列，主要用于低压分支电路及中小容量的控制系统的短路保护，亦可用于民用照明电路的短路保护。

RC1A 系列熔断器是一种常见的结构简单的熔断器，俗称"瓷插保险"。它由瓷盖、底座、触点、熔丝等组成。此种熔断器具有价格低廉，熔体更换方便等优点；但它分断能力低，熔化特性不稳定，比较重要的工作场合不能使用，有易爆气体、尘埃的工作场合应禁止使用。

（2）螺旋式熔断器

常用螺旋式熔断器有 RL1、RL2、RL6、RL7 等系列，其中 RL6、RL7 系列为 20 世纪 80 年代的更新产品，可分别取代 RL1、RL2 系列，常用于配电线路及机床控制线路中作短路保护。螺旋式快速熔断器有 RLS2 等系列，常用作半导体元器件的保护。

螺旋式熔断器由瓷底座、熔管、瓷套等组成。瓷管内装有熔体，并装满石英砂，将熔管置入底座内，旋紧瓷帽，电路就可接通。瓷帽顶部有玻璃圆孔，其内部有熔断指示器，当熔体熔断时，指示器跳出。螺旋式熔断器具有较高的分断能力，限流特性好，有明显的熔断指示，可不用工具就能安全更换熔体，在机床中被广泛采用。

（3）无填料封闭管式熔断器

常用无填料封闭管式熔断器有 RM1、RM10 等系列，主要用作低压配电线路的过载和短路保护。

无填料封闭管式熔断器分断能力较低，限流特性较差，适合于线路容量不大的电网中。其最大优点是熔体方便拆换。

(4) 有填料封闭管式熔断器

常用有填料封闭管式熔断器有 RT0、RT12、RT14、RT15 等系列，引进产品有德国 AEG 公司的 NT 系列等。有填料封闭管式熔断器主要作为工业电气装置、配电设备的过载和短路保护，亦可配套使用于熔断器组合电器中。有填料快速熔断器 RS0、RS3 等系列，用作硅整流元件和晶闸管元件及其所组成的成套装置的过载和短路保护。

有填料封闭管式熔断器具有分断能力高，保护特性稳定，限流特性好，使用安全等优点，可用于各种电路和电气设备的过载和短路保护。

熔断器的型号含义：

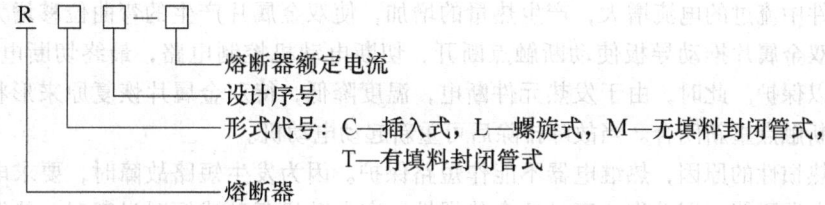

部分熔断器的主要技术数据可查阅相关手册。

3. 熔断器的主要性能参数

(1) 额定电压

熔断器的额定电压取决于线路的额定电压。它必须大于或等于线路的额定电压。

(2) 额定电流

熔断器在规定的条件下可以连续使用而不会发生运行变化的电流。熔断器的额定电流根据被保护的电路（支路）及设备的额定负载电流选择。

(3) 分断能力

熔断器在额定电压下能分断的最大电流。它取决于熔断器的灭弧能力，与熔体额定电流无关。

(4) 限流特性

熔断器应具有良好的限流特性，即熔断器实际分断的电流比预期短路电流小得多，限流特性由产品样本提供。

二、保护继电器

保护继电器是指电路中主要起保护作用的各种继电器。常用保护继电器有热继电器、过电流继电器、欠电流继电器、过电压继电器和欠电压（零电压、失电压）继电器等。

保护继电器一般由检测机构、中间机构和执行机构三个基本部分组成。检测机构把感测到的物理量（温度、电压、电流）传递给中间机构、与预定值（整定值）进行比较，当达到整定值（过量或欠量）时，中间机构便使执行机构动作，从而断开电路，起到保护作用。

1. 热继电器

热继电器是利用电流的热效应原理工作的保护电器，它在电路中主要用作电动机的过载保护。电动机在实际运行中，如果长期超载、频繁起动、欠电压或断相运行等都可能使电动机的电流超过其额定值,如果超过值并不大,熔断器在这种情况下不会熔断,这样将引起电动机过热,损坏绕组的绝缘,缩短电动机的使用寿命,严重时甚至烧坏电动机。因此,必须对电动机采取有效的过载保护措施。

(1) 热继电器结构及工作原理　热继电器主要由热元件、双金属片和触点三部分组成。双金属片是热继电器的温度检测元件,它由两种不同线膨胀系数的金属片用机械辗压成一体。线膨胀系数大的称主动层,多采用铁镍铬合金、铜合金、高锰合金等材料($\alpha_1 = (13 \sim 20) \times 10^{-6} 1/℃$);线膨胀系数小的称从动层,多采用铁镍类合金(如殷钢)材料($\alpha_2 = (1 \sim 2) \times 10^{-6} 1/℃$)。当双金属片受热后由于两层金属的线膨胀系数不同,且两金属片又紧密贴合在一起,因此使得双金属片向从动层一侧弯曲。

图1-33是热继电器的工作原理示意图。热元件串接在电动机定子绕组中,电动机绕组电流即为流过热元件的电流。一对动断辅助触点串接在电动机控制电路中,当电动机正常运行时,热元件中流过的电流小,产生的热量虽能使双金属片弯曲,但不足以使触点动作;当电动机过载时,热元件中流过的电流增大,产生热量的增加,使双金属片产生的弯曲位移增大,经过一定时间后,双金属片推动导板使动断触点断开,切断电动机控制电路,最终切断电动机电源,使电动机得以保护。此时,由于发热元件断电,温度降低,待双金属片恢复原来形状,按下复位按钮使动断触点重新闭合。当故障排除后可重新起动电动机。

由于发热惯性的原因,热继电器不能作短路保护。因为发生短路故障时,要求电路立即断开,而热继电器不能立即动作,正是这个热惯性,在电动机起动或短时过载时,热继电器不会动作,从而保证电动机的正常工作。

热继电器的文字符号为FR,图形符号如图1-34所示。

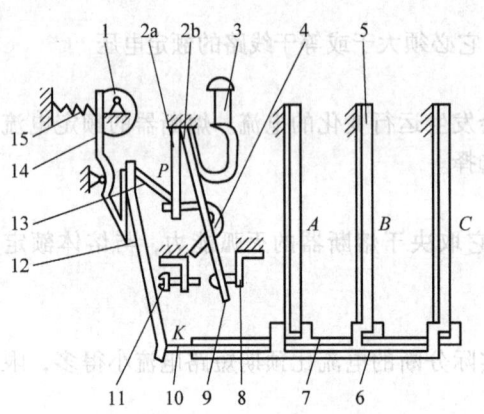
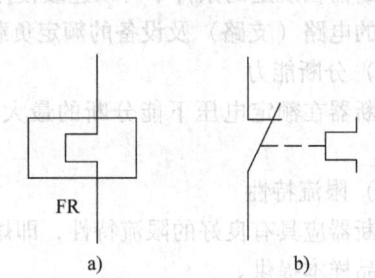

图1-33　热继电器工作原理示意图

1—凸轮　2a、2b—簧片　3—手动复位按钮　4—弓簧
5—主双金属片　6—外导板　7—内导板
8—静触点　9—动触点　10—杠杆　11—调节螺钉
12—补偿双金属片　13—推杆　14—连杆　15—压簧

图1-34　热继电器的图形符号

a) 热元件　b) 动断辅助触点

(2) 热继电器型号及主要技术参数

目前,国内常用的热继电器有JR0、JR15、JR16、JR20等系列,其中JR20系列热继电器为20世纪80年代的更新换代产品,引进产品有德国BBC公司的T系列、德国西门子公司的3UA5和3UA6系列、法国TE公司的LR1-D系列等。

JR20系列热继电器型号含义:

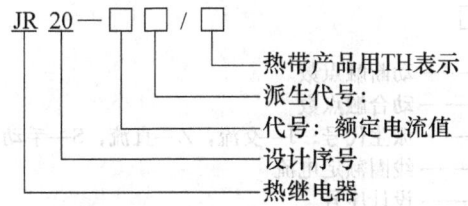

部分热继电器的主要技术参数可查阅相关手册。

热继电器的主要性能参数：

1) 热继电器额定电流：热继电器中可以安装的热元件的最大整定电流值。

2) 热元件额定电流：热元件整定电流调节范围的最大值。

3) 整定电流：热元件能够长期通过而不致引起热继电器动作的最大电流值。通常热继电器的整定电流与电动机的额定电流相当，一般取 0.95～1.05 倍额定电流。

2. 过电流继电器、欠电流继电器

电流继电器的检测对象是线圈中的电流变化信号。根据动作电流值的不同，电流继电器有过电流继电器和欠电流继电器之分。

（1）过电流继电器

当线圈电流高于整定值时动作的继电器称过电流继电器。过电流继电器的任务是：当电路发生过电流及短路时，立即将电路切断，起过电流保护作用。

实际工作中，过电流继电器的过电流保护功能是采用过电流继电器与接触器相配合使用来完成的。将过电流继电器的线圈串接在电动机的主电路中，过电流继电器的一对动断触点串接在控制电路中。当电路正常工作时，继电器处于释放状态；当电路中发生过电流情况时，过电流继电器的衔铁吸合，带动其动断触点动作，切断控制电路电源，由接触器主触点切断电动机电源，使电动机得以保护。过电流继电器常作为笼型、绕线转子异步电动机的短路和冲击性过载保护。

过电流继电器的吸合电流调整范围通常取 1.1～4 倍额定电流。

（2）欠电流继电器

当线圈电流低于整定值时动作的继电器称欠电流继电器。欠电流继电器的任务是：当电路发生欠电流或零电流时，立即将电路切断，起欠电流保护作用。因而在电路正常工作时，继电器处于吸合状态，只有当线圈电流降低至某一整定值时，衔铁释放，触点动作，切断控制电路。欠电流继电器常作为直流电动机弱磁超速保护和电磁吸盘的失磁保护。

欠电流继电器的吸引电流为线圈额定电流的 30%～65%，释放电流为额定电流的 10%～20%。

过电流、欠电流继电器的文字符号为 KI，图形符号如图 1-35 所示。

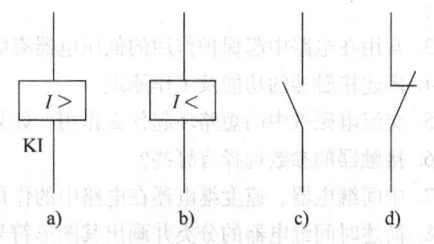

图 1-35 过电流、欠电流继电器的图形符号
a) 过电流继电器线图 b) 欠电流继电器线图
c) 动合触点 d) 动断触点

目前，国内常用的过电流继电器有 JL15、JL18 等系列，其中 JL18 系列是 20 世纪 80 年代开发的换代产品，JT18 系列通用继电器可作为欠电流继电器使用。

JL18 系列过电流继电器型号含义：

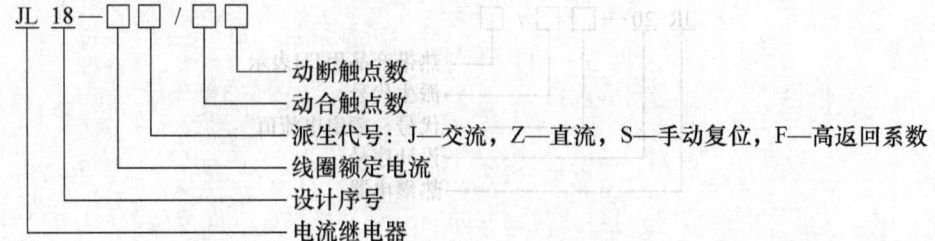

3. 过电压、欠电压继电器

电压继电器的检测对象为线圈两端的电压变化信号。根据动作电压值的不同，电压继电器有过电压和欠电压继电器之分。实际工作中，电压继电器的线圈并联于电源的两相电压间。电压继电器的工作原理与电流继电器相类似，这里不再重复。

欠电压继电器在电动机控制电路中作为欠电压、失电压保护，防止电源故障后，恢复供电时，电动机自行起动。欠电压继电器的整定值为 0.4~0.7 额定电压。过电压继电器用来保护设备不受电源系统过电压的危害，多用于发电机-电动机机组系统中。过电压继电器的整定值为 1.1~1.15 倍额定电压。

过电压、欠电压继电器的文字符号为 KV，图形符号如图 1-36 所示。

在电力拖动系统中，欠电压继电器常用一般电磁式继电器充任，常用型号有 JT4 等系列。

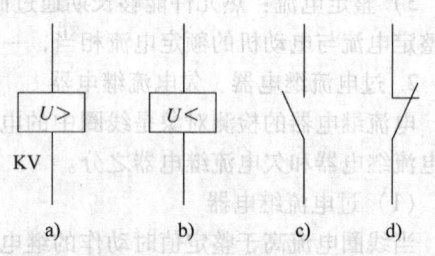

图 1-36 过电压、欠电压继电器的图形符号
a) 过电压继电器线圈 b) 欠电压继电器线圈
c) 动合触点 d) 动断触点

习题与思考题

1. 电动机起动电流很大，起动时热继电器会不会动作？为什么？
2. 叙述低压断路器的功能及工作原理；与采用刀开关和熔断器的结合方式相比，低压断路器有何优点？
3. 常用在电路中起保护作用的低压电器有哪些？它们在电路中起何种保护作用？
4. 阐述接触器的功能及工作原理。
5. 交流电磁铁中的短路环起什么作用？如果断裂或脱落会出现什么现象？
6. 接触器的参数选择有哪些？
7. 中间继电器、速度继电器在电路中的作用是什么？
8. 简述时间继电器的分类并画出其图形符号以及线圈触点时序图。
9. 画出下列常用电器元件的图形符号并标出文字符号：
(1) 低压断路器 (2) 熔断器 (3) 接触器 (4) 热继电器及其常闭触点 (5) 行程开关的常开和常闭触点 (6) 速度继电器 (7) 常开按钮和常闭按钮

第二章

继电器—接触器控制电路基本环节

不同用途的各种机械设备，一般都是由电动机拖动的，而对电动机最早的控制方式就是继电接触器式控制。

继电接触器式控制是由各种有触点的继电器、接触器、行程开关、控制按钮等组成的控制电路，来实现对电力拖动系统的起动、制动、反向和调速的控制以及实现对电力拖动系统的保护及生产加工自动化。

由于机械设备的生产工艺各不相同，则控制电路也不同。但任何复杂的控制电路都是由一些比较简单的基本控制环节按需组合而成。本章将介绍电器控制电路的一些主要基本环节，为以后的典型机械设备控制电路阅读分析以及继电器—接触器控制系统设计奠定基础。

第一节　电路图的基本概念及绘制

继电器—接触器控制电路主要由各种电器元件（如接触器、继电器、开关）和电气设备（如电动机）按一定的控制要求用电气连接线连接而成。为了表达电气控制系统的组成和功能、电气设备的工作原理以及装接和维护的使用信息，需要用统一的工程语言，即用工程图的形式来表达，这种工程图就是电气工程图（简称电气图）。电气图是一类十分重要的技术文件，为使电气图更简明、更具有通用性、传递的信息量更多，电气图必须使用规定统一的图形符号和文字符号，并按国家电气制图标准绘制。

常用于机械设备的电气工程图有三种：电路图、电器布置图和接线图。

一、电气图中的图形符号、文字符号和接线端子标记

1. 电气用图形符号

构成电气工程的元器件、设备和连接线很多，结构类型千差万别，安装方式多种多样。因此，在主要以简图形式表示的电气工程图中，为了描述和区分这些元器件和电气设备的名称、功能、状态、特征、相互关系、安装位置以及电气连接等等，没有必要也不可能一一画出它们的外形结构，一般是用一些简单的符号表示，这些符号就是图形符号。

图形符号是用于电气图中表示一个设备（如电动机）、元器件（如开关）或一个概念（如接地）的图形、标记或字符。

电气工程图中常用图形符号画法可查阅国家标准 GB/T 4728—2008《电气简图用图形符号》。

用于电气图的图形符号主要是一般符号、方框符号。

一般符号用以表示一类设备或此类设备特性的一种通常很简单的符号。一般符号由各种符号要素和限定符号组成。符号要素是一种具有确定意义的简单图形，如："—/—"是开关或动合触点的符号要素；限定符号是用以提供附加信号的一种加在其他符号上的符号。表2-1是各限定符号与符号要素（动合触点、开关）组合成的各种类型触点和开关的例子。因为国家标准中给出的图形符号例子有限，实际使用中可通过已规定的图形符号适当组合进行派生。

表2-1 图形符号组合示例

限定符号		一般符号举例	
图形符号	说明	图形符号	说明
	接触器功能		限位开关动合触点
	限位开关、位置开关功能	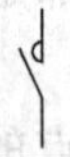	接触器动合触点
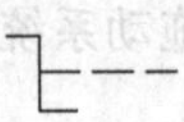	旋转操作	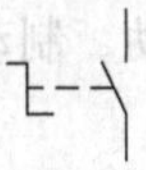	旋转开关
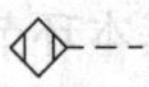	接近效应操作		接近开关
	隔离开关功能		隔离开关

框形符号用以表示元器件、设备等的组合及其功能，它是既不给出元器件、设备的细节，也不考虑所有连接的一种简单的图形符号，如正方形、长方形、圆形图形符号。框形符号通常用在接线电气图中。

2. 电气图中的文字符号

图形符号提供了一类设备或元器件的共同符号，为了更明确地区分不同的设备、元器件，尤其是区分同类设备或元器件中不同功能的设备或元件，还必须在图形符号旁标注相应的文字符号。

文字符号通常由基本符号、辅助符号和数字组成。

（1）基本文字符号　基本文字符号用以表示电气设备、装置、元器件以及线路的基本名称、特性。基本文字符号分为单字母和双字母符号。单字母符号表示电气设备、装置和元器件的大类，例如：单字母"K"表示继电器、接触器这一大类。一般只有当单字母符号不能满足要求，需要将大类进一步划分时，才采用双字母符号，以便更详细、更具体地表述电气设备、装置和元器件。双字母符号由一个表示大类的单字母后跟另一表示该器件某些特性的字母，例如："KM"、"KT"和"KA"分别表示继电器、接触器类器件中的接触器、时间继电器和中间继电器。

（2）辅助文字符号　辅助文字符号是用以进一步表示电气设备、装置、元器件以及线路的功能、状态和特性。通常用英文字母的前一两个字母表示，例如"ON"表示闭合，"AC"表示交流。

电气工程图中常用基本文字符号、辅助文字符号可查阅相关标准。

（3）文字符号的组合　文字符号组合形式一般为基本符号（或辅助符号）加数字符号，如"KT_1"表示第一个时间继电器；"FU_2"表示第二组熔断器。

（4）特殊用途文字符号　电气工程图中一些特殊用途的接线端子、导线等，通常采用一些专用文字符号，如"L_1、L_2、L_3、N"表示三相交流电源第一相、第二相、第三相及中性线；"U、V、W"表示交流系统设备第一相、第二相、第三相；"PE"表示保护接地。

常用的一些特殊用途文字符号可查阅相关标准。

3. 接线端子标记

电气图中各电器接线端子用字母数字符号标记。按国家 GB/T 4026—2010《电器接线端子的识别和用字母数字符号标志接线端子的通则》规定：

三相交流电源引入用 L_1、L_2、L_3、N、PE 标记；直流系统的电源正、负、中性线分别用 L_+、L_- 与 M 标记；三相动力电器引出线分别按 U、V、W 顺序标记。

三相异步电动机的绕组首端分别用 U_1、V_1、W_1 标记，绕组尾端用 U_2、V_2、W_2 标记，电动机绕组中间抽头分别用 U_3、V_3、W_3 标记。

对于数台电动机，可在字母前冠以数字来区别。如：对 M_1 电动机其三相绕组接线端标以 1U、1V、1W，对 M_2 电动机其三相绕组接线端则标以 2U、2V、2W 来区别。两三相供电系统的导线与三相负载之间有中间单元时，其相互连接线用字母 U、V、W 后面加数字来表示，且用从上至下、由小至大的数字来表示。

控制电路各线号采用数字编号，标注方法按"等电位"原则进行，其顺序一般为从左到右、从上至下，凡是被线圈、触点、电阻、电容等元件所隔离的接线端子，都应标以不同的线号。

二、电路图

电路图是用图形符号、文字符号并按工作顺序详细表示电路、设备控制系统的基本组成和连接关系，而不考虑其实际位置的一种简图。电路图主要表示电气控制系统的工作原理，所以又称电气原理图（新的国家标准称为电路图），同时，电路图为安装和维修提供技术信息，也是编制接线图的重要依据。电路图结构简单、层次分明，适于研究、分析电路的工作原理，所以无论在设计部门还是在生产现场都得到广泛的应用。

国家标准 GB6988.4—1986《电气制图　电路图》规定了电路图的绘制规则。电路图的绘制规定可简述如下：

1）电路图在布局上按功能分开画出（即按主电路、控制电路、照明电路及信号电路分开绘制），且按因果关系从左到右或从上到下布置，并尽可能按工作顺序排列。电路图的电路可水平布置或者垂直布置。水平布置时电源垂直画，其他电路水平画，控制电路中的耗能元件画在电路的最右端；垂直布置时，电源线水平画，其他电路垂直画，控制电路中的耗能元件画在电路的最下端。

2）电路图中各元器件，一律采用国家标准规定的图形符号绘出，并用国家标准规定的文字符号标记。同一电器的各个部件按其在电路中所起的作用，其图形符号可以不画在一起，但必须用相同的文字符号标注。

3）电路图中的所有元器件的可动部分通常表示在电器非激励或不工作的状态和位置。如：继电器、接触器、制动器等的线圈处在非激励状态；机械控制的行程开关和按钮在其未受机械压合的状态；零位操作的手动控制开关在零位状态，不带零位的手动控制开关在如图中规定的位置。

图 2-1 是 CW6132 型车床的电路图。

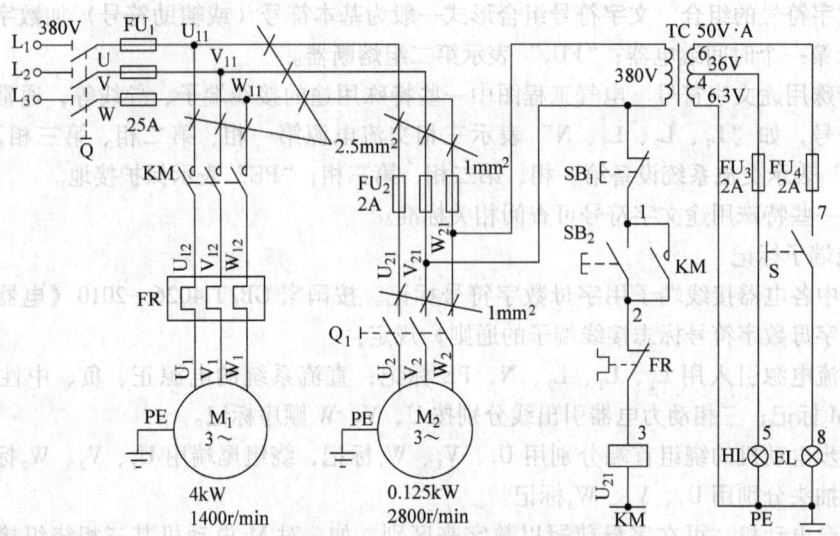

图 2-1　CW6132 型车床的电路图

三、电器位置图

电器位置图详细绘出了电气设备中各电器的相对位置。图中各电器的文字符号应与有关电路图中电器元件的文字符号相同。图 2-2 是 CW6132 型车床的电器位置图。

四、接线图

接线图是实际接线的依据和准则，也是检查电路和维修不可缺少的技术文件。根据表达对象和用途的不同，接线图有单元接线图、互连接线图和端子接线图等。它们都是在电路图基础上编制的，且符合装配、施工的要求，按各个电器元件和设备的相对安装敷设位置来绘制。国家标准 GB/T 6988.5—1997《电气制图　接线图和接线表》详细规定了接线图的编制规则，其主要内容有：

1) 接线图中各电器元件图形符号、文字符号以及它们之间的连线编号均应以电路图为准，并保持一致。

2) 在接线图中，一般都应标出项目的相对位置，项目代号；端子间的电连线关系，端子号、导线号、导线类型、截面积等。

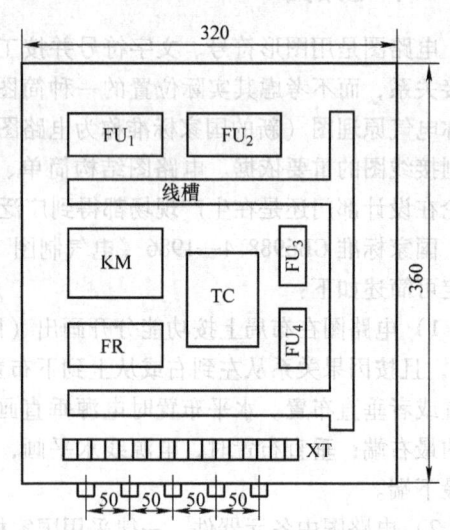

图 2-2　CW6132 型车床的电器位置图

3) 同一控制箱或控制屏的各元器件可直接相连，而箱（或屏）内与外部元器件连接时必须经接线端子排。

4) 互连接线图中的互连关系可用连续线、中断线或线束表示。

图 2-3 是 CW6132 型车床的电气互连接线图。

接线图上所有表示的电气连接，一般并不表示实际走线的路径。配线时，由电工师傅根据经验选择最佳途径。

接线图主要用于配线、检查、维修中，起到电路图所起不到的作用，所以它在生产现场同样得到广泛的应用。

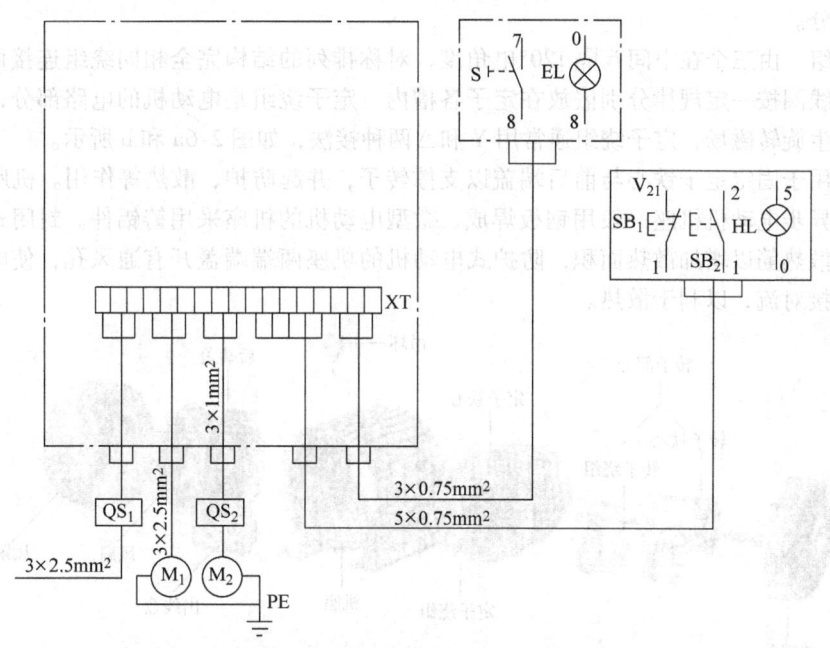

图 2-3 CW6132 型车床的电气互连接线图

第二节　三相异步电动机的基本结构、工作原理和机械特性

进行机械能与电能互换的旋转机械称为电机：将机械能转换为电能的电机称为发电机，将电能转换为机械能的电机称为电动机。

电动机分为交流电动机和直流电动机，交流电动机又分为异步电动机和同步电动机。

异步电动机有单相和三相两种，单相电动机一般为小容量电动机。

用作电动机运行时的三相异步电动机，其转子的转速低于旋转磁场的转速，转子绕组因与磁场间存在着相对运动而感生电动势和电流，并与磁场相互作用产生电磁转矩，实现能量变换。

与单相异步电动机相比，三相异步电动机运行性能好，并可节省各种材料。按转子结构的不同，三相异步电动机可分为笼型和绕线型两种。笼型转子的异步电动机结构简单、运行可靠、重量轻、价格便宜，得到了广泛的应用。

一、三相异步电动机的结构

三相异步电动机主要有定子部分、转子部分和其他附件三部分组成，其常见外形图和拆分图如图 2-4 和图 2-5 所示。

图 2-4 三相异步电动机外形图

1. 定子部分（静止部分）

定子铁心：一般由 0.35~0.5mm 厚表面具有绝缘层的导磁性能很好的硅钢片冲制、叠压而成，在铁心的内圆冲有均匀分布的槽，用以嵌放定子绕组，如图 2-5 所示。定子铁心是电动机磁路的一部分。

定子绕组：由三个在空间互隔 120° 电角度、对称排列的结构完全相同绕组连接而成，这些绕组的各个线圈按一定规律分别嵌放在定子各槽内。定子绕组是电动机的电路部分，通入三相交流电，产生旋转磁场，定子绕组通常用 Y 和 △ 两种接法，如图 2-6a 和 b 所示。

机座：用于固定定子铁心与前后端盖以支撑转子，并起防护、散热等作用。机座通常为铸铁件，大型异步电动机机座一般用钢板焊成，微型电动机的机座采用铸铝件。封闭式电动机的机座外面有散热筋以增加散热面积，防护式电动机的机座两端端盖开有通风孔，使电动机内外的空气可直接对流，以利于散热。

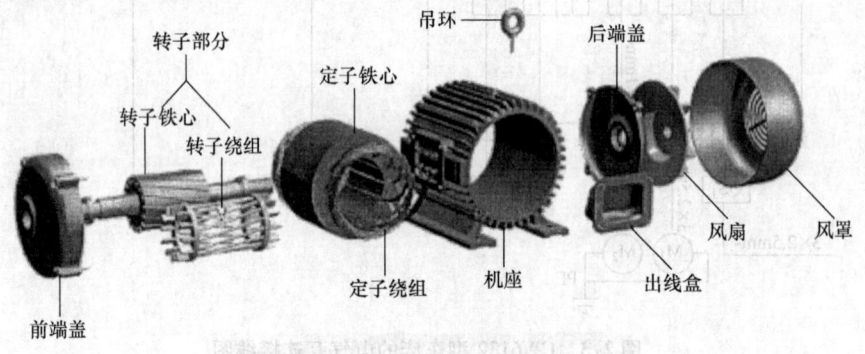

图 2-5 三相异步电动机拆分图

2. 转子部分（旋转部分）

转子铁心：所用材料与定子一样，由 0.5mm 厚的硅钢片冲制、叠压而成，硅钢片外圆冲有均匀分布的孔，用来安置转子绕组。通常用定子铁心冲落后的硅钢片内圆来冲制转子铁心。一般小型异步电动机的转子铁心直接压装在转轴上，大、中型异步电动机（转子直径在 300~400mm）的转子铁心则借助于转子支架压在转轴上。转子铁心也是磁路的一部分。

转子绕组：用于切割定子旋转磁场产生感应电动势及电流，并形成电磁转矩而使电动机旋转，分为笼型转子和绕线型转子，如图 2-7 和图 2-8 所示。

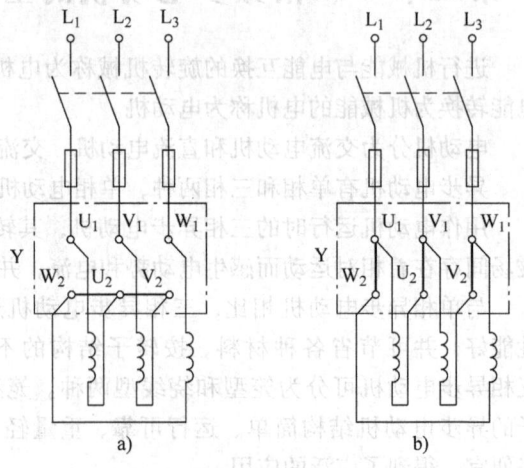

图 2-6 定子绕组的 Y 和 △ 接法
a) Y 接法 b) △ 接法

1) 笼型转子：转子绕组由插入转子槽中的多根导条和两个环行的端环组成。若去掉转子铁心，整个绕组的外形像一个鼠笼，故称笼型绕组。小型笼型电动机采用铸铝转子绕组，对于 100kW 以上的电动机采用铜条和铜端环焊接而成。笼型转子分为：阻抗型转子、单笼型转子、双笼型转子、深槽式转子几种，起动转矩等特性各有不同。

2) 绕线型转子：绕线型转子绕组与定子绕组相似，也是一个对称的三相绕组，一般接成星形,三个出线头接到转轴的三个集电环上,再通过电刷与外电路连接。特点:结构较复杂,故绕线转子电动机的应用不如笼型电动机广泛。但通过集电环和电刷在转子绕组回路中串入附加电阻等元件,用以改善异步电动机的起、制动性能及调速性能,故在要求一定范围内进行平滑调速的设备,如吊车、电梯、空气压缩机等上面采用。

图2-7 笼型转子

图2-8 绕线型转子

3. 气隙

气隙指的是静止的磁极和旋转的电枢之间的间隙。气隙的大小决定磁通量的大小,如果气隙较大,漏磁就会较多,电动机的效率就会降低。如果气隙太小,相应的生产工艺要求高。因此,需要将气隙控制到一个合适的数值,才能达到最佳效果,大小一般为机械条件所能允许达到的最小值(0.2~2mm)。

二、常用参数、型号表示及选用

1. 常用参数

额定电压 U_N:是指电动机额定运行时,外加于定子绕组上的线电压,单位为伏(V)。

一般规定电动机的工作电压不应高于或低于额定值的5%。当工作电压高于额定值时,磁通将增大,将使励磁电流大大增加,电流大于额定电流,使绕组发热。同时,由于磁通的增大,铁损耗(与磁通的二次方成正比)也增大,使定子铁心过热;当工作电压低于额定值时,引起输出转矩减小,转速下降,电流增加,也使绕组过热,这对电动机的运行也是不利的。

我国生产的Y系列中、小型异步电动机,其额定功率在3kW以上的,额定电压为380V,绕组为三角形联结。额定功率在3kW及以下的,额定电压为380/220V,绕组为星形联结(即电源线电压为380V时,电动机绕组为星形联结;电源线电压为220V时,电动机绕组为三角形联结)。

额定电流 I_N:是指电动机在额定电压和额定输出功率时,定子绕组的线电流,单位为安(A)。

当电动机空载时,转子转速接近于旋转磁场的同步转速,两者之间相对转速很小,所以转子电流近似为零,这时定子电流几乎全为建立旋转磁场的励磁电流。当输出功率增大时,转子电流和定子电流都随着相应增大。

额定频率 f_N:我国电力网的频率为50赫兹(Hz),因此除外销产品外,国内用的异步电动机的额定频率为50Hz。

额定转速 n_N:是指电动机在额定电压、额定频率下,输出端有额定功率输出时,转子的转速,单位为转/分(r/min)。由于生产机械对转速的要求不同,需要生产不同磁极数的异步电动机,因此有不同的转速等级。最常用的是4个极的异步电动机($n_0=1500$r/min)。

额定效率 η_N:是指电动机在额定情况下运行时的效率,是额定输出功率与额定输入功率的比值。异步电动机的额定效率 η_N 为 75%~92%。

额定功率因数 $\cos_N$：因为电动机是电感性负载，定子相电流比相电压滞后一个角，$\cos_N$ 就是异步电动机的功率因数。

三相异步电动机的功率因数较低，在额定负载时约为 0.7~0.9 之间，而在轻载和空载时更低，空载时只有 0.2~0.3。因此，必须正确选择电动机的容量，防止"大马拉小车"，并力求缩短空载的时间。

额定功率 P_N：是指电动机在制造厂所规定的额定情况下运行时，其输出端的机械功率，单位一般为千瓦（kW）。对三相异步电动机，其额定功率：$P_N = U_N I_N \eta_N \cos_N$，式中的 η_N 和 $\cos_N$ 分别为额定情况下的效率和功率因数。

其他参数：绝缘等级、接线方式、温升等。

2. 型号表示

对于三相异步电动机，其型号表示表示举例如下：

中小型异步电动机

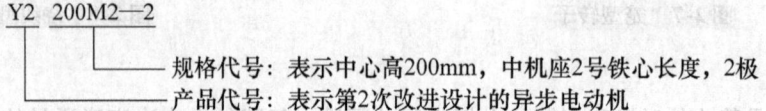

规格代号：表示中心高200mm，中机座2号铁心长度，2极
产品代号：表示第2次改进设计的异步电动机

大型异步电动机

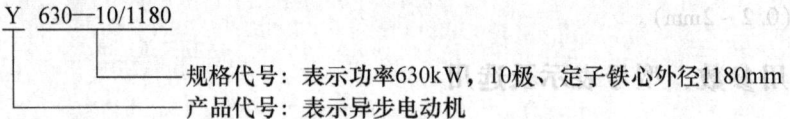

规格代号：表示功率630kW，10极、定子铁心外径1180mm
产品代号：表示异步电动机

3. 选用

1）功率选择：要防止选择的功率过大；也要防止选择的功率过小（在过载状态下工作容易烧坏定子绕组）。

2）类型的选择：不带负载起动一般选用笼型异步电动机，带一定负载起动选用高起动转矩电动机，起动、制动频繁，且要求起动转矩大时选用绕线转子异步电动机。

3）结构形式的选择：安全可靠、环保，根据要求选用适当的防护形式：开启式、防护式、封闭式和防爆式。

4）转速选择：根据生产机械的要求选。转速高的电动机，体积小，价格便宜；而转速低的电动机，体积大，价格贵。

5）电压的选择：主要依据电动机运行场所供电网的电压等级，同时兼顾电动机的类型和功率。小容量的电动机额定电压均为380V，大容量的电动机有时采用3kV和6kV的高压电动机。

三、三相异步电动机的工作原理

1. 三相绕组旋转磁场的产生

三相异步电动机具有三相对称绕组，分别用 U、V、W 来表示。当三相绕组通入三相对称电流时，每相绕组均会产生磁动势，因此三相异步电机的磁动势是三相绕组的合成磁动势。

取 U 相绕组轴线位置作为空间坐标原点、以相序的方向作为 x 的参考方向、U 相电流为零时作为时间起点，则三相基波磁动势为：

$$f_{U1} = F_{p1}\cos \omega t\cos \alpha \tag{2-1}$$

$$f_{V1} = F_{p1}\cos(\omega t - 120°)\cos(\alpha - 120°) \tag{2-2}$$

$$f_{W1} = F_{p1}\cos(\omega t + 120°)\cos(\alpha + 120°) \tag{2-3}$$

其中，f_{U1}、f_{V1}、f_{W1} 表示各相的基波磁动势，F_{p1} 表示基波磁动势的幅值，空间角 α 说明各基波磁势在空间分布是正弦函数；而时间角 ωt 说明各基波磁势随时间作正弦变化。利用三角积化和差公式 $\cos\alpha\cos\beta = \frac{1}{2}\cos(\alpha-\beta) + \frac{1}{2}\cos(\alpha+\beta)$ 推出三相的合成基波磁动势为：

$$f_1(x,t) = \frac{3}{2}F_{p1}\cos(\alpha - \omega t) \tag{2-4}$$

因此三相合成基波磁动势是一个幅值恒定不变的圆形旋转磁动势。下面利用图解法来具体分析合成磁动势的旋转方向。

设三相对称电流按余弦规律变化，U 相电流最大时为计时点，电流取首进尾出为正，三相电流波形如图 2-9 所示，则初始时刻旋转磁动势的位置如图 2-10 所示。

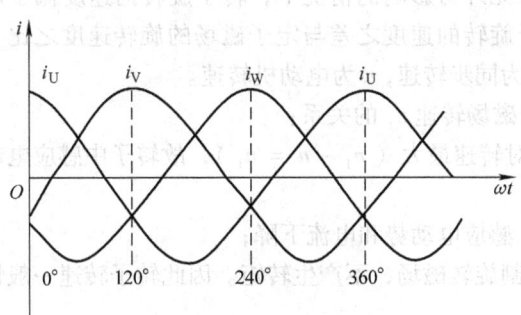
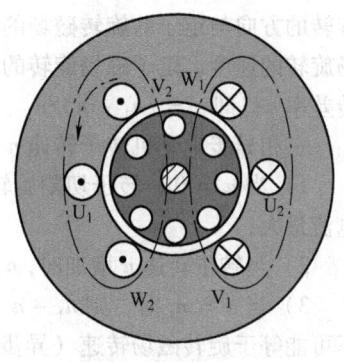

图 2-9 三相电流波形　　图 2-10 初始时刻磁动势的位置

以此类推，可得不同时刻的三相合成磁动势，如图 2-11 所示。由此可见，合成磁动势的转向是从载有超前电流的相转到载有滞后电流的相。从而也可得改变三相异步电动机转向的方法。如果将三相电源线任意两相互换，旋转磁场旋转方向改变，进而电动机的旋转方向就会改变。

三相对称绕组通入三相对称电流，产生的基波合成磁动势是一个幅值恒定不变的圆形旋转磁动势，它有以下主要性质：

1) 幅值是单相脉动磁动势最大幅值的 3/2 倍。

2) 转向由电流相序决定，从载有超前电流相转到载有滞后电流相。

3) 转速决定于电流的频率和电动机的磁极对数 $n_1 = 60f/p$。

4) 当某相电流达最大值时，旋转磁动

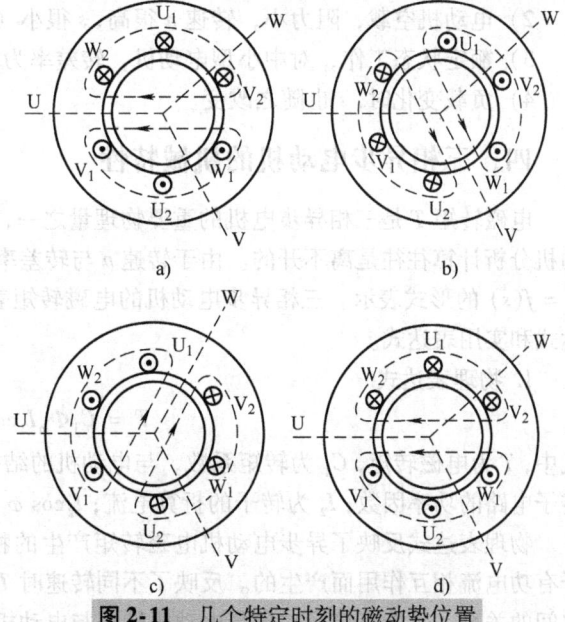

图 2-11 几个特定时刻的磁动势位置
a) $\omega t = 0°$ 时　b) $\omega t = 120°$ 时　c) $\omega t = 240°$ 时　d) $\omega t = 360°$ 时

势的波幅位置刚好转到该相磁动势轴线位置上。

产生圆形旋转磁动势的条件：一是三相或多相对称绕组；二是三相或多相对称电流。两个条件有一个不满足，即产生椭圆形旋转磁动势。

2. 三相异步电动机的工作原理

静止的转子绕组与旋转磁场之间有相对运动，在转子导体中产生感应电动势。由于转子电路为闭合电路，在感应电动势的作用下，产生了感应电流。

载流转子导体受磁力的作用产生一电磁转矩，方向同旋转磁场的旋转方向一致；转子便以一定的速度沿旋转磁场的旋转方向转动。

当异步电动机的负载增大时，转子电流增大，在电压不变时，定子绕组电流也增大（消耗功率增加）。

3. 三相异步电动机的转差率

定子绕组通入三相交流电，产生旋转磁场，旋转磁场切割转子导体，产生感应电动势，感应电动势在导体内产生电流，转子电流与定子磁场相互作用产生电磁力，带动转子旋转，这个旋转的方向与定子的旋转磁场的方向一致。无外力影响的情况下，转子旋转的速度低于定子磁场旋转的速度。定子磁场旋转的速度与转子旋转的速度之差与定子磁场的旋转速度之比，就是转差率 s。即 $s = (n_1 - n)/n_1$，式中的 n_1 为同步转速，n 为电动机转速。

三相异步电动机转子转速 n 和定子旋转磁场转速 n_1 的关系：

1) 当 $n = 0$，转子切割旋转磁场的相对转速最大（$n_1 - n = n_1$），故转子中感应电动势和电流最大；

2) 当转子转速 n 增加时，$n_1 - n$ 下降，感应电动势和电流下降；

3) 当 $n = n_1$ 时，则 $n_1 - n = 0$，不切割旋转磁场，不产生转矩。因此转子转速一般情况下不可能等于旋转磁场转速（异步得名）。

转差率：$s = (n_1 - n)/n_1$，具有如下特点：

1) 电动机启动瞬间（静止），$n = 0$，$s = 1$。

2) 电动机空载，阻力小，转速 n 很高，s 很小（<0.005）

3) 额定状态工作，对中小型电动机，转差率为 0.01~0.07。

4) 负载变化时，s 也随之改变。

四、三相异步电动机的机械特性

电磁转矩 T 是三相异步电机的重要物理量之一，机械特性 $n = f(T)$ 是其主要的特性，对电动机分析计算往往是离不开的。由于转速 n 与转差率 s 有一定的对应关系，所以机械特性也常用 $T = f(s)$ 的形式表示。三相异步电动机的电磁转矩表达式有三种形式，即物理表达式、参数表达式和实用表达式。

1. 物理表达式

$$T = C_T \Phi_m I_2 \cos \varphi_2 \qquad (2-5)$$

式中，T 为电磁转矩，C_T 为转矩系数，与电动机的结构有关；Φ_m 为旋转磁场的主磁通；$\cos \varphi_2$ 为转子电路的功率因数；I_2 为转子的折算电流；$I_2 \cos \varphi_2$ 为转子电流的有功分量。

物理表达式反映了异步电动机电磁转矩产生的物理本质，说明了电磁转矩是由主磁通和转子有功电流相互作用而产生的。反映了不同转速时 T 与主磁通 Φ_m 及转子电流有功分量 $I_2 \cos \varphi_2$ 之间的关系，不能直接反映异步电动机转矩与电动机参数（如定子相电压 U_1，转差率 s 等）的关系。

2. 参数表达式

$$T = \frac{m_1 p U_1^2 \dfrac{r_2'}{s}}{2\pi f_1 \left[\left(r_1 + \dfrac{r_2'}{s} \right)^2 + (x_1 + x_2')^2 \right]} \quad (2\text{-}6)$$

式中，U_1 为定子每相电压；f_1 为电源频率；m_1 为定子绕组项数；p 为定子绕组磁极对数；r_1 和 r_2' 分别为定子和折算后的转子的电阻；x_1 和 x_2' 分别为定子和折算后的转子绕组的电抗；s 为转差率。

参数表达式反映了电磁转矩与电源参数（U_1、f_1）、电动机结构参数（r_1、x_1、r_2'、x_2'、m_1、p）和运行参数（转差率 s）之间的关系，利用该式可以方便地分析参数变化以及各种人为机械特性对电磁转矩的影响。

在电压、频率及绕组参数一定的条件下，电磁转矩 T 与转差率 s 之间或转速 n 与转矩 T 之间的关系可表示成，如图 2-12 所示的曲线。

当同步转速 n_1 为正时，机械特性曲线跨第一、二、四象限。在第一象限时，$0 < n < n_1$，$0 < s < 1$，$T > 0$，电机处于电动机运行状态；在第二象限时，$n > n_1$，$s < 0$，$T < 0$，电机处于发电机运行状态；在第四象限时，$n < 0$，$s > 1$，$T > 0$，电机处于电磁制动运行状态。

对应图 2-12，可以得出以下参数：

(1) 最大转矩

最大转矩 T_m 是 $T = f(s)$ 的极值点，在特征曲线上有两个最大转矩点，最大转矩对应的转差率成为临界转差率，可令 $dT/ds = 0$，求得：

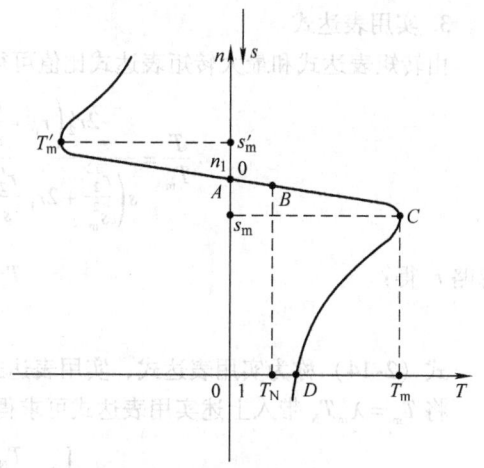

图 2-12 机械特性曲线

$$s_m = \pm \frac{r_2'}{\sqrt{r_1^2 + (x_1 + x_2')^2}} \quad (2\text{-}7)$$

$$T_m = \pm \frac{3pU_1^2}{4\pi f_1 \left[\pm r_1 + \sqrt{r_1^2 + (x_1 + x_2')^2} \right]} \quad (2\text{-}8)$$

两式中"+"表示电机处于电动机运行状态，特性在第一象限，"−"表示电机处于发电机运行状态，特性在第二象限。

通常情况下，$r_1^2 \ll (x_1 + x_2')$ 可忽略 r_1，则有：

$$\left. \begin{array}{l} s_m \approx \pm \dfrac{r_2'}{x_1 + x_2'} \\[2mm] T_m \approx \pm \dfrac{3pU_1^2}{4\pi f_1 (x_1 + x_2')} \end{array} \right\} \quad (2\text{-}9)$$

上式也称为最大转矩近似表达式。最大转矩与额定转矩的比值称为过载倍数，其值大小反映电动机过载能力，用 λ_m 表示，即：

$$\lambda_m = \frac{T_m}{T_N} \quad (2\text{-}10)$$

一般异步电动机过载倍数 $\lambda_m = 1.5 \sim 2.2$。

(2) 起动转矩 T_{st}

起动瞬间 $n=0$ 或 $s=1$ 时,电动机相当于堵转,这一时刻的电磁转矩称为起动转矩或堵转转矩,用 T_{st} 表示,则有:

$$T_{st} = \frac{3pU_1^2 r_2'}{2\pi f_1 [(r_1+r_2')^2 + (x_1+x_2')^2]} \quad (2-11)$$

起动转矩与额定转矩的比值称为起动转矩倍数或堵转转矩倍数,用 k_{st} 表示,则有:

$$k_{st} = \frac{T_{st}}{T_N} \quad (2-12)$$

一般普通异步电动机起动转矩倍数为 $0.8 \sim 1.2$。

电动机的最大转矩和起动转矩是反映电动机的过载能力和起动性能的两个重要指标,最大转矩和起动转矩越大,则电动机的过载能力越强,起动性能越好。

3. 实用表达式

由转矩表达式和最大转矩表达式比值可得:

$$\frac{T}{T_m} = \frac{2r_2'\left(r_1+\frac{r_2'}{s_m}\right)}{s\left(\frac{r_2'^2}{s_m^2}+2r_1\frac{r_2'}{s}+\frac{r_2'^2}{s^2}\right)} = \frac{2\left(\frac{r_1 s_m}{r_2'}+1\right)}{\frac{s}{s_m}+2\frac{r_1 s_m}{r_2'}+\frac{s_m}{s}} \quad (2-13)$$

忽略 r_1 得:

$$T = \frac{2T_m}{\frac{s}{s_m}+\frac{s_m}{s}} \quad (2-14)$$

式(2-14)称为实用表达式,实用表达式简单、便于记忆,是工程计算中常采用的形式。

将 $T_m = \lambda_m T_N$ 带入上述实用表达式可求得临界转差率为:

$$s_m = s\left[\lambda_m \frac{T_N}{T_L} + \sqrt{\left(\lambda_m \frac{T_N}{T_L}\right)^2 - 1}\right] \quad (2-15)$$

当拖动额定负载时,$T_L = T_N$,临界转差率为:

$$s_m = s_N(\lambda_m + \sqrt{\lambda_m^2 - 1}) \quad (2-16)$$

因此从产品目录查出异步电动机的数据 P_N、n_N、λ_m,应用实用公式就可方便地得出机械特性表达式。

例:已知一台三相异步电动机,额定功率 $P_N = 150kW$,额定电压 380V,额定转速 $n_N = 1460r/min$,过载倍数 $\lambda_m = 2.4$,当转子回路不串入电阻时:

(1) 求其转矩的使用表达式。

(2) 问电动机能否带动额定负载起动。

解(1)

$$T_N = 9550 \frac{P_N}{n_N} = 9550 \times \frac{150}{1460} N \cdot m = 981.2 N \cdot m$$

最大转矩 $T_m = \lambda_m T_N = 2.4 \times 981.2 N \cdot m = 2355 N \cdot m$

根据 $n_N = 1460 r/min$,可查出同步转速 $n_N = 1500 r/min$。

所以

$$s_N = \frac{n_1 - n_N}{n_1} = 0.027$$

$$s_m = s_N(\lambda_m + \sqrt{\lambda_m^2 - 1}) = 0.124$$

实用表达式

$$T = \frac{2T_m}{\frac{s}{s_m} + \frac{s_m}{s}} = \frac{2 \times 2235}{\frac{s}{0.124} + \frac{0.124}{s}} = \frac{4710}{\frac{s}{0.124} + \frac{0.124}{s}}$$

（2）电动机开始起动时，$s=1$，$T=T_{st}$代入实用表达式得：

$$T_{st} = \frac{4710}{\frac{1}{0.124} + \frac{0.124}{1}} \text{N} \cdot \text{m} = 575 \text{N} \cdot \text{m}$$

因为 $T_{st} < T_N$，故电动机不能拖动额定负载起动。

4. 固有机械特性

异步电动机的固有机械特性是指 $U_1 = U_{1N}$，$f_1 = f_{1N}$，定子三相绕组按规定方式连接，定子和转子电路中不外接任何元件时测得的机械特性 $n = f(T)$ 或 $T = f(s)$ 曲线。

对于同一台异步电动机有正转（曲线1）和反转（曲线2）两条固有机械特性。如图2-13所示，曲线上各特殊点如下：

1）同步转速点 A：同步转速点又称理想空载点，在该点处：转差率 $s=0$，转速 $n=n_1$，转矩 $T=0$，转子旋转时的感应电动势 $E_{2s}=0$，转子电流 $I_2=0$，定电流子 $I_1=I_0$，电动机处于理想空载状态。

2）额定运行点 B：在该点处：$n=n_N$，$T=T_N$，$I_1=I_{1N}$，$I_2=I_{2N}$，$P_2=P_N$，电动机处于额定运行状态。$0<s_N<s_m$，取 $0.02\sim0.06$，在该点附近有 $T_N = 9550P_N/n_N$，其中字母下标$_N$均表示额定值。

3）临界点 C：在该点处：$s=s_m$，$T=T_m$，临界转差率只与转子电阻有关，取 $0.1\sim0.2$。最大转矩与电源电压 U_1^2 有关。过载能力 $\lambda_m = T_m/T_N$，取 $1.6\sim2.2$，对应的电磁转矩是电动机所能提供的最大转矩。T'_m 是异步电动机回馈制动状态所对应的最大转矩，若忽略定子电阻 r_1 的影响时，有 $T'_m = T_m$。

4）起动点 D：在该点处：$s=1$，$n=0$，$T=T_{st}$，$I=I_{st}$。起动转矩倍数 $k_{st} = T_{st}/T_N$，一般取 $0.8\sim1.8$。

5. 人为机械特性

1）降低定子电压的人为机械特性：在参数表达式中，保持其他参数不变，只改变定子电压 U_1 的大小，可得改变定子电压的人为机械特性，如图2-14所示。

当定子电压 U_1 降低时，电磁转矩 T 与 U_1 的二次方成正比，同步转速 n_1 和 s_m 与电压无关，故同步转速不变，s_m 不变，最大转矩 T_m 和起动转矩 T_{st} 随电压二次方降低。

2）定子回路串入对称电阻的人为机械特性：当定子电阻 r_1 增大时，同步转速 n_1 不变，但临界转矩 T_m、临界转差率 s_m、起动转矩 T_{st} 都变小，如图2-15所示。

3）定子回路串入对称电抗的人为机械特性：如果定子回路串入对称的电抗，同步转速 n_1

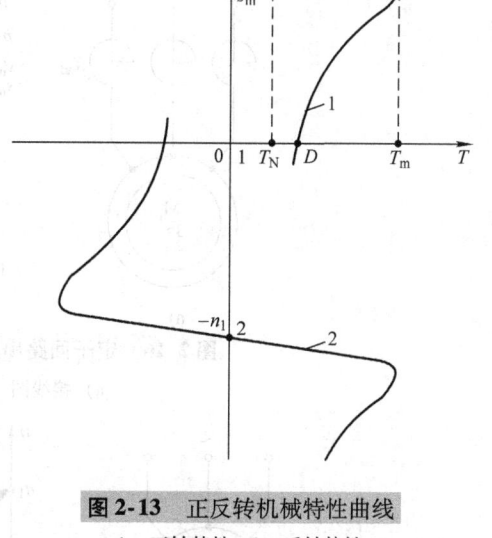

图2-13 正反转机械特性曲线
1—正转特性 2—反转特性

仍不变，但临界转矩 T_m、临界转差率 s_m、起动转矩 T_{st} 也都变小，如图 2-16 所示。定子回路串入阻抗两种接线可实际应用于笼型异步电动机的起动，以限制起动电流。

4) 转子回路串入对称电阻的人为机械特性：当转子电阻 r_2 增大时，同步转速 n_1 和临界转矩 T_m 不变，但临界转差率 s_m 变大，起动转矩 T_{st} 随转子电阻 r_2 增大而增大，直至 $T_{st} = T_m$。当转子电阻 r_2 再增大时，起动转矩 T_{st} 反而减小，如图 2-17 所示。转子串入对称三相电阻的方法应用于绕线转子异步电动机的起动和调速。

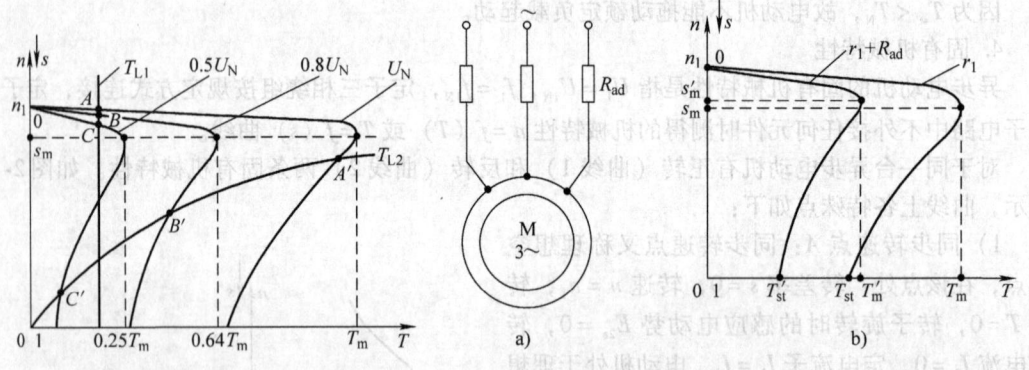

图 2-14　降低定子电压的机械特性曲线

图 2-15　定子回路串入对称电阻的机械特性曲线
a) 接线图　b) 人为机械特性

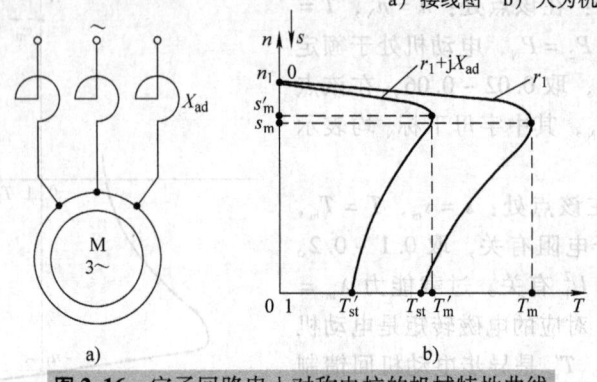

图 2-16　定子回路串入对称电抗的机械特性曲线
a) 接线图　b) 人为机械特性

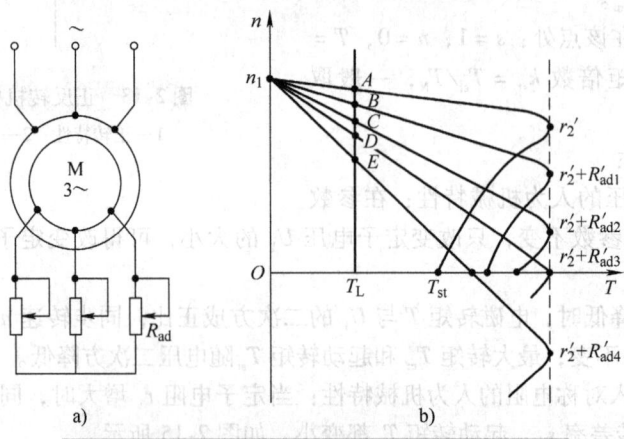

图 2-17　转子回路串入对称电阻的机械特性曲线
a) 接线图　b) 人为机械特性

5) 改变定子极对数：改变定子的极对数，通常采用改变定子绕组连接的方法，一般采用笼型异步电动机，因为它的极对数能自动地和定子的极对数相对应。通过将定子绕组连接成三角形和双星形可改变定子极对数，其中双星形联结的同步转速为三角形联结的2倍，但起动转矩和最大转矩都会减小，如图2-18所示。改变定子极对数属于有级调速方法。

6) 改变定子电压频率的人为机械特性：改变三相异步电动机电源频率，可以改变旋转磁动势的同步转速，达到调速的目的。额定频率称为基频，变频调速时，可以从基频向上调，也可以从基频向下调。

ⅰ) 从基频向下变频调速：三相异步电动机每相电压 $U_1 \approx E_1 = K_{w1}f_1N_1\Phi_m$，降低电源频率时，必须同时降低电源电压，保持 $E_1/f_1 = $ 常数，这种方法是恒磁通控制方式。

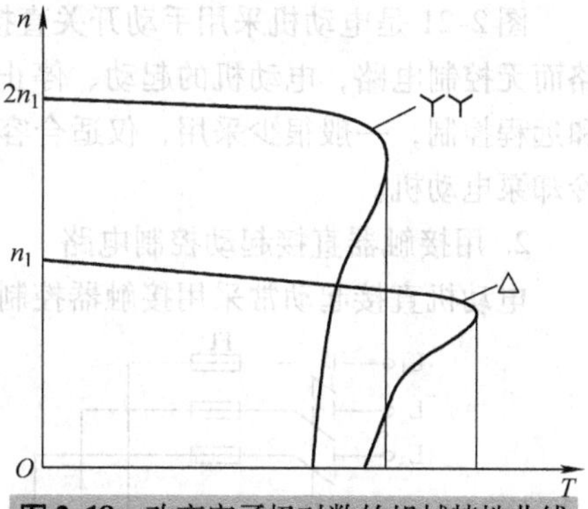

如图2-19所示，这种调速方法特性的硬度基本保持不变，机械特性好，在一定的静差率要求下，调速范围宽，而且稳定性好。由于频率可以连续调节，因此变频调速为无级调速，平滑性好。另外，电动机在正常负载运行时，转差率 s 较小，因此转差功率即转子铜耗较小，效率较高。

ⅱ) 从基频向上变频调速：升高电源电压是不允许的，因此升高频率向上调速时，只能保持电压为 U_1 不变，频率越高，磁通 Φ_m 越低，是一种降低磁通升速的方法，类似他励直流电动机弱磁升速情况。如图2-20所示，保持 U_1 不变升高频率时，电动机电磁转矩降低。

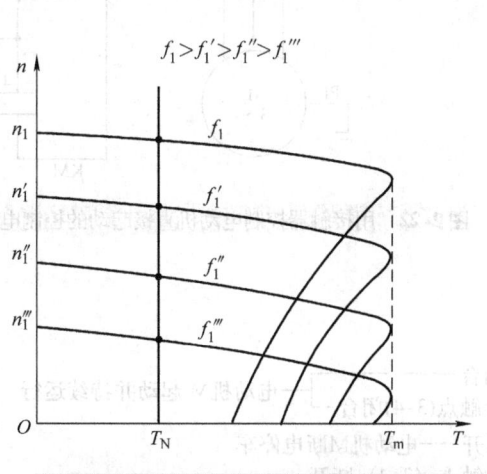

图2-19 降低电压频率的机械特性曲线

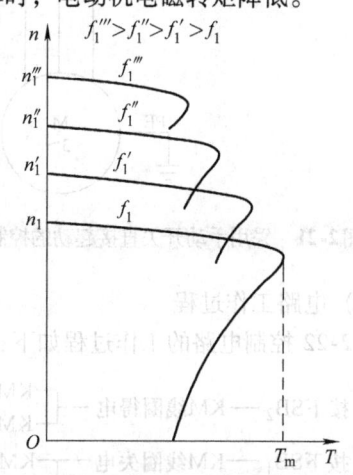

图2-18 改变定子极对数的机械特性曲线

图2-20 升高电压频率的机械特性曲线

第三节 三相笼型异步电动机的直接起动与正反转控制电路

三相笼型异步电动机具有结构简单、价格便宜、坚固耐用、运行维护方便等一系列优点，常作为生产设备的主要驱动源，被广泛使用。笼型异步电动机的起动方式有直接起动和减压起动两种。本节介绍笼型异步电动机的直接起动控制电路。

一、笼型异步电动机直接起动控制电路

电动机接通电源后，由静止状态逐渐加速到稳定运行状态的过程称电动机的起动。直接起

动又叫全电压起动,它是将额定电压直接加在电动机的定子绕组上使电动机运转。在变压器容量允许的情况下,电动机尽可能采用全电压起动。这样,控制电路简单,提高了电路的可靠性,且减少了电气维修工作量。

1. 用开关直接起动控制电路

图 2-21 是电动机采用手动开关直接起动的控制电路。它是一个最简单的电路图,仅有主电路而无控制电路,电动机的起动、停止是通过操纵手动开关来实现。此电路无法实现自动控制和远程控制,一般很少采用,仅适合容量较小且工作要求简单的电动机,如小型台钻、砂轮机、冷却泵电动机。

2. 用接触器直接起动控制电路

电动机直接起动常采用接触器控制。图 2-22 是用接触器控制电动机直接起动的控制电路。

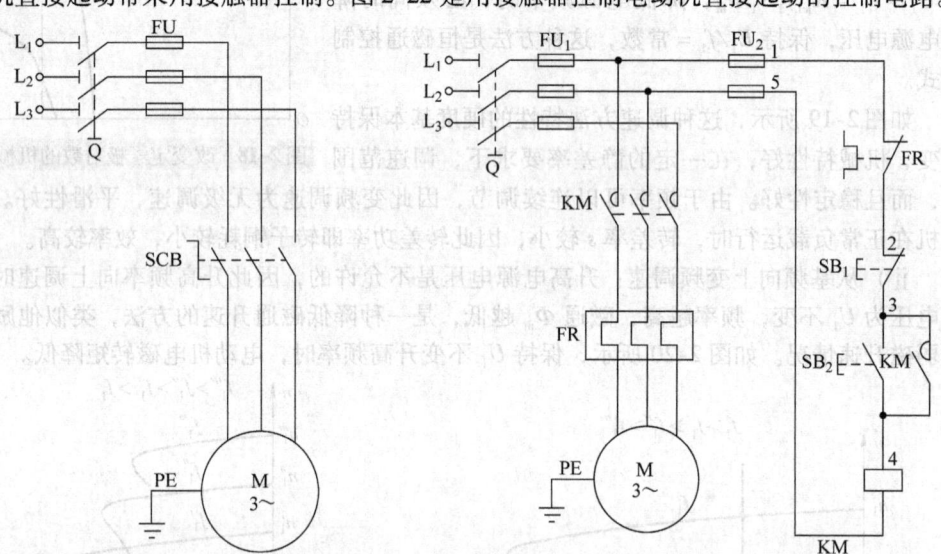

图 2-21 采用手动开关直接起动的控制电路　　图 2-22 用接触器控制电动机直接起动的控制电路

(1) 电路工作过程

图 2-22 控制电路的工作过程如下:

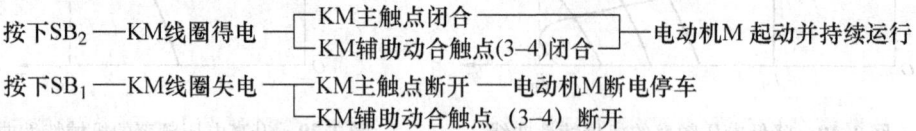

图 2-22 控制电路中并联在起动按钮 SB_2 两端的接触器 KM 的动合触点 (3-4) 称为自锁触点。其作用是:当松开 SB_2 后,仍可以保证 KM 线圈得电,电动机得以持续运行。

(2) 电路的保护环节

在电动机尽可能充分利用的同时,确保电动机能够安全、可靠、长期地运行,电路除要满足电动机控制要求外,还必须选择和设置保护装置来保护电动机。

图 2-22 直接起动控制电路有如下保护环节:

1) **短路保护**:熔断器 FU 作电路的短路保护之用。当电路发生短路时,熔断器立即被熔断,切断电源。熔断器仅作短路保护而不能起过载保护,这是因为一方面,熔断器的规格必须根据电动机起动电流大小作适当选择,另一方面还要考虑熔断器的反时限保护特性。

2）过载保护：热继电器 FR 作电动机的过载保护之用。当电动机过载、堵转或断相等都会引起定子绕组电流过大，热继电器根据电流的热效应，而使热继电器 FR 动作，即 FR 的动断辅助触点断开，则使 KM 线圈断电释放，从而 KM 主触点断开，切断电动机电源。由于热惯性，热继电器不会受电动机短时过载冲击电流或短路电流的影响而瞬时动作，所以在使用热继电器作过载保护的同时还必须设有短路保护，并且选作短路保护的熔断器熔体的额定电流不应超过 4 倍热继电器发热元件的额定电流。

3）欠电压（失电压）保护：欠电压（失电压）保护是依靠起动按钮复位功能和接触器本身的电磁机构来实现的。当电动机正在运行时，如果电源电压因某种原因过分地降低或消失时，接触器 KM 的衔铁自行释放，电动机停止，同时 KM 自锁触点断开。当电源电压恢复正常时，接触器 KM 线圈也不可能自行通电，即电动机不会自行起动，要使电动机起动，操作者必须再次按下起动按钮。

控制电路具有欠电压（失电压）保护能力以后，有以下三方面的好处：
第一、防止电压严重下降时电动机低压运行；
第二、避免电动机同时起动而造成电压严重下降；
第三、防止电源电压恢复正常时，电动机突然起动造成设备和人身事故。

二、电动机正反转控制电路

生产机械往往要求运动部件可以实现两个相反方向运行，例如：主轴的正向和反向转动，工作台的前进和后退，起重机吊钩的上升和下降等，这些两个相反方向的运动通常是靠拖动它们的电动机正反转来实现的。从电工学课程可知，只要把电动机定子三相绕组中任意两相调换一下接到电源上，电动机定子相序即可改变，从而电动机转向改变。实际电路构成时，可在主电路中用两组接触器主触点分别构成正转相序接线和反转相序接线，控制电路中，控制正转接触器线圈得电，其主触点闭合，电动机正转；或者控制反转接触器线圈通电，其主触点闭合，电动机反转。

1. 用按钮控制的电动机正反转电路

图 2-23 是用按钮控制的电动机正反转电路。在主电路中，采用两个接触器，即正转用接触器 KM_1 和反转用的接触器 KM_2，当接触器 KM_1 的主触点闭合，三相电源的相序按 L_1、L_2、L_3 接入电动机，电动机正转。而当 KM_2 的主触点闭合时，三相电源的相序按 L_3、L_2、L_1 接入电动机，电动机反转。

由主电路知，若 KM_1 和 KM_2 的主触点同时闭合时，将会造成 L_1 和 L_3 两相电源短路，这是绝对不允许发生的。因此，要使电路安全可靠地工作，最多只允许一个接触器工作，要实现这样的控制要求，通常在控制电路中，将 KM_1 和 KM_2 的动断辅助触点分别串接在 KM_2 和 KM_1 的工作线圈电路里，构成互相制约关系，（若电动机正转时，KM_1 得电，其动断辅助触点的断开来锁住 KM_2 线圈的电路，使得 KM_2 不可能得电。）这种互相制约的关系称为"互锁"，这种互锁方式可称是"电气互锁"。而把这对 KM_1、KM_2 动断辅助触点称为互锁触点。

图 2-23a 控制电路中，若按下正向起动按钮 SB_2，KM_1 得电，电动机正转。要使电动机反转，必须按下停止按钮 SB_1 后，再按反转起动按钮 SB_3，电动机方可反向起动。显然这种电路的缺点是操作不方便。

图 2-23b 控制电路中，正、反向起动按钮 SB_2、SB_3 采用复合按钮可实现电动机正转与反转之间的直接切换。因为复合按钮的动作特点总是先断后合，复合按钮的这种互锁功能，也称"机械互锁"。图 2-23b 电路中既有"电气互锁"，又有"机械互锁"，保证了电路可靠地工作。若控制电路仅用复合按钮进行互锁，而不用接触器的互锁触点互锁，工作是不可靠的。在实际中可能出现这种情况：由于负载短路或大电流长期作用，接触器的主触点被强烈的电弧"烧焊"

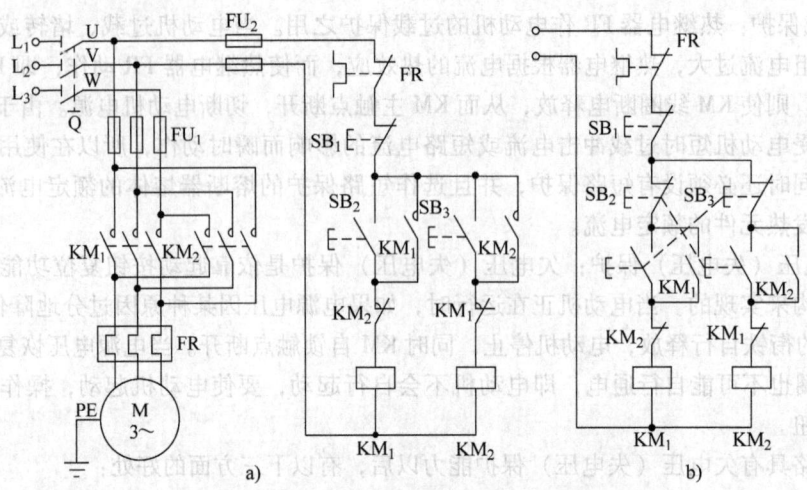

图 2-23 用按钮控制的电动机正反转电路
a) 方案一 b) 方案二

在一起,或者接触器的机构失灵,使衔铁卡住总在吸合状态,这都可能使主触点不能断开,这时,如果另一接触器动作就会造成电源短路事故。

2. 用行程开关控制的电动机正反转电路

用按钮控制电动机正反转是属手动控制,而用行程开关控制电动机正反转则属自动控制,一般是由运动部件上的挡铁在工作中碰压行程开关,来实现电动机正反转的自动切换。机床(如龙门刨床、平面磨床)的工作台在一定行程内往复循环工作的自动控制就是用这样的电路来实现的。

图 2-24 是某机床工作台往复循环的控制电路。电动机的正反转可通过 SB_2、SB_3 手动控制,

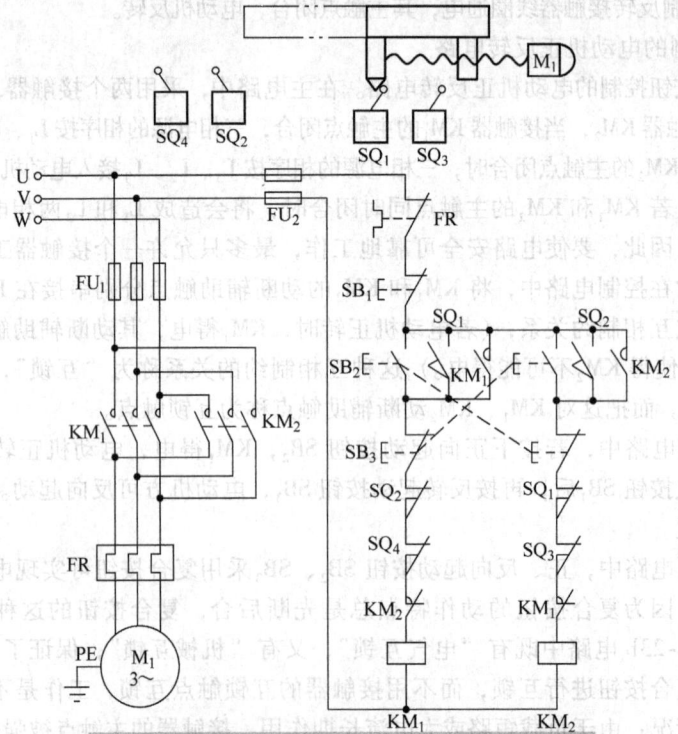

图 2-24 用行程开关控制的电动机正、反转电路

也可用行程开关实现自动控制,自动控制的自动循环工作过程如下:

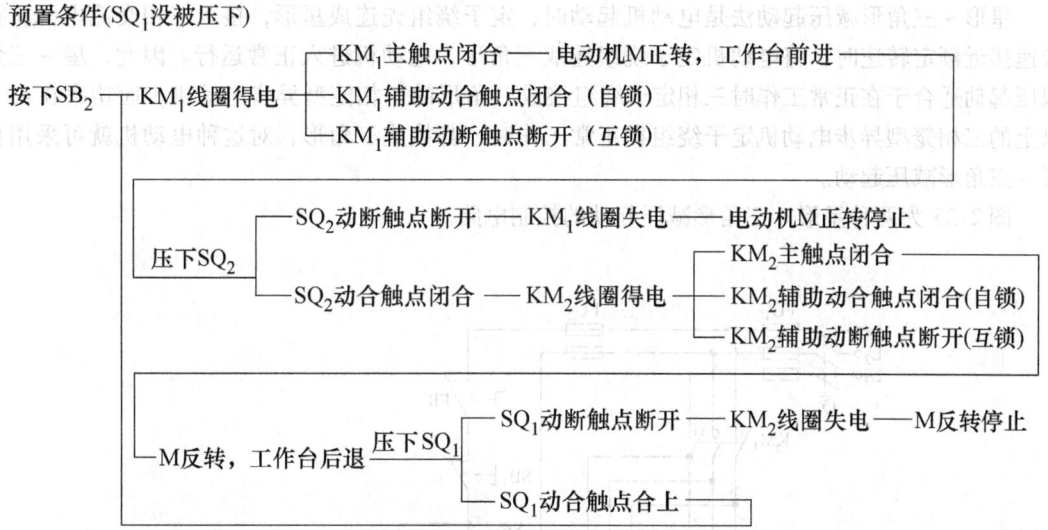

图 2-24 中 SB_1 为停止按钮,SB_2 为电动机 M 正转(工作台前进)起动按钮,SB_3 为 M 反转(工作台后退)起动按钮,SQ_1、SQ_2、SQ_3、SQ_4 为行程开关,按要求固定在机床床身上。SQ_1 和 SQ_2 分别使用复式触点,用来发出"到位返回"信号,实现自动往复控制,SQ_3、SQ_4 都使用动断触点,安装在工作台往复运动的极限位置,进行限位保护,防止行程开关 SQ_1 和 SQ_2 失灵,工作台继续运动不停止,越出床身轨道而造成事故。

用行程开关按机械设备运动部件的位置或机件的位置变化来进行的控制,称作按行程原则的自动控制,也称行程控制。行程控制是机械设备中应用较广泛的控制方式之一。

第四节　三相笼型异步电动机减压起动控制电路

三相笼型异步电动机采用直接起动,优点是:控制电路简单,维修工作量小。缺点是:起动电流大,约为额定电流的 4~7 倍。大容量电动机起动时,其过大的起动电流会引起电网电压降低,使电动机转矩减小,甚至起动困难,而且还要影响同一供电网络中其他设备的正常工作,另外,如果电动机频繁起动,则由于热量的积累,可能使电动机过热,加速线圈老化,缩短电动机的寿命,所以,大容量笼型异步电动机的起动电流应限制在一定范围内。

一台电动机可否直接起动,应根据起动次数、电网容量和电动机容量来决定。一般规定是:起动时供电母线上的电压降落不得超过额定电压的 10%~15%;起动时变压器的短时过载不超过最大允许值,即电动机的最大容量不超过变压器容量的 20%~30%。若不满足条件,则必须采用减压起动。

笼型异步电动机减压起动,是起动时降低加在电动机定子绕组上的电压,当电动机的转速接近额定值时,再将电压恢复到额定值,使之在全电压下运行。由于降低了起动电压,起动电流也就降低了,但因起动转矩正比于电压的二次方,所以起动转矩更显著地减小,因此,减压起动只适用于起动时负载转矩不大的情况,如轻载或空载。由于机床电动机一般都为空载起动,所以常采用减压起动方式。常用的减压起动方式有星形-三角形(Y-△)减压起动、定子串电阻减压起动和自耦变压器减压起动等。

一、星形－三角形（Y-△）减压起动控制电路

星形－三角形减压起动法是电动机起动时，定子绕组先连成星形，接入三相交流电源，待转速接近额定转速时，将电动机定子绕组连成三角形，电动机进入正常运行。因此，星－三角减压起动适合于在正常工作时三相定子绕组接成三角形的三相笼型异步电动机。而功率在4kW以上的三相笼型异步电动机定子绕组在正常工作时，都接成三角形，对这种电动机就可采用星形－三角形减压起动。

图2-25为两种星形－三角形减压起动的控制电路。

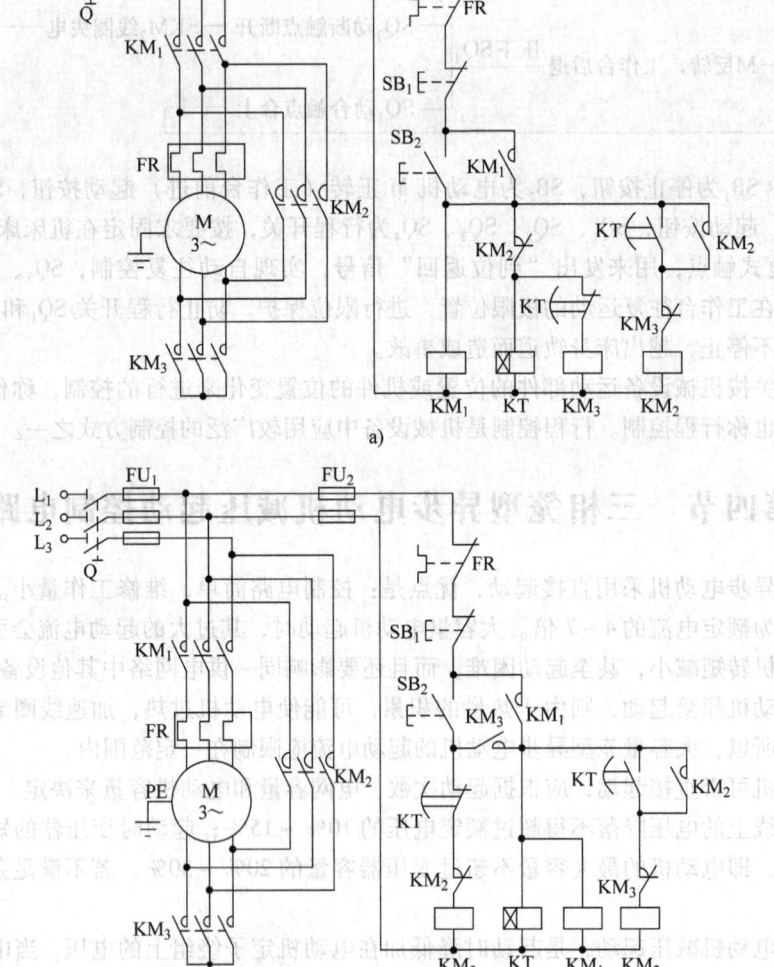

图2-25 星形－三角形减压起动的控制电路
a）方案一　b）方案二

图 2-25a 减压起动工作过程如下：

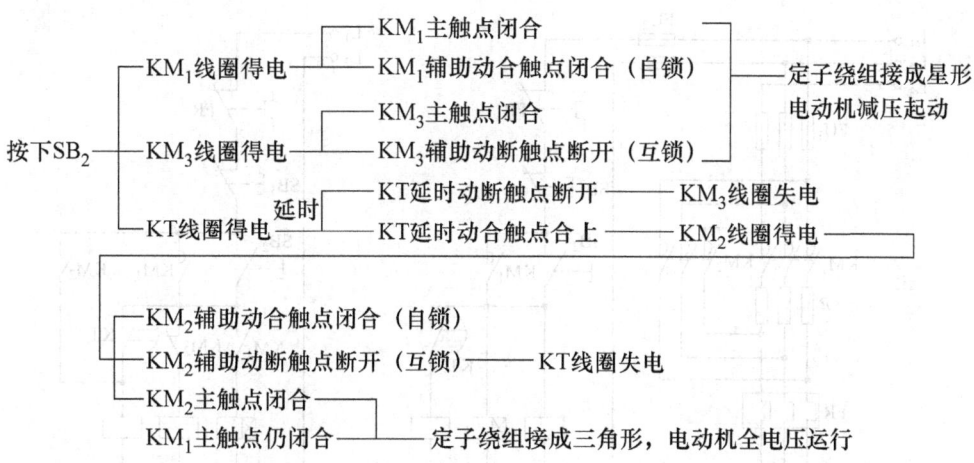

注意：图 2-25a 主电路中 KM_2 的主触点与电动机各绕组的接法，要保证定子绕组连接形式为三角形，同时也要保证三角形联结时电动机的转向与星形联结时的转向相同。另外，KM_2、KM_3 主触点不能同时闭合，否则将造成电源短路事故，采取的方法是在控制电路中辅助动断触点 KM_2 和 KM_3 构成互锁触点。

图 2-25a 控制电路存在缺陷是：若接触器 KM_3 线圈断线，电动机就有造成全电压直接起动的可能。因为当起动按钮 SB_2 被按下而使接触器 KM_1 线圈通电并自锁以后，虽然 KM_1 主触点的闭合，但由于 KM_3 线圈断线，其主触点不能闭合，而未使电动机定子绕组接成星形，所以电动机无法起动。当时间继电器 KT 的整定时间到达时，接触器 KM_2 线圈通电并自锁，定子绕组连接成三角形，于是电动机全电压直接起动，这对于减压起动控制电路是不允许存在的。

图 2-25b 是又一星-三角减压起动控制电路，图 b 电路避免了图 a 电路中存在的那种全电压起动的可能，而且它与图 a 相比，在主电路中 KM_1 的主触点改变了位置，这样，电动机正常运行时，图 b 中 KM_1 承担的是相电流，而图 a 中 KM_1 承担的是线电流，使 KM_1 的电流选取标准大大降低，使电路的成本与体积均相应减小。

星形-三角形减压起动方式仅适合于在正常运行时定子绕组作三角形联结的三相笼型异步电动机。而实现此减压起动方式，工厂现场中常采用星形-三角形自动起动器，简便且经济。

二、定子串电阻减压起动控制电路

所谓定子串电阻减压起动，就是在电动机起动的过程中，利用串联电阻来减小定子绕组电压，以达到限制起动电流的目的，一旦起动完毕，再将电阻短接，电动机进入全电压正常运行。

图 2-26 是定子串电阻减压起动的控制电路，其减压起动工作过程如下：

按下 SB_2 ── KM_1 得电并自锁 ── 电动机串电阻减压起动
       └── 延时
       └── KT 得电 ── KM_2 得电 ── 电动机全电压运行（短接电阻）

电路图 2-26a，控制电路虽然简单，但存在一些缺点：

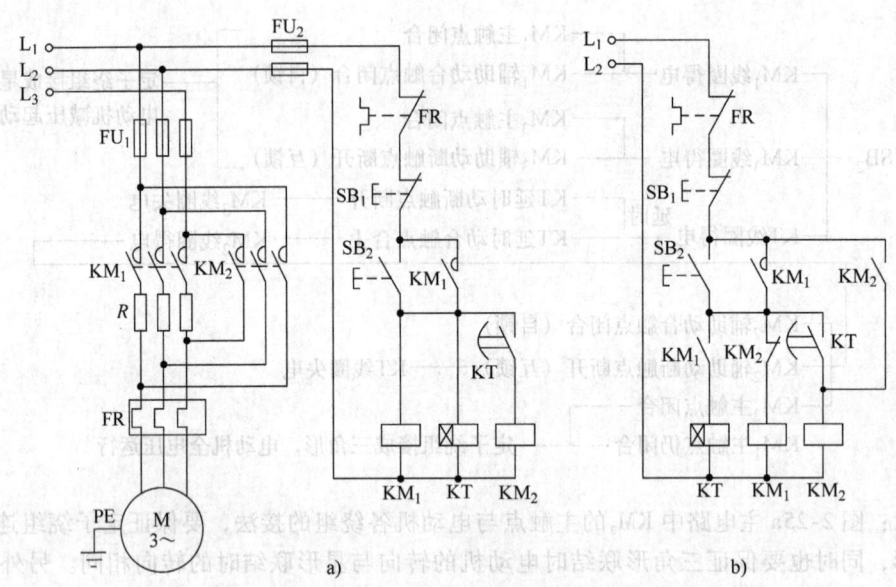

图 2-26　定子串电阻减压起动的控制电路

1) 电动机正常运行时只要接触器 KM_2 得电即可，可是这一电路中除 KM_2 得电以外，时间继电器 KT 和接触器 KM_1 在正常运行过程中也始终通电，这样对 KT、KM_1 不利，同时也增加电路的故障点，降低电路的可靠性。

2) 接触器 KM_1 线圈与时间继电器 KT 线圈并联，这在某种情况下就有出现全压直接起动的可能。例如：当 KM_1 线圈存在断线一类的故障，操作人员按下起动按钮 SB_2 后，电动机并没有运转，便以为是起动按钮触点接触不良，于是延长按下的时间，在这种情况下，若时间继电器 KT 的延时动合触点闭合，电动机全电压直接起动现象立即发生。

控制电路图 2-26b 弥补了图 2-26a 的这两个缺点：第一，电动机运行时，KM_1、KT 都失电，仅有 KM_2 得电，使电路可靠性大大提高。第二，KT 线圈电路中串联了 KM_1 的动合触点，这样操作人员按下 SB_2 的时候，只要 KM_1 不闭合，即使加长 SB_2 按下时间，KT 也无法通电，从而避免全电压起动的可能。

定子串电阻减压起动方式由于不受电动机定子绕组接线形式的限制，且设备简单，因而在中小型生产机械中应用较广，机床中也常用这种串电阻减压方式减小点动及制动时的电流。缺点是每次起动都要在起动电阻上消耗大量的电能。

三、自耦变压器减压起动控制电路

自耦变压器减压起动是利用自耦变压器来降低电动机起动时的电压，达到限制起动电流的目的。起动时，电源电压加在自耦变压器的一次绕组上，电动机的定子绕组与自耦变压器的二次绕组相连，当电动机的转速接近额定值时，将自耦变压器切除，电动机直接与电源相连，在正常电压下运行。这个使电动机减压起动的自耦变压器也称起动补偿器。

图 2-27 是自耦变压器减压起动的控制电路。其减压起动过程如下：

图 2-27 中，在按钮 SB_2 和 KM_2 的自锁触点之间串接有一 KM_1 动合触点，其作用是：当出现接触器 KM_1 线圈断线时，按下 SB_2 按钮，KM_3 线圈不会得电，电动机不会存在全压起动的可能。

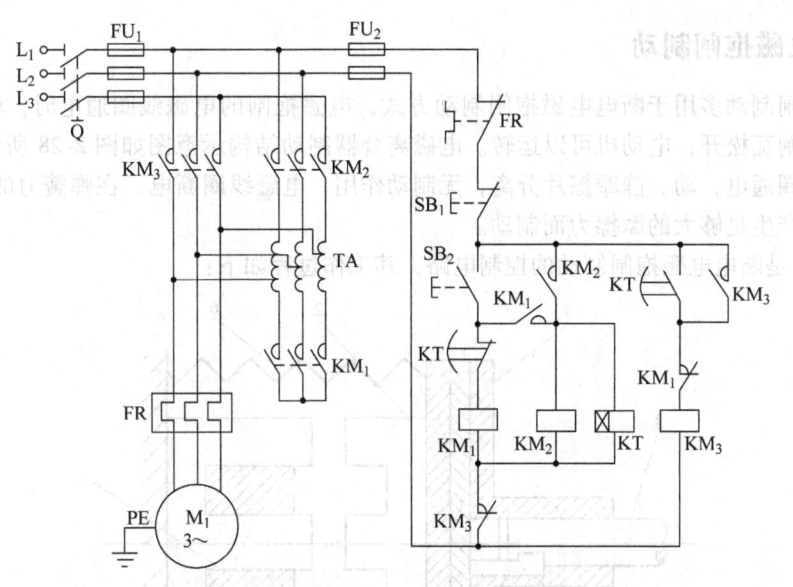

图 2-27 自耦变压器减压起动控制电路

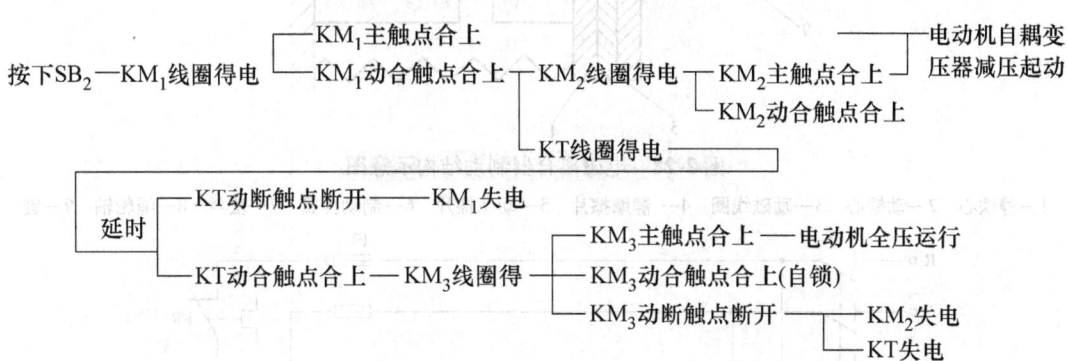

自耦变压器减压起动适用于电动机正常运转时定子绕组连接成星形，而不能采用星-三角减压起动方式的三相笼型异步电动机。自耦变压器减压起动与星-三角减压起动相比，前者的起动电压、起动转矩可通过不同的抽头来调节，具有调整灵活的优点，但此起动设备费用大，通常用于起动大型和特殊用途电动机。

第五节 三相笼型异步电动机的制动控制电路

三相异步电动机从切除电源到完全停止旋转，由于惯性的存在，总要经过一段时间，这往往不能适应某些机械设备工艺的要求。如万能铣床、卧式镗床、组合机床等的主轴都要求能迅速停车和准确定位，这就要求对电动机进行制动控制，强迫其立即停车。电动机制动方法有两类，即机械制动和电气制动。机械制动是用机械装置（如电磁制动器）使电动机在切断电源后迅速停转；电气制动实质上是在电动机停车时，产生一个与原来旋转方向相反的制动转矩，迫使电动机转速迅速下降。

三相笼型异步电动机的常用电气制动方法有电磁抱闸制动、能耗制动和反接制动。

一、电磁抱闸制动

电磁抱闸制动多用于断电电磁抱闸制动方式,电磁抱闸的电磁线圈通电时,电磁力克服弹簧的作用,闸瓦松开,电动机可以运转。电磁离合器制动结构示意图如图 2-28 所示,电磁离合器的电磁线圈通电,动、静摩擦片分离,无制动作用,电磁线圈断电,在弹簧力的作用下,动、静摩擦片间产生足够大的摩擦力而制动。

图 2-29 是断电电磁抱闸制动的控制电路,其工作过程如下:

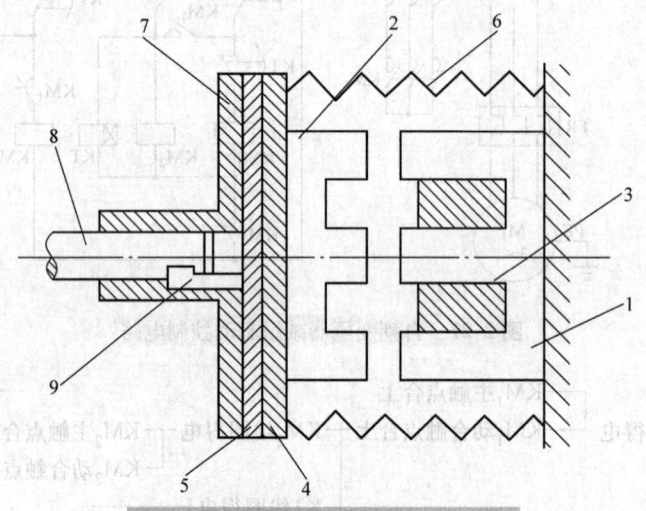

图 2-28 电磁离合器制动结构示意图

1—静铁心 2—动铁心 3—励磁线圈 4—静摩擦片 5—动摩擦片 6—制动弹簧 7—法兰 8—绳轮轴 9—键

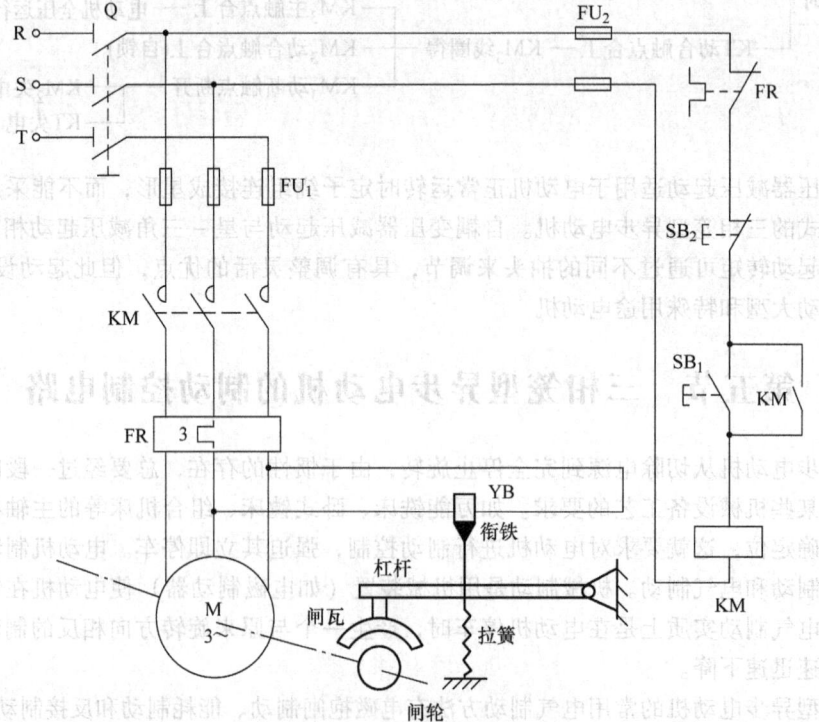

图 2-29 电磁抱闸制动控制电路

（按下SB_1——KM得电并自锁，电磁线圈YB通电，抱闸（动摩擦片）松开——电动机M运行）

按下SB_2——动断触点断开 ┬ KM失电——电动机M脱离三相电源，作惯性运转
　　　　　　　　　　　　└ 电磁线圈YB失电——闸瓦复位，抱紧闸轮，制动开始

二、能耗制动控制电路

电动机能耗制动方法就是在电动机脱离三相交流电源后，在定子绕组中加入一个直流电源，以产生一个恒定的磁场，惯性运转的转子绕组切割恒定磁力线，产生与惯性转动方向相反的电磁转矩，对转子起制动作用，当转速降至零时，再切除直流电源。

图2-30是电动机能耗制动的控制电路。主电路中接触器KM_1的主触点闭合，将三相交流电源接至电动机，KM_2的主触点闭合将全波整流装置提供的直流电源接至电动机。

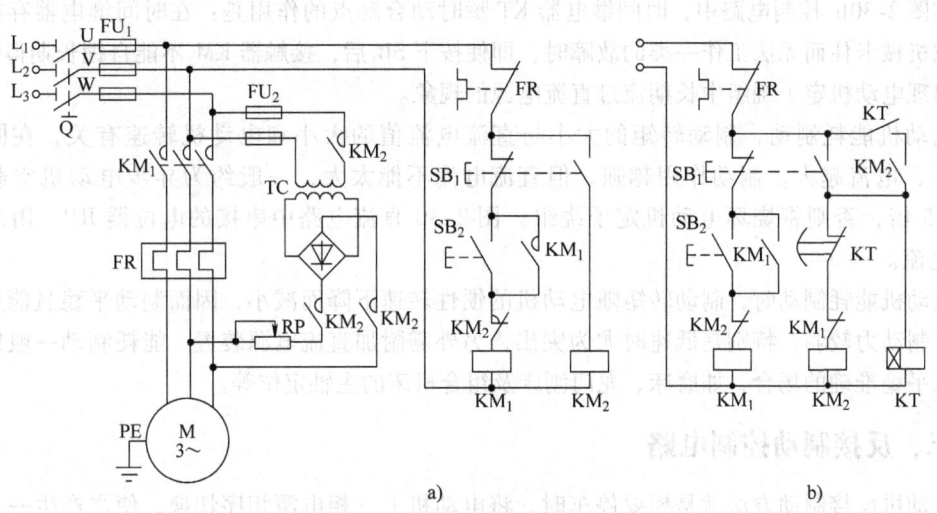

图 2-30 能耗制动控制电路
a) 方案一　b) 方案二

图2-30a是用复合按钮实现电动机能耗制动的控制电路。其制动工作过程如下：

（按下SB_2——KM_1得电并自锁——电动机M运行）

按下SB_1 ┬ SB_1动断触点断开——KM_1失电——电动机M脱离三相电源，作惯性运转
　　　　　└ SB_1动合触点合上——KM_2得电——电动机M接入直流电源，制动开始

释放SB_1——KM_2失电——电动机M去除直流电源，制动结束

上述制动过程中，停止按钮SB_1必须始终处于压下状态，而它的松开时间或者说能耗制动时间必须依靠操作人员的经验，时间短了，制动效果差，时间长了，既费电又对电动机定子绕组的寿命不利。

图2-30b是制动时间由时间继电器控制的电动机能耗制动电路。其制动过程如下：

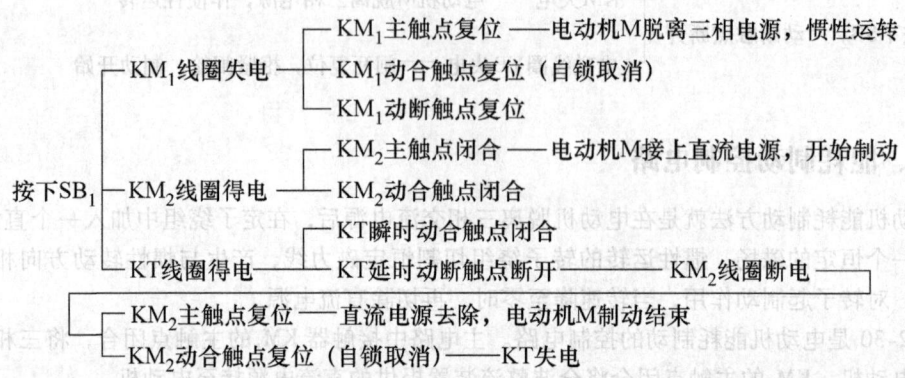

在图 2-30b 控制电路中，时间继电器 KT 瞬时动合触点的作用是：在时间继电器存在线圈断线或机械卡住而无法工作一类的故障时，即使按下 SB_1 后，接触器 KM_2 不能自锁长期得电，避免了出现电动机定子绕组中长期流过直流电源的现象。

电动机能耗制动，制动转矩的大小与直流电流值的大小和电动机转速有关，在同样的转速下，电流越大，制动作用越强，但直流电流不能太大，一般约为异步电动机空载电流的 3~5 倍，否则将烧坏电动机定子绕组。图 2-30 直流电路中串接的电位器 RP，用来调节制动电流。

电动机能耗制动时，制动转矩随电动机的惯性转速下降而减小，因而制动平稳且能量消耗小，但制动力较弱，特别是低速时尤为突出，另外需附加直流电源装置。能耗制动一般用于制动要求平稳准确的场合，如磨床、龙门刨床及组合机床的主轴定位等。

三、反接制动控制电路

电动机反接制动方法就是想要停车时，将电动机上三相电源相序切换，使之产生一与转子惯性转动方向相反的转矩，这样电动机转速迅速下降，当转速接近零时，将电源切除。

假设电动机正在正向运行，若将电源反接，电动机转速将由正转急剧降到零，如果反接电源不及时切除，则电动机又要从零速反向起动运行。如何在电动机转速为零时及时切除电源呢？控制电路是采用速度继电器来完成，速度继电器转子与电动机的轴同轴相连，电动机的转速即反映为速度继电器转子的转速。速度继电器的工作原理是：当速度继电器的转子转速大于 120r/min 时，其触点动作；当转速小于 100r/min 时，其触点复位。

图 2-31 是电动机反接制动的控制电路。其工作过程如下：

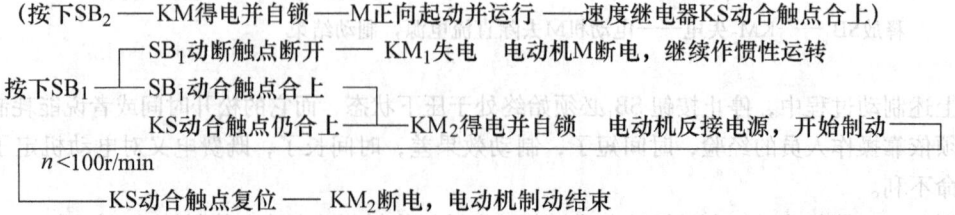

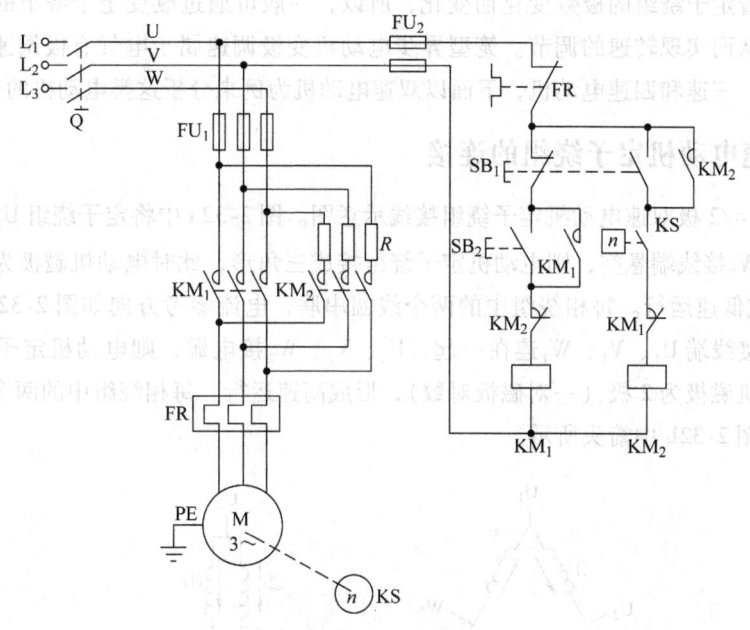

图 2-31 电动机反接制动的控制电路

电动机反接制动时,转子与定子旋转磁场的相对速度接近于两倍的同步转速,所以定子绕组中流过的反接制动电流相当于全电压直接起动时电流的两倍。因此,一般在 10kW 以上的电动机采用反接制动时,应在电动机反接制动主电路中串接一电阻,以限制反接制动电流。

电动机反接制动方式的优点是:制动力矩大,制动迅速。缺点是:制动精确性差,制动过程冲击强烈,易损坏传动零件,能量消耗较大。所以反接制动一般只适用系统惯性较大,制动要求迅速、操作不频繁的场合,如铣床、镗床、中型车床等主轴的制动。

第六节 三相笼型异步电动机有级变速控制电路

实际生产中,为满足机械设备生产过程的需要,常要求有多种速度输出,例如:在金属切削机床上加工零件,为保证零件加工质量,主轴的转速随着工件和刀具的材料,工件的直径,加工工艺的要求及走刀量的大小等的不同而不同。调速通常有机械和电气调速两种。若采用电气调速,简单易行,且可大大简化机械变速机构。

从电工学可知,三相异步电动机转速公式为:

$$n = \frac{60f}{p}(1-s) \qquad (2-17)$$

式中,n 为电动机转速;s 为转差率;f 电源频率;p 为磁极对数。

上述公式表明,改变电动机的转速有三种方法,即改变转差率 s、电源频率 f、磁极对数 p。转差率调速是三相绕线转子异步电动机的调速方法,广泛应用于起重设备中。变频调速是三相交流异步电动机的常用调速方法,将在本书第十章中详细介绍。这里,仅介绍变极调速。

变极调速仅适合于三相笼型异步电动机。因为笼型异步电动机的转子绕组本身没有固定的极数，能够随着定子绕组的极数变化而变化，所以，一般可通过改变定子绕组的连接方式来改变磁极对数，从而实现转速的调节。笼型异步电动机变极调速属于电气有极调速，常用的多速电动机有双速、三速和四速电动机，下面以双速电动机为例来分析这类电动机的变速控制电路。

一、双速电动机定子绕组的连接

图 2-32 是 4/2 极双速电动机定子绕组接线示意图。图 2-32a 中将定子绕组 U_1、V_1、W_1 接电源，U_2、V_2、W_2 接线端悬空，则电动机定子绕组接成三角形，此时电动机磁极为 4 极（二对磁极对数），形成低速运行。每相绕组中的两个线圈串联，电流参考方向如图 2-32a 中箭头所示。图 2-32b 中将接线端 U_1、V_1、W_1 连在一起，U_2、V_2、W_2 接电源，则电动机定子绕组接成双星形，此时电动机磁极为 2 极（一对磁极对数），形成高速运行。每相绕组中的两个线圈并联，电流参考方向如图 2-32b 中箭头所示。

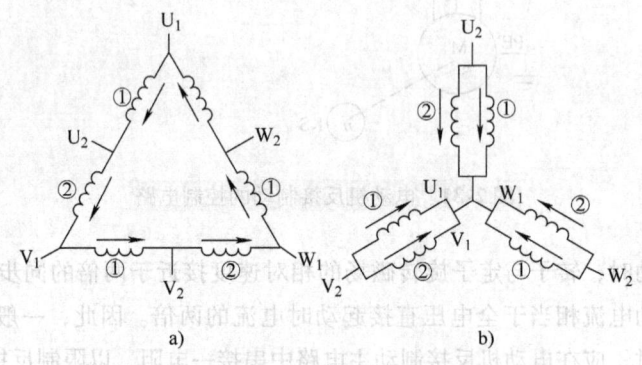

图 2-32 4/2 极双速电动机定子绕组接线示意图
a）三角形联结 b）双星形联结

由原来 4 极电动机改为 2 极电动机，如电源频率为 50Hz，则同步转速由 1500r/min 变为 3000r/min。注意：电动机从低速转为高速时，为保证电动机旋转方向不变，应把电源相序改变。

此种定子绕组三角形/双星形变换属于恒功率调速，适用于如车床、铣床、镗床等主轴的调速。

二、双速电动机控制电路

图 2-33 是定子绕组三角形/双星形变换的双速电动机控制电路。主电路中接触器 KM_1 的主触点闭合，则电动机定子绕组构成三角形联结；接触器 KM_2 和 KM_3 的主触点同时闭合构成双星形联结。控制电路有两种，图 2-33a 中低速起动按钮 SB_2 和高速起动按钮 SB_3 都采用复合按钮，可直接实现低速与高速之间的相互切换。图 2-33b 中 SA 是具有三个触点的转换开关，当 SA 扳到中间位置时，电动机 M 停转。当 SA 扳到"低速"位置时，接触器 KM_1 线圈得电，KM_1 主触点闭合，电动机定子绕组接成三角形，低速起动并运转。当 SA 扳到"高速"位置时，电动机先低速运行一段时间，经过时间继电器延时后自动切换到高速，以限制起动电流，其工作过程如下：

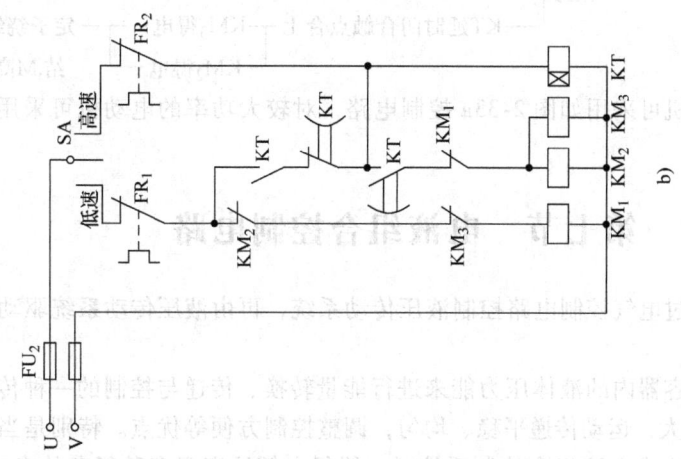

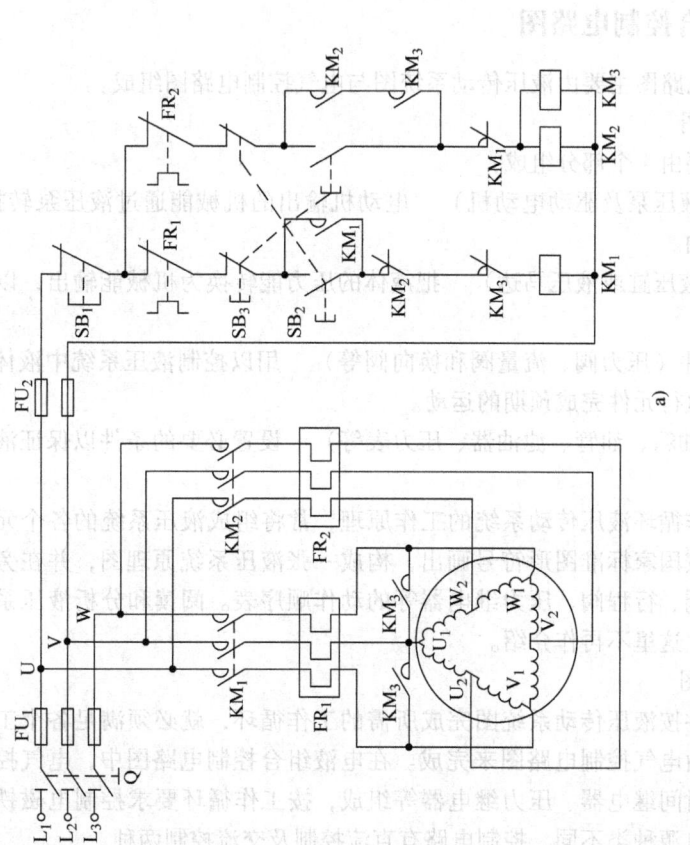

图 2-33 双速电动机变速控制电路
a) 方案一 b) 方案二

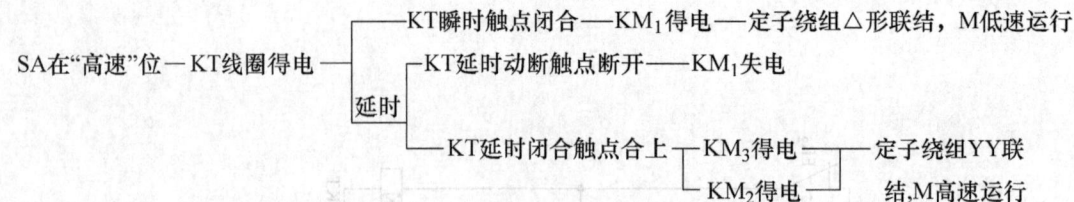

对功率较小的电动机可采用如图2-33a控制电路，对较大功率的电动机可采用图2-33b控制电路。

第七节　电液组合控制电路

电液组合控制是通过电气控制电路控制液压传动系统，再由液压传动系统驱动运动部件完成规定动作。

液压传动是靠密封容器内的液体压力能来进行能量转换、传递与控制的一种传动方式。它具有输出力（或力矩）大，运动传递平稳、均匀，调整控制方便等优点。特别是当液压传动系统与电气控制系统组合构成电液组合控制系统时，能很方便地实现多种复杂的自动工作循环，广泛应用于组合机床、自动化设备及自动化生产线。

一、电、液组合控制电路图

电、液组合控制电路图主要由液压传动系统图与电气控制电路图组成。

1. 液压传动系统图

液压传动系统主要由4个部分组成：

（1）动力元件（液压泵及驱动电动机）　电动机输出的机械能通过液压泵转换为液压能，为液压系统提供压力油。

（2）执行元件（液压缸或液压马达）　把液体的压力能转换为机械能输出，以驱动工作部件运动。

（3）控制调节元件（压力阀、流量阀和换向阀等）　用以控制液压系统中液体的压力、流量和流动方向，保证执行元件完成预期的运动。

（4）辅助元件（油箱、油管、滤油器、压力表等）　设置必要的条件以保证液压系统正常地工作。

为了表达某一工作循环液压传动系统的工作原理，常将组成液压系统的各个元件及它们之间连接和控制方式均按国家标准图形符号画出，构成一张液压系统原理图，并在旁附上工作循环图及各个工步电磁阀、行程阀、压力继电器等的动作顺序表。阅读和分析液压系统图在液压传动课程中已经讲过，这里不再作介绍。

2. 电气控制电路图

要使液压执行元件按液压传动系统图完成所需的工作循环，就必须满足各个工步中电磁阀的动作顺序，这就得由电气控制电路图来完成。在电液组合控制电路图中，电气控制电路图常由按钮、行程开关、时间继电器、压力继电器等组成，按工作循环要求控制电磁铁的得电、失电情况。根据电磁铁电源种类不同，控制电路有直流控制及交流控制两种。

电液组合控制电路的分析步骤：第一步，根据液压设备的工作循环图，对照电磁铁动作顺序表阅读液压系统图；第二步，分析电气控制电路图如何在控制条件下完成电磁铁的动作顺序；第三步，机、电、液有机结合起来分析机械设备是如何由电气控制液压系统，再由液压系统驱动机械运动部件按给定的工作运动要求自动循环工作的。

二、液压动力滑台控制电路

液压动力滑台是组合机床用以实现进给运动的一种通用部件,其运动是靠液压缸驱动的,根据加工需要滑台台面可安装动力箱、多轴箱及各种专用切削头等工作部件,以完成钻、扩、绞、铣、镗、刮端面、倒角、攻螺纹等工序的机械加工,并能按多种进给方式实现自动工作循环。

液压动力滑台自动工作循环控制是一典型的电液组合控制,图 2-34 是液压动力滑台电液控制组合电路,图 a 是液压传动系统图,图 b 是电气控制电路图。该液压动力滑台的自动工作循

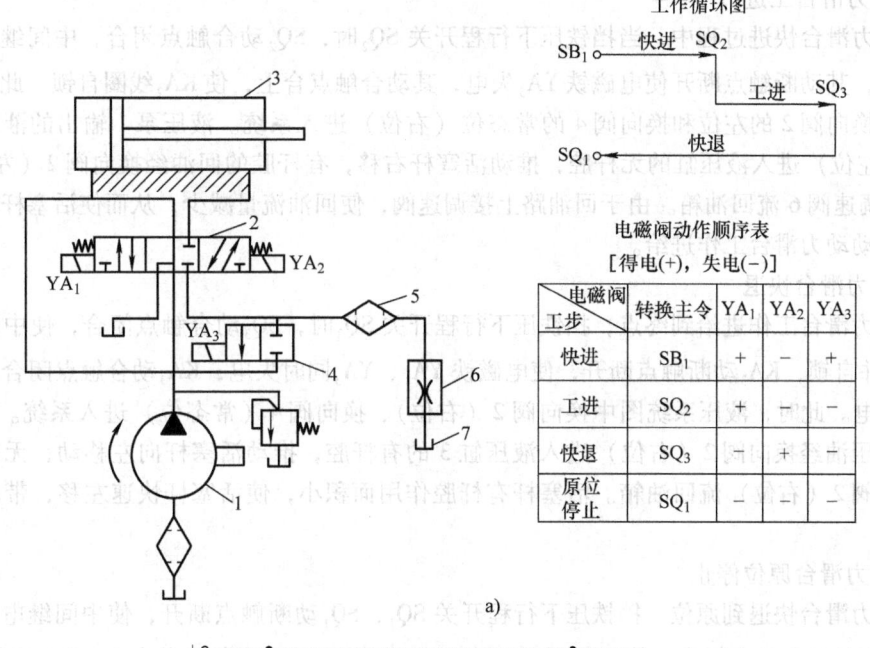

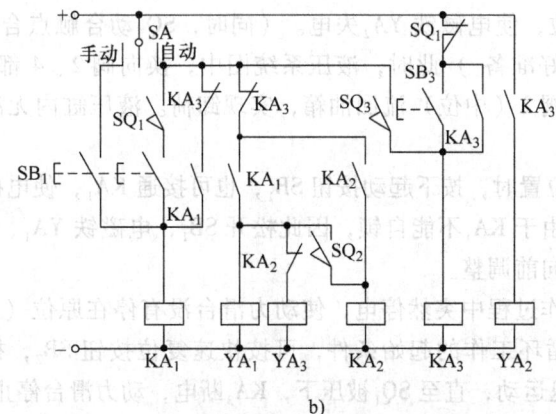

图 2-34 液压动力滑台电液控制组合电路
a) 液压传动系统图　b) 电气控制电路图
1—液压泵　2—三位五通电磁换向阀　3—液压缸　4—二位二通电磁换向阀
5—滤油器　6—调速阀　7—油箱

环是：快进→工进→快退→原位停止。其工作过程如下：

转换开关 SA 扳到"自动"位置。

1. 动力滑台快进

起始条件是：动力滑台上的挡铁压下 SQ_1，SQ_1 动合触点合上。按下起动按钮 SB_1，中间继电器 KA_1 得电动作并自锁，其动合触点闭合使电磁铁 YA_1、YA_3 同时得电。此时，液压系统图中三位五通换向阀 2 的左位和二位二通换向阀 4 的左位进入系统。液压泵 1 输出的液压油经换向阀 2（左位），进入液压缸 3 的无杆腔，推动活塞杆右移，液压缸 3 的有杆腔回油经换向阀 2（左位）、换向阀 4（左位）进入液压缸 3 的无杆腔，形成差动连接。活塞杆快速右移，带动动力滑台快速进给。

2. 动力滑台工进

在动力滑台快进过程中，当挡铁压下行程开关 SQ_2 时，SQ_2 动合触点闭合，中间继电器 KA_2 得电动作，其动断触点断开使电磁铁 YA_3 失电，其动合触点合上，使 KA_2 线圈自锁。此时，液压系统图中换向阀 2 的左位和换向阀 4 的常态位（右位）进入系统。液压泵 1 输出的液压油经换向阀 2（左位）进入液压缸的无杆腔，推动活塞杆右移，有杆腔的回油经换向阀 2（左位）、滤油器 5、调速阀 6 流回油箱。由于回油路上接调速阀，使回油流量减少，从而使活塞杆右移速度减慢，带动动力滑台工作进给。

3. 动力滑台快退

当动力滑台工作进给到终点，挡铁压下行程开关 SQ_3 时，SQ_3 动合触点闭合，使中间继电器 KA_3 得电并自锁，KA_3 动断触点断开，使电磁铁 YA_1、YA_3 同时失电；KA_3 动合触点闭合，使电磁铁 YA_2 得电。此时，液压系统图中换向阀 2（右位）、换向阀 4（常态位）进入系统。液压泵 1 输出的液压油经换向阀 2（右位）进入液压缸 3 的有杆腔，推动活塞杆向左移动，无杆腔的回油经换向阀 2（右位）流回油箱。活塞杆有杆腔作用面积小，使活塞杆快速左移，带动动力滑台快退。

4. 动力滑台原位停止

当动力滑台快退到原位，挡铁压下行程开关 SQ_1，SQ_1 动断触点断开，使中间继电器 KA_3 线圈失电，KA_3 动合触点复位，使电磁铁 YA_2 失电。（同时，SQ_1 动合触点合上，KA_3 动断触点复位，为下一次自动循环做好准备。）此时，液压系统图中，换向阀 2、4 都是常态位进入系统。液压泵 1 输出的油经换向阀 2（中位）流回油箱，实现卸荷。液压缸内无液压油流入，活塞杆不动，动力滑台原位停止。

当 SA 扳到"手动"位置时，按下起动按钮 SB_1，也可接通 KA_1，使电磁铁 YA_1、YA_3 通电，动力滑台可向前快进，但由于 KA_1 不能自锁，因此松开 SB_1，电磁铁 YA_1、YA_3 失电，动力滑台立即停止，从而实现点动向前调整。

当调整前移或自动工作过程中突然停电，使动力滑台没有停在原位（即行程开关 SQ_1 没被压下），而不能满足自动循环工作的起始条件，可按快速复位按钮 SB_2，接通 KA_3，使电磁铁 YA_2 通电，动力滑台作快退运动，直至 SQ_1 被压下，KA_3 断电，动力滑台停止在原位。

在上述控制电路的基础上，加一延时元件，可得到具有进给终点停留的自动工作循环：快进→工进→延时停留→快退→原位停止。其工作循环图及控制电路图如图 2-35 所示。当动力滑台工进到终点时，压下终点限位开关 SQ_3，接通时间继电器 KT 的线圈电路，KT 的瞬时动断触点立即断开，使电磁铁 YA_1、YA_2 线圈失电。液压系统图中换向阀 2（中位）进入系统，液压泵 1 输出的液压油经换向阀 2（中位）流出油箱，液压缸在进给终点停留，经过一定时间延时后，

KT 的延时动合触点合上,接通动力滑台快退的控制电路,滑台进入快退工步,其他工步的控制方式以及调整方式,与无终点停留的控制电路图 2-34 相同。

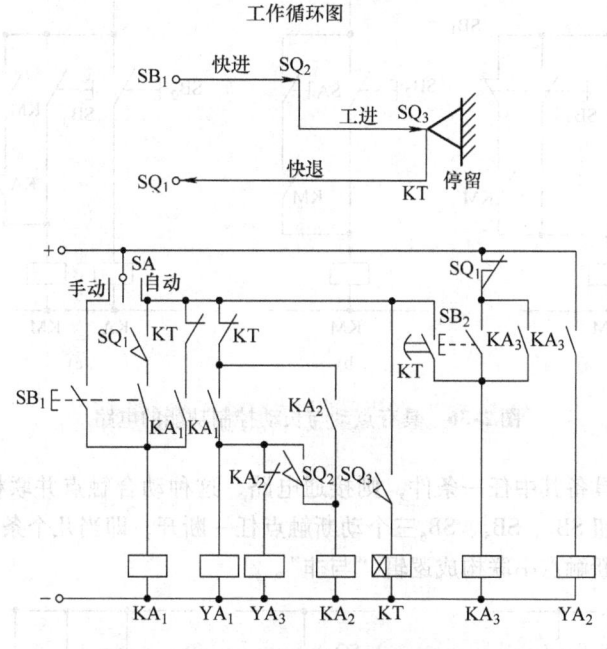

图 2-35 有终点停留功能的液压动力滑台控制电路

第八节 其他功能控制电路

一、点动与长动控制电路

按下起动按钮,电动机起动,松开按钮,电动机能保持原有的工作状态持续工作,这称为长动。所谓点动,即按下起动按钮时,电动机转动,松开按钮时,电动机立即停止工作。长动与点动的区别在于控制电路中起动按钮两端是否有自锁环节,有的即为长动,没有的即为点动。在实际生产中,有些机械设备常要求既有长动控制,又有用于调整、试车或控制移动部件快速移动的点动控制。具有点动与长动控制功能的电路如图 2-36 所示。

图 2-36a 是用复合按钮 SB_3 实现点动控制,SB_2 实现长动控制,可实现点动与长动的直接切换。图 2-36b 是用选择开关 SA 选择点动或长动控制,当需要点动时,将开关 SA 打开,按下起动按钮 SB_2,即可实现点动控制;当需长动时,将开关 SA 闭合,按下 SB_2 即可实现长动控制。一般选择开关 SA 在停机后选择。图 2-36c 采用中间继电器来实现点动或长动控制,按下按钮 SB_2 实现点动控制,按下按钮 SB_3 实现长动控制。

二、多地点与多条件控制电路

在大型机械设备中,为了操作方便,常要求可在多个地点进行控制操作。如图 2-37a 所示,将起动按钮作并联连接,停止按钮作串联连接,且把三对起动、停止按钮分别装置在三个地点,就可实现三地操作。KM 线圈的通电条件为按钮 SB_2、SB_3、SB_4 三个动合触点任一闭合,即当在

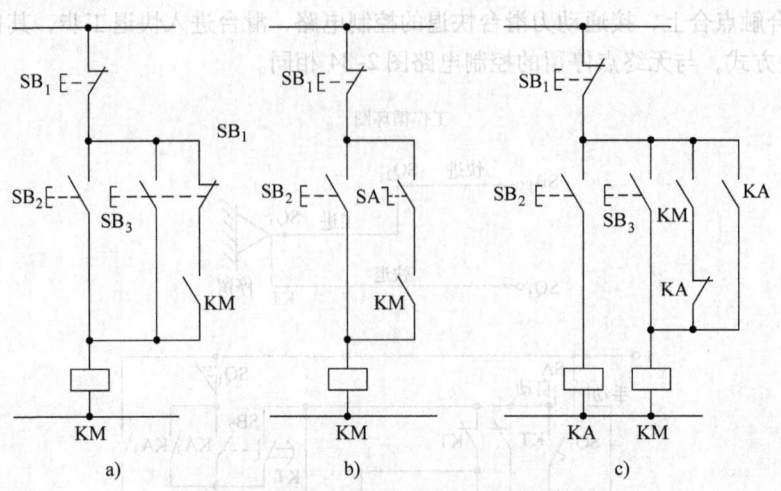

图 2-36 具有点动与长动控制功能的电路

几个条件中,只要求具备其中任一条件,则接通电路,这种动合触点并联构成逻辑"或"。KM 线圈的断电条件为按钮 SB_1、SB_5、SB_6 三个动断触点任一断开,即当几个条件仅具备一个条件时则切断电路,这种动断触点串联构成逻辑"与非"。

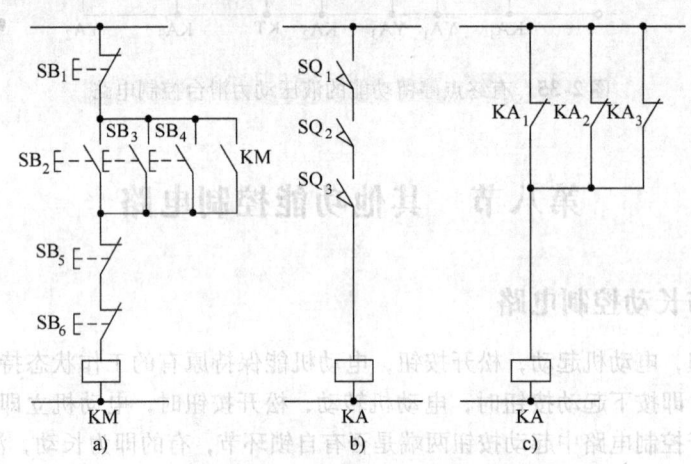

图 2-37 多地点与多条件控制电路
a) 多地点控制电路 b)、c) 多条件控制电路

有的自动控制电路中,为了保证操作安全,需要多个条件满足,才能开始工作。如图 2-37b 所示,限位开关 SQ_1、SQ_2、SQ_3 的动合触点串联连接,可得多条件控制电路。KA 线圈通电条件为 SQ_1、SQ_2、SQ_3 都被压下(如各动力头都退回原位时),即当几个条件同时具备时,则接通电路,这种动合触点串联构成逻辑"与"。如图 2-37c 所示,KA 线圈的断电条件为 KA_1、KA_2、KA_3 三个动断触点都断开,即当几个条件都具备时,则切断电路。动断触点并联构成逻辑"或非"。

三、顺序控制电路

为满足工艺流程的要求,保证设备运行的可靠与安全,在一个控制系统的多台设备只能按一定的顺序工作,这种控制电路称顺序控制电路。如:铣床的主轴旋转后工作台方可移动,某些机床主轴必须在液压泵工作后才能工作等。

图 2-38 是三台设备顺序工作的控制电路,图中 KM_1、KM_2、KM_3 分别为控制三台设备电动机 M_1、M_2、M_3 起动用接触器。按下 SB_2,KM_1 得电(M_1 起动),接着按下 SB_4,KM_2 才能得电(M_2 才能起动),最后按 SB_6,KM_3 最后得电(M_3 最后起动)。M_1—M_2—M_3 的工作顺序不能颠倒的。

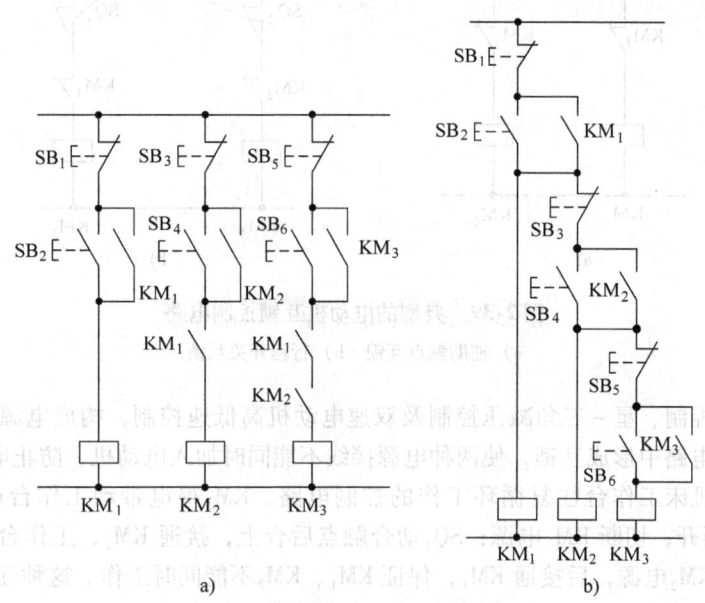

图 2-38 顺序控制电路
a) 辅助触点控制 b) 电源控制

图 2-38a 是利用辅助触点进行顺序控制,KM_1 的辅助动合触点作为控制条件,串联在 KM_2 的线圈电路中,只有当 KM_1 线圈得电后,该辅助动合触点闭合,KM_2 线圈方可允许得电;同样,只有当 KM_1 线圈、KM_2 线圈都得电后,KM_3 线圈方可允许得电。

图 2-38b 是利用电源进行顺序控制,KM_2 线圈电路在 KM_1 线圈电路起停控制环节之后接出,当按钮 SB_2 按下,KM_2 线圈得电,其辅助动合触点闭合自锁,使 KM_2 线圈电源接入,按 SB_4、SB_3 方可控制 KM_2 线圈的通电、断电;同样,在 KM_2 得电后,按下 SB_6、SB_5 方可控制 KM_3 线圈的通电、断电。

四、互锁控制电路

两台或两台以上的设备,由于各台设备所起的作用不同,必须按一定条件工作,才能保证设备安全、可靠地运行,这个要求反映在电气控制上称互锁(或连锁)。实现互锁(连锁)的控制电路称为互锁(连锁)控制电路。

图 2-39 是典型的电动机互锁控制电路,它控制两台电动机不允许同时工作。图中 KM_1、KM_2 分别是控制电动机 M_1、M_2 起动用接触器。

如图 2-39a 所示,当 KM_1 得电时,其动断触点断开,使 KM_2 线圈不能得电;同样,KM_2 得电时,KM_1 线圈无法得电,从而保证任何时候两台电动机都不能同时工作。这种在各自的接触器线圈电路中串入对方接触器的辅助动断触点,就构成互锁电路。

由接触器动断触点构成的互锁电路也常用于具有两种电源接线的单台电动机控制中。如前

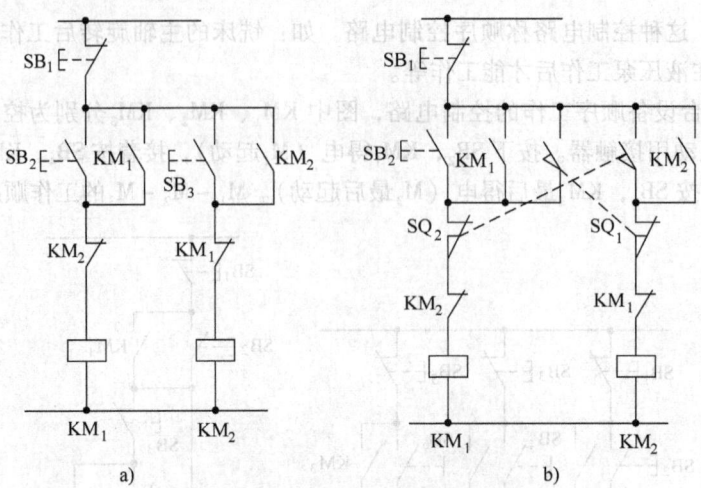

图 2-39 典型的电动机互锁控制电路
a) 辅助触点互锁 b) 行程开关互锁

述电动机正反转控制、星-三角减压控制及双速电动机高低速控制,构成电源两种接线的接触器的动断触点在电路中形成互锁,使两种电源接线不能同时加入电动机,防止电源短路。

图 2-39b 是机床工作台往复循环工作的控制电路。KM_1 得电带动工作台前进,压下 SQ_2,SQ_2 动断触点先断开,切断 KM_1 电源;SQ_2 动合触点后合上,接通 KM_2,工作台后退。同理,压下 SQ_1,先切断 KM_2 电源,后接通 KM_1,保证 KM_1、KM_2 不能同时工作。这种互锁用行程开关来实现,当然也可用复合按钮实现。

五、优先控制电路

优先控制电路也是一种互锁控制电路,通常分为先动作优先和后动作优先。

先动作优先控制电路,其工作状态是:无论哪一台设备先动作,其他设备则不能动作,即先动作优先。如图 2-40a 所示,若首先按下 SB_1,KM_1 线圈得电并自锁(电动机 M_1 工作),KM_1 的动合触点闭合,使中间继电器 KA 线圈得电,KA 的动断触点断开 KM_2、KM_3 的线圈电路,因而在 KM_1 未断电之前,KM_2、KM_3 接触器都不能工作。其实上面讲过的互锁控制电路均属先动作优先控制电路。

后动作优先控制电路,其工作状态是:多台设备,任一台工作,前面所有已动作的设备自动停止工作,即后动作优先。如图 2-40b 所示,若先按下 SB_1,则 KM_1 线圈得电并自锁(电动机 M_1 工作),若再按 SB_2,则 KM_2 线圈得电并自锁(电动机 M_2 工作),KM_2 的动断触点断开,使 KM_1 断电。

六、自动循环控制电路

图 2-41 是一动力头的自动循环控制电路图。

图 2-41a 是动力头运动简图,电动机 M_1 带动动力头 Ⅰ,动力头 Ⅰ 的原位开关、终点开关分别为 SQ_1、SQ_2;电动机 M_2 带动动力头 Ⅱ,动力头 Ⅱ 的原位开关、终点开关分别为 SQ_3、SQ_4。动力头自动循环过程分三步:第一步,按下起动按钮 SB_2,动力头 Ⅰ 前进,到达终点,压下行程开关 SQ_2;转入第二步,动力头 Ⅰ 停止,动力头 Ⅱ 前进,到达终点,压下行程开关 SQ_4;转入第三步,动力头 Ⅰ、Ⅱ 同时后退,分别压下 SQ_1、SQ_3 在原位停止。

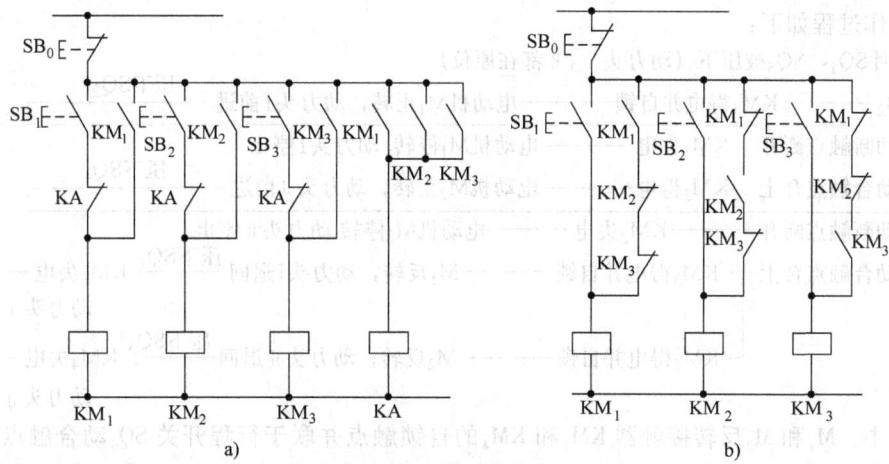

图 2-40 优先控制电路
a) 先动作优先控制电路 b) 后动作优先控制电路

动力头进给运动自动循环是依靠传动装置将动力传递给丝杠来实现的,所以动力头的自动循环控制实质上是按照工作循环图确定的工作顺序要求对电动机进行有序起动、停止及正反转控制,其中各步的转换是靠行程开关来实现。动力头自动循环控制电路图如图2-41b所示,KM_1、KM_3分别为控制电动机 M_1 正转(前进)和反转(后退)用接触器;KM_2、KM_4分别为控制电动机 M_2 正转(前进)和反转(后退)用接触器。

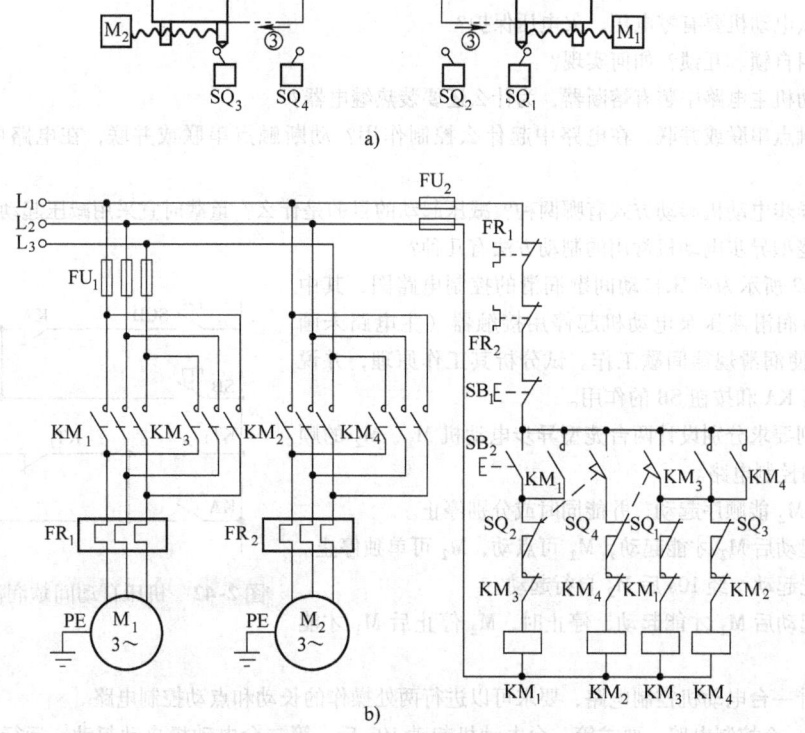

图 2-41 动力头自动循环控制电路图

其工作过程如下:

预置条件SQ$_1$、SQ$_3$被压下(动力头Ⅰ、Ⅱ都在原位)

按下SB$_2$ ── KM$_1$得电并自锁 ── 电动机M$_1$正转,动力头Ⅰ前进 ─压下SQ$_2$─

SQ$_2$动断触点断开 KM$_1$失电 ── 电动机M$_1$停转,动力头Ⅰ停止

SQ$_2$动合触点合上 KM$_2$得电 ── 电动机M$_2$正转,动力头Ⅱ前进 ─压下SQ$_4$─

SQ$_4$动断触点断开 ── KM$_2$失电 ── 电动机M$_2$停转,动力头Ⅱ停止

SQ$_4$动合触点合上 ┬ KM$_3$得电并自锁 ── M$_1$反转,动力头Ⅰ退回 ─压下SQ$_1$─ KM$_3$失电── M$_1$停止,动力头Ⅰ停在原位

└ KM$_4$得电并自锁 ── M$_2$反转,动力头Ⅱ退回 ─压下SQ$_3$─ KM$_4$失电── M$_2$停止,动力头Ⅱ停在原位

电路中,M$_1$和M$_2$反转接触器KM$_3$和KM$_4$的自锁触点并联于行程开关SQ$_4$动合触点的两端,分别为各自线圈提供自锁作用,这样能够保障动力头Ⅰ和Ⅱ都确实退到各自原位停下来。如果只用一个接触器KM$_3$(或KM$_4$)的自锁触点,那另一动力头就有可能没退回到原位而被迫停下。

上述动力头自动循环属单周期自动循环。所谓单周期自动循环,即按下起动按钮后,完成一次自动循环后自动停下,下一周期自动循环须再次按下起动按钮。电路对单周期自动循环控制称为单周期自动循环控制电路。另一种自动循环控制电路为连续自动循环控制电路,即按下起动按钮后,电路控制移动部件反复连续工作,直至按下停止按钮,移动部件才停止。例如本章第二节中讲述过的某机床工作台自动循环控制电路(图2-23)就属于反复自动循环控制电路。

习题与思考题

1. 为什么电动机要有零电压、欠电压保护?
2. 什么叫自锁、互锁? 如何实现?
3. 在电动机主电路中装有熔断器,为什么还要装热继电器?
4. 动合触点串联或并联,在电路中起什么控制作用? 动断触点串联或并联,在电路中起什么控制作用?
5. 三相异步电动机起动方式有哪两种? 减压起动的目的是什么? 重载时宜采用减压起动吗?
6. 三相笼型异步电动机常用的制动方法有几种?
7. 图2-42所示为机床自动间歇润滑的控制电路图,其中接触器KM为润滑液压泵电动机起停用接触器(主电路未画出)。电路可使润滑规律间歇工作。试分析其工作原理,并说明中间继电器KA和按钮SB的作用。
8. 按下列要求分别设计两台笼型异步电动机M$_1$、M$_2$的顺序起动停止的控制电路。

   1) M$_1$、M$_2$能顺序起动,并能同时或分别停止。
   2) M$_1$起动后M$_2$才能起动,M$_1$可点动,M$_2$可单独停止。
   3) M$_1$先起动,经10s后M$_2$自行起动。
   4) M$_1$起动后M$_2$才能起动,停止时,M$_2$停止后M$_1$才能停止。

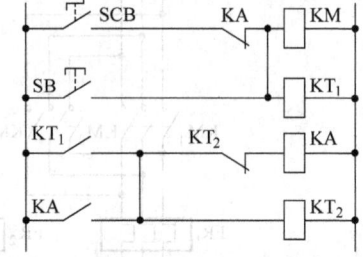

图2-42 机床自动间歇润滑控制电路

9. 试设计一台电动机控制电路,要求可以进行两处操作的长动和点动控制电路。
10. 设计一个控制电路,要求第一台电动机起动10s后,第二台电动机自动起动,运行20s后两台电动机同时停转。

11. 试设计一个工作台前进－退回控制电路。工作台由电动机 M 带动，行程开关 SQ_1、SQ_2 分别装在工作台的原位和终点。要求：
1）前进－后退停止到原位；
2）工作台到达终点后停一下再后退；
3）工作台在前进中能立即后退到原位；
4）有终端保护。

12. 机床主轴和润滑泵一般各由一台电动机带动，试设计一控制电路，要求主轴必须等到润滑泵开动后才能起动，主轴可正反转并可单独停车，设置必要的保护环节。

第三章

典型机械设备电气控制系统分析

本章通过分析典型机械设备的电气控制系统，一方面进一步学习掌握电气控制电路的组成以及各种基本控制电路在具体的电气控制系统中的应用，同时学习掌握分析电气控制电路的方法，提高阅读电路图的能力，为进行电气控制系统的设计打下基础；另一方面通过了解一些具有代表性的典型机械设备电气控制系统及其工作原理，从而为实际工作中机械设备电气控制电路的分析、调试及维修作参考。

进行设备电气控制系统分析时，应注意如下几个相关方面的内容：

(1) 机械设备概况调查

应了解被控设备的结构组成及工作原理、设备的传动系统类型及驱动方式、主要技术性能及规格、运动要求。

(2) 电气设备及电气元器件选用

明确电动机作用、规格和型号以及工作控制要求，了解所用各种电器的工作原理、控制作用及功能，这里的电气元器件包括各类主令信号发出元器件（如按钮、开关、各种位置和限位开关等），各种继电器类的控制元器件（如接触器、中间继电器、时间继电器等），各种电气执行件（如电磁离合器、电磁换向阀等）以及保证线路正常工作的其他电气元器件（如变压器、熔断器、整流器等）。

(3) 机械设备与电气设备和电气元器件的连接关系

在了解被控设备和采用的电气设备、电气元器件的基本状况的基础上，还应确定两者之间的连接关系，即信息采集传递和设备运动输出的形式和方法。信息采集传递是通过设备上的各种操作手柄、撞块、挡铁以及各种现场信息检测机构作用在主令信号发出元器件上，将信号采集传递到电气系统中，因此其对应关系必须明确。运动输出由电气控制系统中的执行件将驱动力传送到机械设备上的相应点，以实现设备要求的各种动作。

在了解设备及电气控制系统的基本条件之后，即可对设备控制电路进行具体分析。通常，分析电气控制系统时，要结合有关的技术资料将控制电路"化整为零"，划分成若干个电路部分，逐一进行分析。划分后的局部电路构成简单明了，控制功能单一或由少数简单控制功能组合而成，给分析电路带来极大的方便。进行电路划分时，可依据驱动形式，将电路初步划分为电动机控制电路部分和气动、液压驱动控制电路部分；可根据被控电动机的台数，进一步将电动机控制电路部分加以划分，使每台电动机的控制电路成为一个局部电路部分。在控制要求复杂的电路部分，还可以再细划分，使一个基本控制电路或若干个简单基本控制电路组合成为一个局部分析电路单元。机械设备电气控制系统的分析步骤可简述如下：

(1) 设备运动分析

对由液压系统驱动的设备还需进行液压系统工作状态分析。

（2）主电路分析

确定动力电路中所用设备的数目、接线状况及控制要求，控制执行件的设置及动作要求，如交流接触器主触点的位置，各组主触点分、合的动作要求，限流电阻的接入和短接等。

（3）控制电路分析

分析电路具备的控制功能和工作过程。

第一节　卧式车床的电气控制电路

卧式车床在机械加工中广泛用来加工各种回转表面、螺纹和端面。

卧式车床通常由一台主电动机拖动，经由机械传动链，实现切削主运动和刀具进给运动的输出，其运动速度由变速齿轮箱通过手柄操作进行切换。快速移动的刀具、冷却泵和液压泵等，常采用单独电动机驱动。不同型号的卧式车床，其主电动机的工作要求也不同，因而由不同的控制电路构成；由于卧式车床运动变速是由机械系统完成的，且机床运动形式比较简单，因此机床的控制电路也不复杂。本节以 C650 卧式车床电气控制系统为例，进行控制电路分析。

一、机床结构和工作要求

C650 卧式车床属于中型车床，可加工的最大工件回转直径为 1020mm，最大工件长度为 3000mm。卧式车床的外观图如图 3-1 所示。

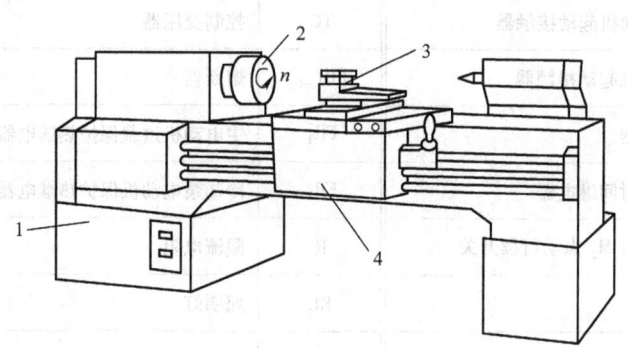

图 3-1　卧式车床的外观图

1—床身　2—主轴　3—刀架　4—溜板箱

安装在床身上的主轴箱中的主轴转动，带动装夹在其端头的工件转动；刀具安装在刀架上，与滑板一起随溜板箱沿主轴轴线方向实现进给移动，主轴的转动和溜板箱的移动均由主电动机驱动。由于加工的工件比较大，加工时其转动惯量也比较大，需停车时不易立即停止转动，必须有停车制动的功能，较好的停车制动方法是采用电气制动。在加工的过程中，还需提供切削液，并且为减轻工人的劳动强度和节省辅助工作时间，要求带动刀架移动的溜板箱能够快速移动。

二、电力拖动及控制要求

1）主电动机 M_1（功率为 30kW），完成主轴的主运动驱动，电动机采用直接起动方式，可正反两个方向旋转，并可进行正反两个旋转方向的电气停车制动。为加工调整方便，还具有点动功能。

2）电动机 M_2 拖动冷却泵，在加工时提供切削液，采用直接起动停止方式，并且为连续工作状态。

3）快速移动电动机 M_3，可根据需要，随时手动控制起停。

三、机床电气控制系统分析

C650 卧式车床的控制电路如图 3-2 所示，使用的电气元器件符号与功能说明如表 3-1 所示。

表 3-1 电气元器件符号与功能说明表

符号	名称及用途	符号	名称及用途
M_1	主电动机	SB_1	总停按钮
M_2	冷却泵电动机	SB_2	主电动机正向电动按钮
M_3	快速移动电动机	SB_3	主电动机正转按钮
KM_1	主电动机正转接触器	SB_4	主电动机反转按钮
KM_2	主电动机反转接触器	SB_5	冷却泵电动机停转按钮
KM_3	短接限流电阻接触器	SB_6	冷却泵电动机起动按钮
KM_4	冷却泵电动机起动接触器	TC	控制变压器
KM_5	快移电动机起动接触器	FU_{1-6}	熔断器
KA	中间继电器	FR_1	主电动机过载保护热继电器
KT	通电延时时间继电器	FR_2	冷却泵电动机保护热继电器
SQ	快移电动机 M_3 点动行程开关	R	限流电阻
SA	开关	EL	照明灯
KS	速度继电器	TA	电流互感器
A	电流表	Q	电源隔离开关

1. 主电路分析

图 3-2 所示的主电路中，隔离开关 Q 将三相电源引入，电动机 M_1 电路接线分为 3 部分：第一部分由正转控制交流接触器 KM_1 和反转控制交流接触器 KM_2 的两组主触点构成电动机的正反转接线；第二部分为一电流表 A 经电流互感器 TA 接在主电动机 M_1 的动力回路上，监视电动机绕组工作时的电流变化，为防止电流表被起动电流冲击损坏，利用一时间继电器的动断触点，在起动的短时间内将电流表暂时短接掉；第三部分为串联电阻限流控制部分，交流接触器 KM_3 的主触点控制限流电阻 R 的接入和切除，使得在进行点动调整时，串入限流电阻 R，防止连续的起动电流造成电动机过载，保证电路设备正常工作。速度继电器 KS 的速度检测部分与电动机的主轴同轴相连，在停车制动过程中，当主电动机转速为零时，通过常开触点将控制电路中反接制动的相应电路切断，完成停车制动。

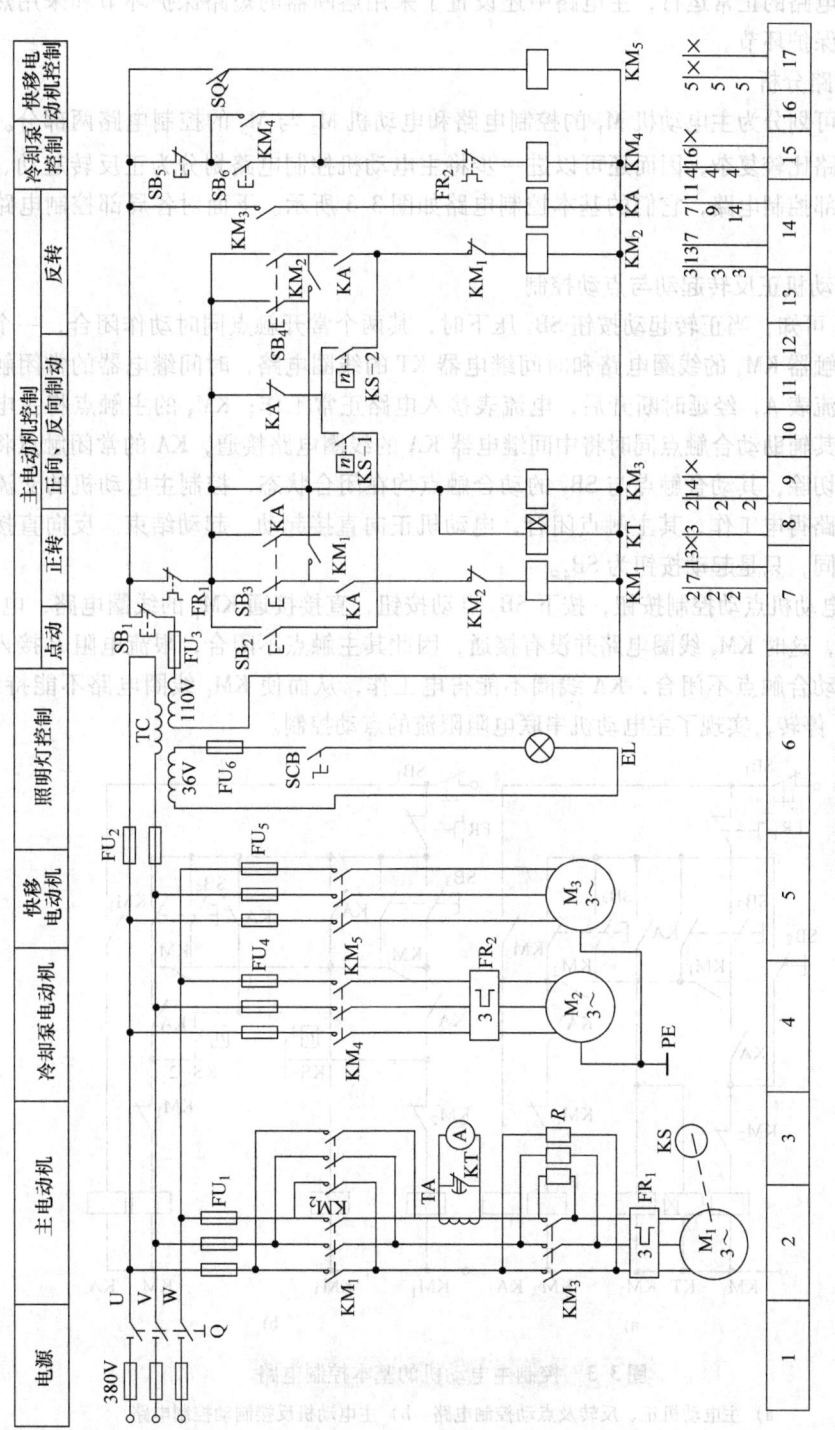

图 3-2 C650 车床的控制电路

电动机 M_2 由交流接触器 KM_4 的主触点控制其动力电路的接通和断开；电动机 M_3 由交流接触器 KM_5 控制。

为保证主电路的正常运行，主电路中还设置了采用熔断器的短路保护环节和采用热继电器的电动机过载保护环节。

2. 控制电路分析

控制电路可划分为主电动机 M_1 的控制电路和电动机 M_2 与 M_3 的控制电路两部分。由于主电动机控制电路比较复杂，因而还可以进一步将主电动机控制电路划分为正反转起动、点动和停车制动等局部控制电路，它们的基本控制电路如图 3-3 所示。下面对各局部控制电路逐一进行分析。

（1）主电动机正反转起动与点动控制

由图 3-3a 可知，当正转起动按钮 SB_3 压下时，其两个常开触点同时动作闭合，一个常开触点接通交流接触器 KM_3 的线圈电路和时间继电器 KT 的线圈电路，时间继电器的常闭触点在主电路中短接电流表 A，经延时断开后，电流表接入电路正常工作；KM_3 的主触点将主电路中限流电阻短接，其辅助动合触点同时将中间继电器 KA 的线圈电路接通，KA 的常闭触点将停车制动的基本电路切除，其动合触点与 SB_3 的动合触点均在闭合状态，控制主电动机的交流接触器 KM_1 的线圈电路得电工作，其主触点闭合，电动机正向直接起动，起动结束。反向直接起动控制过程与其相同，只是起动按钮为 SB_4。

SB_2 为主电动机点动控制按钮，按下 SB_2 点动按钮，直接接通 KM_1 的线圈电路，电动机 M_1 正向直接起动，这时 KM_3 线圈电路并没有接通，因此其主触点不闭合，限流电阻 R 接入主电路限流，其辅助动合触点不闭合，KA 线圈不能得电工作，从而使 KM_1 线圈电路不能持续通电，松开按钮，M_1 停转，实现了主电动机串联电阻限流的点动控制。

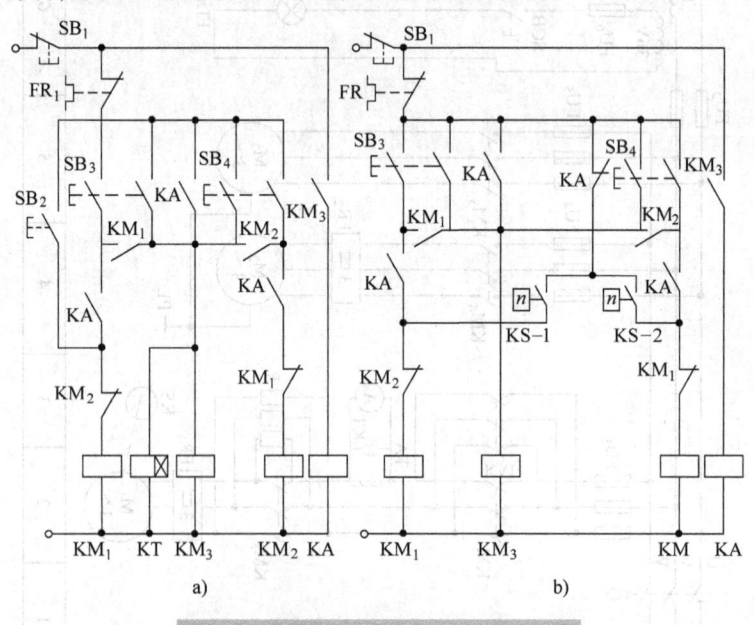

图 3-3 控制主电动机的基本控制电路

a) 主电动机正、反转及点动控制电路 b) 主电动机反接制动控制电路

（2）主电动机反接制动控制电路

图 3-3b 所示为主电动机反接制动控制电路。C650 卧式车床采用反接制动的方式进行停车

制动,停止按钮按下后开始制动过程,当电动机转速接近零时,速度继电器的触点打开,结束制动。这里以原工作状态为正转时进行停车制动过程为例,说明电路的工作过程。当电动机正向转动时,速度继电器 KS 的动合触点 KS_{-2} 闭合,制动电路处于准备状态,压下停车按钮 SB_1,切断电源,KM_1、KM_3、KS_{-2} 线圈均失电,此时控制反接制动电路工作与不工作的 KA 动断触点恢复原状闭合,与 KS_{-2} 触点一起,将反向起动交流接触器 KM_2 的线圈电路接通,电动机 M_1 反向起动,反向起动转矩将平衡正向惯性转动转矩,强迫电动机迅速停车,当电动机速度趋近于零时,速度继电器触点 KS_{-2} 复位打开,切断 KM_2 的线圈电路,完成正转的反接制动。反转时的反接制动工作过程相似,此时反转状态下,KS_{-1} 触点闭合,制动时,接通交流接触器 KM_1 的线圈电路,进行反接制动。

(3) 刀架的快速移动和冷却泵电动机的控制

图 3-2 中,刀架快速移动是由手柄压动 SQ,接通快速移动电动机 M_3 的控制接触器 KM_5 的线圈电路,KM_5 的主触点闭合,M_3 电动机起动,经传动系统,驱动溜板箱带动刀架实现手控点动快速移动。

冷却泵电动机 M_2 由起动按钮 SB_6、停止按钮 SB_5 控制接触器线圈电路的通断,以实现电动机 M_3 的长动工作控制。

第二节 组合机床的电气控制电路

组合机床是针对特定工件,进行特定加工而设计的一种高效率自动化专用加工设备。这类设备大多能多机多刀同时工作,并且具有工作自动循环的功能。组合机床通常由标准通用部件和加工专用部件组合构成,动力部件采用电动机驱动或采用液压系统驱动,由电气系统进行工作自动循环的控制,是典型的机电或机电液一体化的自动加工设备。

常见组合机床标准通用部件有动力滑台、各种加工动力头以及回转工作台等,可用电动机驱动,也可用液压系统驱动。各种标准通用动力部件的控制电路是独立完整的,当多个动力部件组合构成一台组合机床时,可通过连接电路将各动力部件的控制电路组合起来,构成该机床的控制电路。

多动力部件构成的组合机床,其控制通常有三方面的要求:第一是动力部件的点动及复位控制;第二是动力部件的单机自动循环控制(也称半自动循环控制);第三是整机全自动循环工作控制。下面以双面钻孔组合机床为例,分析这类机床的控制电路。

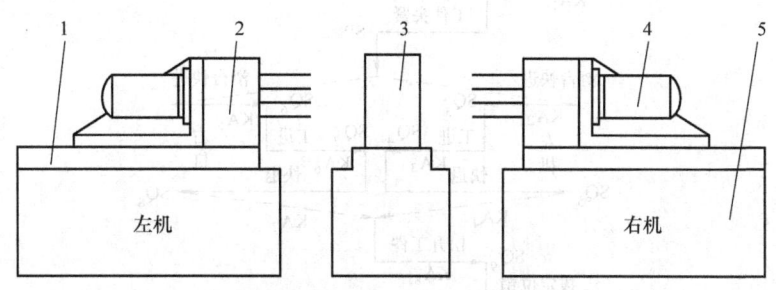

图 3-4 组合机床的结构简图
1—动力滑台 2—主轴箱及钻头 3—工件及定位夹紧装置 4—刀具电动机 5—侧底座

一、机床的结构（或组成）及运动

双面钻孔组合机床用于在工件两相对表面上钻孔，图3-4是组合机床的结构简图。机床的动力滑台提供进给运动，电动机拖动主轴箱的刀具主轴提供切削主运动。两液压动力滑台对面布置，安装在标准侧底座上，刀具电动机固定在滑台上，中间底座上装有工件定位夹紧装置。机床的自动工作循环过程见图3-5a中的机床工作循环图。工作时，工件装入夹具（定位夹紧装置），按动起动按钮 SB_6，开始工件的定位和夹紧，然后两面的动力滑台同时快速进给、工作进给和快速退回的加工循环，此时刀具电动机也起动工作，冷却泵在工进过程中提供切削液，加工循环结束后，动力滑台退回原位，夹具松开并拔出定位销，一次加工循环结束。

二、机床的拖动及控制要求

1. 液压驱动系统

机床的动力滑台和工件的定位夹紧装置由液压系统驱动，液压动力滑台工作在前一章已分析过。工件定位夹紧装置动作由定位销液压缸和夹紧液压缸完成，其工作原理如下：

三位四通电磁换向阀控制液压缸在插销、夹紧和拔销、放松两个方向的运动切换，电磁阀线圈 YV_9 与 YV_{10} 控制定位销液压缸换向，完成插销和拔销，YV_1 与 YV_2 控制夹紧液压缸换向，完成夹紧和放松。左机滑台换向由电磁阀线圈 YV_3 与 YV_5 控制快进和工进，YV_4 控制快退，右机滑台换向由电磁阀线圈 YV_6 与 YV_8 控制快进和工进，YV_7 控制快退。电器动作表如表3-2所示。控制工步的中间继电器编号如图3-5a所示。

2. 电动机驱动控制

（1）液压泵控制电动机 M_1

液压泵驱动电动机 M_1 首先直接起动，使系统正常供油后，其他电动机的控制电路以及液压系统控制电路方可通电工作。

（2）左机刀具电动机 M_2 及右机刀具电动机 M_3

刀具电动机在滑台进给循环开始时即起动，滑台退回原位后停机。

（3）冷却泵电动机 M_4

冷却泵电动机 M_4 可由手动控制起停，也可自动控制，在滑台进给工作时，自动起动供液和在进给结束时停止供液。

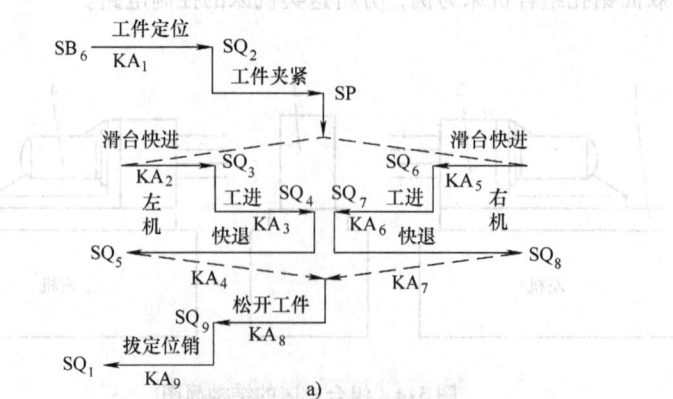

图3-5 双面钻孔组合机床控制电路

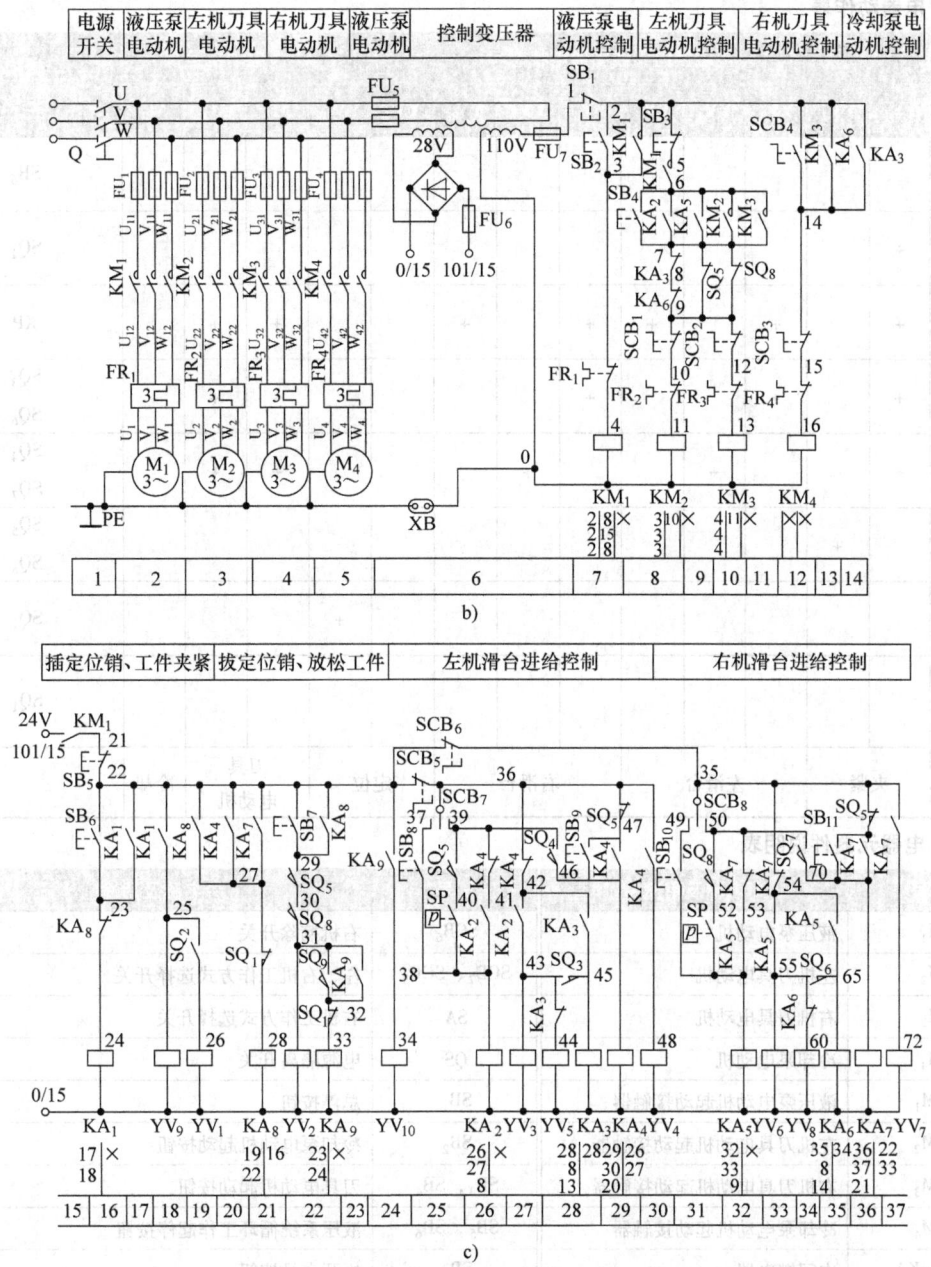

图 3-5 双面钻孔组合机床控制电路（续）

三、机床控制电路分析

双面钻孔组合机床的控制电路见图 3-5a、b、c，电器元件说明表如表 3-3 所示。电器动作顺序表如表 3-4 所示。图 3-5b 中主电路共接有 4 台电动机，电动机均为直接起动，单向旋转，由控制接触器 KM_1、KM_2、KM_3 和 KM_4 分别控制电动机 M_1、M_2、M_3 和 M_4 的定子绕组通电和断电。控制电路有交流电路部分和直流电路部分，交流部分用于对电动机进行控制，直流部分用于对液压系统进行控制。

表 3-2 电器动作表

工步	电磁换向阀线圈通电状态										电动机运行			转换主令
	YV_1	YV_2	YV_3	YV_4	YV_5	YV_6	YV_7	YV_8	YV_9	YV_{10}	M_2	M_3	M_4	
工件定位									+					SB_6
工件夹紧	+													SQ_2
滑台快进	+		+		+	+		+			+	+		KP
滑台工进	+		+			+					+	+		SQ_3 SQ_6
滑台快退	+			+			+				+	+		SQ_4 SQ_7
松开工件		+												SQ_5 SQ_8
拔定位销										+				SQ_9
停止														SQ_1
备注	夹紧		左滑台			右滑台			定位		刀具电动机		冷却	

表 3-3 电器元器件说明表

符号	名称及用途	符号	名称及用途
M_1	液压泵电动机	SCB_6	右机摘除开关
M_2	左机刀具电动机	SCB_7、SCB_8	左、右机工作方式选择开关
M_3	右机刀具电动机	SA	右机工作方式选择开关
M_4	冷却泵电动机	QS	电源隔离开关
KM_1	液压泵电动机起动接触器	SB_1	总停按钮
KM_2	左机刀具电动机起动接触器	SB_2	冷却泵电动机起动按钮
KM_3	右机刀具电动机起动接触器	SB_3,SB_4	刀具电动机起动按钮
KM_4	冷却泵电动机起动接触器	SB_5,SB_6	液压系统循环工作起停按钮
KA_1 ~ KA_9	中间继电器	SB_7	松开夹具按钮
SQ_1,SQ_2	定位行程开关	SB_8,SB_9	左机点动向前和复位按钮
SQ_3,SQ_4,SQ_5	左机滑台行程开关	SB_{10},SB_{11}	右机点动向前和复位按钮
SQ_6,SQ_7,SQ_8	右机滑台行程开关	FR_1 ~ FR_4	电动机热继电器
SQ_9	压紧原位行程开关	FU_1 ~ FU_7	熔断器
SCB_1 ~ SCB_3	电动机摘除旋转开关	TC	变压器
SCB_4	冷却泵电动机旋转开关	VC	整流器
SCB_5	左机摘除旋转开关	SP	压力继电器

表 3-4 电器动作顺序表

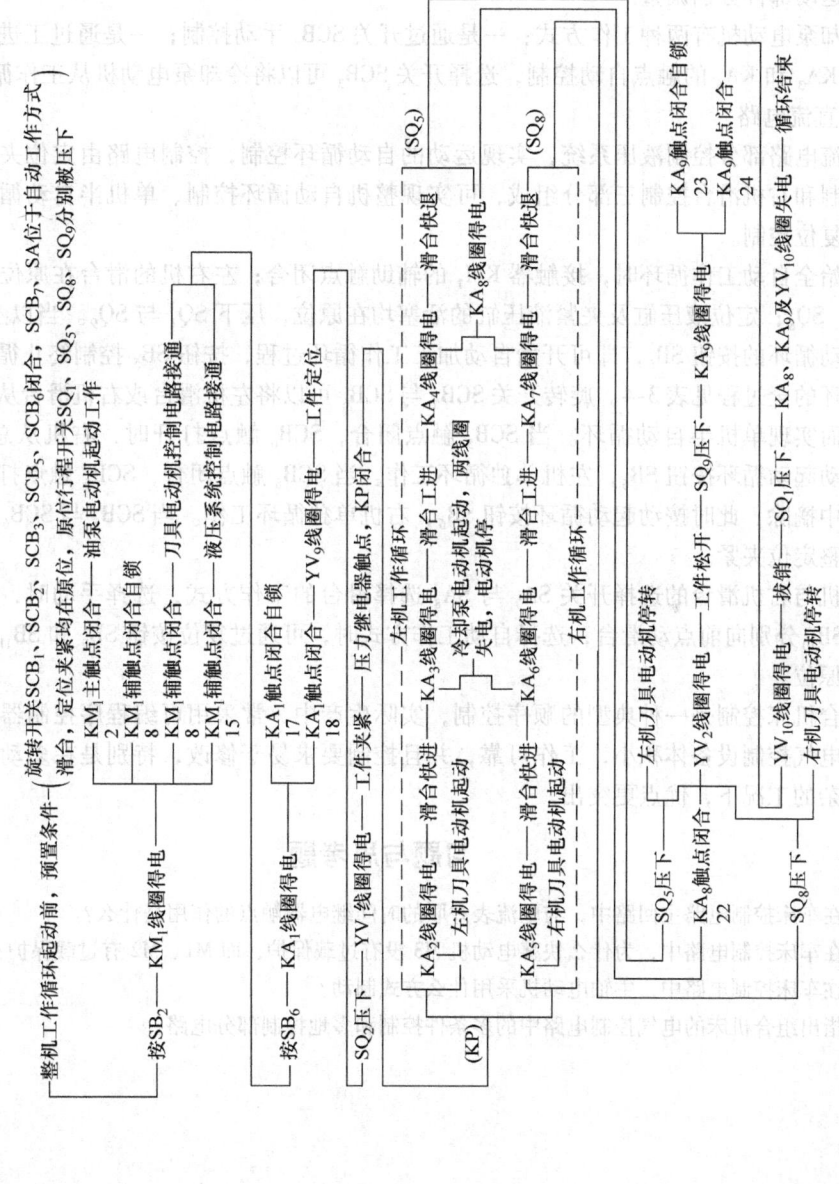

1. 交流电路

交流控制电路中，SB_1 为总停按钮，SB_2 为液压泵电动机的起动按钮。当按下 SB_2 时，液压泵电动机的控制接触器 KM_1 线圈得电，其主触点闭合，液压泵电动机起动工作，其辅助触点闭合，接通刀具电动机的控制电路和液压系统的控制电路，满足机床进入加工工作循环的条件。刀具电动机 M_2 和 M_3 在加工自动循环过程中，由中间继电器及行程开关控制起停，在调整时，由按钮 SB_3、SB_4 手动控制起停，通过旋转开关 SCB_1 与 SCB_2 将刀具电动机从工作循环中摘除，以便于运动部件分别调整。

冷却泵电动机有两种工作方式：一是通过开关 SCB_4 手动控制；一是通过工进工作状态中间继电器 KA_3 和 KA_6 的触点自动控制，选择开关 SCB_3 可以将冷却泵电动机从工作循环中摘除。

2. 直流电路

直流电路部分控制液压系统，实现运动的自动循环控制，控制电路由定位夹紧控制、左机滑台控制和右机滑台控制三部分组成，可实现整机自动循环控制、单机半自动循环控制和点动调整与复位控制。

开始全自动工作循环时，接触器 KM_1 的辅助触点闭合；左右机的滑台在原位并压下行程开关 SQ_5、SQ_8；定位液压缸及夹紧液压缸的活塞均在原位，压下 SQ_1 与 SQ_4。当以上条件满足时，压下起动循环的按钮 SB_6，即可开始自动加工工作循环过程，按钮 SB_5 控制终止循环。加工自动工作循环的全过程见表 3-4。旋转开关 SCB_5 与 SCB_6 可以将左机滑台或右机滑台从整机循环中摘除，从而实现单机半自动循环。当 SCB_5 触点闭合，SCB_6 触点打开时，右机从总循环中摘除，此时按动起动循环按钮 SB_6，左机单独循环工作。当 SCB_6 触点闭合，SCB_5 触点打开时，左机从总循环中摘除，此时按动起动循环按钮 SB_6，右机单独循环工作。当 SCB_5 与 SCB_6 都断开时，可控制调整定位夹紧。

左机与右机滑台的选择开关 SA_7 与 SA_8 选择滑台的工作方式，选择手动时，通过点动按钮 SB_8 和 SB_{10} 分别向前点动滑台，选择自动工作方式时，可通过复位按钮 SB_9 和 SB_{11} 分别使滑台快速退回原位。

组合机床控制是一种典型的顺序控制，实际生产中，常采用可编程序控制器来构成控制系统，使电气控制设备体积小，工作可靠，并且控制要求易于修改，特别是在多动力部件、运动循环复杂的工况下，优点更突出。

习题与思考题

1. 在车床控制电路主回路中，与电流表并联的时间继电器触点的作用是什么？
2. 在车床控制电路中，为什么快移电动机 M3 没有过载保护，而 M1、M2 有过载保护？
3. 在车床控制电路中，主轴电动机采用什么方式制动？
4. 指出组合机床的电气控制电路中的多条件控制和多地控制部分电路。

第四章

继电器—接触器控制系统设计

在现代机械设备设计中,电气设计部分的作用越来越重要。机械设备的设计工作,包括机械设计和电气设计两个部分,电气设计通常是和机械设计同时进行的。一台机械设备的结构和使用效能与其电气自动化的程度有着十分密切的关系。因此,作为一个设计人员,应该能够设计一般机械设备的电气控制电路。

设计时,首先要明确技术要求,拟定总体技术方案,然后再进行设计工作。本章首先介绍机械设备电气设计的主要内容,然后阐述设计的一般规律和方法。

第一节 电气设计的主要内容

电气设计的主要内容包括:
1) 确定电气设计的技术条件和任务书。
2) 选择电力拖动与控制方案。
3) 选择电动机及其他元器件,制定电器元件明细表。
4) 设计电气控制原理图。
5) 绘制机电设备的电气装配图和接线图。
6) 设计电气柜、操作台、电气安装板以及非标准电器和专用安装零件。
7) 编写设计计算说明书和使用说明书。

根据机电设备对电气系统复杂程度的要求不同,这些步骤可能全有也可能只有部分。

一、电气设计的技术条件

电气设计的技术条件是整个电气设计的主要依据,通常以设计技术任务书的形式表示,由有关设计人员根据设备的总体技术方案讨论决定。在任务书中,除了简要说明所设计的机电设备的名称、型号、用途、工艺过程、技术性能、传动参数以及现场工作条件外,还必须说明以下几点:

1) 用户供电电网的种类、电压、频率及容量。
2) 有关电力拖动的基本特性,如运动部件的数量和用途、负载特性、调速范围和平滑性、电动机的起动、反向和制动的要求等。
3) 有关电气控制的特性,如电气控制的基本方式、自动工作循环的组成、自动控制的动作程序、电气保护及连锁条件等。
4) 有关操作方面的要求,如操作台的布置、操作按钮的设置和作用、测量仪表的种类以及显示、报警和照明要求等。

5）机电设备主要元器件（如电动机、执行电器和行程开关等）的布置草图。

二、电力拖动形式的选择

电力拖动形式的选择是后面各部分内容设计的基础，是电气设计主要内容之一。不同的电力拖动形式对设备整体结构和性能有很大影响，现介绍如下：

1. 传动方式

电气传动上，一台设备只有一台电动机，通过机械传动链将动力传送到各个工作机构的称为单独拖动。而一台设备由多台电动机分别驱动各个工作机构的称为分立拖动。

电气传动发展的趋向是电动机逐步接近工作机构，形成多电动机的传动方式。这样，不仅能缩短机械传动链，提高传动效率，便于实现自动化，而且也能使总体结构得到简化。在具体选择时，要根据具体情况决定选用电动机的数量。

2. 调速性能

机床的主运动和进给运动，起吊设备、机械手的某些运动机械，以及要求具有快速平稳的动态性能和准确定位的设备（如：龙门刨床、镗床、数控机床等），都要求一定的调速范围。为了达到所需的调速范围，可采用齿轮变速箱、液压调速装置、双速或多速电动机以及电气的无级调速传动方案等。在选择调速方案时，可考虑以下几点：

(1) 重型或大型设备

主运动及进给运动，应尽可能采用无级调速。这有利于简化机械结构，缩小齿轮箱体积，降低制造成本，提高机床利用率。

(2) 精密机械设备

坐标镗床、精密磨床、数控机床以及某些精密机械手，为了保证加工精度和动作的准确性，便于自动控制，也应采用电气无级调速方案。

电气无级调速，一般应用较先进的晶闸管——直流电动机调速系统。但直流电动机与交流电动机相比，体积大、造价高、可靠性差、维护困难。因此，随着交流调速技术的发展，通过全面经济技术指标分析，可以考虑选用交流调速系统。

(3) 一般中小型设备

如普通机床没有特殊要求时，可选用经济、简单、可靠的三相笼型异步电动机，配以适当级数的齿轮变速箱。为了简化结构，扩大调速范围，也可采用双速或多速的笼型异步电动机。

在选用三相笼型异步电动机的额定转速时，应满足工艺条件要求，选用二极的（同步转速 3000r/min）、四极的（同步转速 1500r/min）或更低的同步转速，以便简化机械传动链，降低齿轮减速箱的制造成本。

3. 负载特性

不同机电设备的各个工作机构，具有各不相同的负载特性 $[P=f(n), M=f(n)]$，如机床的主运动为恒功率负载，而进给运动为恒转矩负载。

在选择电动机调速方案时，要使电动机的调速特性与负载特性相适应，以求得电动机充分合理的应用。例如，双速笼型异步电动机，当定子绕组由三角形联结改接成双星形联结时，转速增加1倍，功率却增加很少，因此，它适用于恒功率传动。对于低速为星形联结的双速电动机改接成双星形后，转速和功率都增加1倍，而电动机所输出的转矩却保持不变，它适用于恒转矩传动。他励直流电动机改变电压调速的方法属于恒转矩调速，而改变励磁的调速方法属于恒功率调速。

4. 起动、制动和反向要求

一般说来，由电动机完成机床的起动、制动和反向要比机械方法简单容易。因此，机电设备主轴的起动、停止、正反转运动和调整操作，只要条件允许最好由电动机完成。

机械设备主运动传动系统的起动转矩一般都比较小，因此，原则上可采用任何一种起动方式。而它的辅助运动，在起动时往往要克服较大的静转矩，所以在必要时可选用高起动转矩的电动机，或采用提高起动转矩的措施。另外，还要考虑电网容量，对于电网容量不大而起动电流较大的电动机，一定要采取限制起动电流的措施，如串电阻减压起动等，以免电网电压波动较大而造成事故。

传动电动机是否需要制动，应视机电设备工作循环的长短而定。对于某些高速高效金属切削机床，为了便于测量和装卸工件或者更换刀具，宜采用电动机制动。

如果对于制动的性能无特殊要求而电动机又不需要反转时，则采用反接制动可使电路简化。在要求制动平稳、准确，即在制动过程中不允许有反转可能时，则宜采用能耗制动方式。在起吊运输设备中也常采用具有联锁保护功能的电磁机械制动，有些场合也采用再生发电制动（回馈制动）。

电动机的频繁起动、反向或制动会使过渡过程中的能量损耗增加，导致电动机的过热。因此在这种情况下，必须限制电动机的起动或制动电流，或者在选择电动机的类型时加以考虑。龙门刨床、电梯等设备常要求起动、制动、反向快速而平稳。有些机械手、数控机床、坐标镗床除要求起动、制动、反向快速而平稳外，还要求准确定位。这类高动态性能的设备需要采用反馈控制系统、步进或伺服电动机系统以及其他较复杂的控制手段来满足上述要求。

第二节 电动机的选择

电动机是机电设备的主要动力器件，在选择电动机时，首要的是选择合适的功率，另外，电动机的转速、电压、结构形式等的选择也要综合考虑。电动机功率的正确选择很重要，功率过大，设备投资大，同时电动机欠载运行，使效率和功率因数降低，造成浪费；相反，功率过小，电动机过载运行，过热使寿命降低。或者不能充分发挥设备的效能。

一、电动机容量的选择

电动机的额定容量由允许温升决定，选择电动机功率的依据是负载功率。因为电动机的容量反映了它的负载能力，它与电动机的容许温升和过载能力有关；前者是电动机负载时容许的最高温度，与绝缘材料的耐热性能有关；后者是电动机的最大负载能力，在直流电动机中受整流条件的限制，在交流电动机中由最大转矩决定。以机床电动机容量的选择为例，通常考虑两种类型。

1. 主拖动电动机容量的选择

（1）分析计算法

分析计算法是根据生产机械提供的功率负载图，预选一台功率相近的电动机，根据负载从发热方面进行检验，将检验结果与预选电动机参数进行比较，并检查电动机的过载能力与起动转矩是否满足要求。如不行，再选一台电动机重新进行计算，直至合格为止。

电动机在不同工作制下的发热校验计算方法有等效发热法、平均损耗法等，详细计算方法可参阅有关资料。

（2）统计类比法

统计类比法是在不断总结经验的基础上，选择电动机容量的一种实用方法，此法比较简单，但有一定局限性，通常留有较大的裕量，存在一定的浪费。它是将各种同类型的机床电动机容量进行统计和分析，从中找出电动机容量和机床主要参数间的关系，再根据具体情况得出相应的计算公式。

对不同类型的机床，目前采用的拖动电动机功率的统计分析公式如下：
普通卧式车床的主拖动电动机的功率

$$P = 36.5D^{1.54}$$

式中，P 为主拖动电动机功率，单位为 kW；D 为工件最大直径，单位为 mm。
立式车床主拖动电动机的功率

$$P = 20D^{0.88}$$

式中，P 为主拖动电动机功率，单位为 kW；D 为工件的最大直径，单位为 mm。
摇臂钻床主拖动电动机功率

$$P = 0.0646D^{1.19}$$

式中，P 为主拖动电动机功率，单位为 kW；D 为最大钻孔直径，单位为 mm。
卧式镗床主拖动电动机功率

$$P = 0.004D^{1.7}$$

式中，P 为主拖动电动机功率，单位为 kW；D 为镗杆直径，单位为 mm。
龙门刨床主拖动电动机功率

$$P = \frac{1}{166}B^{1.15}$$

式中，P 为主拖动电动机功率，单位为 kW；B 为工作台宽度，单位为 mm。

2. 进给拖动电动机容量的选择

在主拖动和进给拖动共用一台电动机的情况下，计算主拖动电动机的功率即可。而主拖动和进给拖动没有严格内在联系的机床（如铣床），一般进给拖动采用单独的电动机拖动。该电动机除拖动进给运动外还拖动工作台的快速移动。由于快速移动所需的功率比进给大得多，所以该电动机的功率常按快速移动所需功率来选择。快速移动所需功率，一般按经验数据来选择，见表 4-1。

表 4-1 进给电动机功率经验数据

机床类型		运动部件	移动速度/m·min^{-1}	所需电动机功率/kW
卧式车床	$D_{max}=400$mm	溜板	6~9	0.6~1.0
	$D_{max}=600$mm		4~6	0.8~1.2
	$D_{max}=1000$mm		3~4	3.2
摇臂钻床 $D_{max}=35~75$mm		摇臂	0.5~1.5	1~2.8
升降台铣床		工作台	4~6	0.8~1.2
		升降台	1.5~2.0	1.2~1.5
龙门镗铣床		横梁	0.25~0.50	2~4
		横梁上的铣头	1.0~1.5	1.5~2
		立柱上的铣头	0.5~1.0	1.5~2

机床进给拖动的功率一般均较小，按经验，车床、钻床的进给拖动功率为主拖动功率的 0.03~0.05，而铣床的进给拖动功率为主拖动功率的 0.2~0.25。

二、电动机额定电压的选择

直流电动机的额定电压应与电源电压相一致。当直流电动机由直流发电机供电时,额定电压常用 220V 或 110V。大功率电动机可提高到 600~800V,甚至为 1000V。当电动机由晶闸管整流装置供电时,为配合不同的整流电路形式,Z3 型电动机除了原有的电压等级外,还增加了160V(单相桥式整流)及 440V(三相桥式整流)两种电压等级;Z2 型电动机也增加了 180V、340V、440V 等电压等级。

交流电动机额定电压则与供电电网电压一致。一般车间电网电压为 380V,因此,中小型异步电动机额定电压为 220/380V(△/Y 联结)及 380/600V(△/Y 联结)两种。

三、电动机额定转速的选择

对于额定功率相同的电动机,额定转速愈高,电动机尺寸、质量和成本愈小,相反,电动机的额定转速愈低则体积愈大,价格也愈高,功率因数和效率也愈低,因此选用高速电动机较为经济。但由于生产机械所需转速一定,电动机转速愈高,传动机构速比愈大,传动机构愈复杂。因此应通过综合分析来确定电动机的额定转速。

1)电动机连续工作时,很少起、制动。可从设备初始投资、占地面积和维护费用等方面考虑,以几个不同的额定转速进行全面比较,最后确定额定转速。

2)电动机经常起、制动及反转,但过渡过程持续时间对生产率影响不大时,除考虑初投资外,主要以过渡过程能量损耗最小为条件来选择转速比及电动机额定转速。

四、电动机结构形式的选择

电动机的结构形式按其安装位置的不同可分为卧式的、立式的等。根据电动机与工作机构的连接方便、紧凑为原则来选择,如:立铣、龙门铣、立式钻床等机床的主轴都是垂直于机床工作台。那么,这时采用立式电动机较合适,它可以减少一对变换方向的圆锥齿轮。

另外,按电动机工作的环境条件,还有不同的防护形式供选择,如防护式、封闭式、防爆式等,可根据电动机的工作条件来选择。粉尘多的场合,选择封闭式的电动机;易燃易爆的场合选用防爆式电动机。按机床电气设备通用技术条件中规定,机床应采用全封闭扇冷式电动机。机床上推荐使用防护等级最低为 IP44 的交流电动机。在某些场合下,还必须采用强迫通风。

常用的 Y 系列三相异步电动机是封闭自扇冷式笼型三相异步电动机,是全国统一设计的基本系列,它是我国 20 世纪 80 年代取代 JO₂ 系列的更新换代产品。安装尺寸和功率等级完全符合 IEC 标准和 DIN42673 标准。本系列采用 B 级绝缘,外壳防护等级为 IP_{44},冷却方式为 IC0.141。

YD 系列三相异步电动机的功率等级和安装尺寸与国外同类型先进产品相当,因而具有与国外同类型产品之间良好的互换性,供配套出口及引进设备替换。

第三节 电器控制电路的设计

一、电器控制电路设计的一般要求

电器控制电路的设计是在传动形式及控制方案选择的基础上进行的,是传动形式与控制方案的具体化。

电器控制电路根据用途的不同可能会有其特殊的要求,设计时所要遵循的一般要求是:

1）应能满足机电设备对电器控制电路的要求，按照工艺要求准确、可靠地工作。

2）在满足生产要求的前提下，应力求使控制电路简单、经济，尽量选用经过实际考验过的电路。

3）保证控制的安全、可靠，具有必要的保护装置和联锁环节，误操作时不致发生重大事故。

4）尽量便于操作和维修。

二、电器控制电路的设计方法

电器控制电路的设计方法有两种：一种方法是经验设计法；另一种是"逻辑设计法"。

1. 经验设计法

经验设计法先从满足生产工艺要求出发，按照电动机的控制方法，利用各种基本控制环节和基本控制原则，借鉴典型的控制电路，把它们综合地组合成一个整体来满足生产工艺要求。这种设计方法比较简单，但要求设计人员必须熟悉控制电路，掌握多种典型电路的设计资料，同时具有丰富的设计经验。经验设计方法由于靠经验进行设计，因而灵活性很大。对于比较复杂的电路，可能要经过多次反复修改才能得到符合要求的控制电路。另外，初步设计出来的控制电路可能有几种，这时要加以比较分析，反复地修改简化，甚至要通过实验加以验证，才能确定比较合理的设计方案。这种方法设计的电路可能不是最简，所用的电器及触点不一定最少，所得出的方案不一定是最佳方案。

经验设计法没有固定的模式，通常先用一些典型电路环节凑合起来实现某些基本要求，而后根据生产工艺要求逐步完善其功能，并适当加以配置联锁和保护环节。在进行具体电路设计时，一般先设计主电路，然后设计控制电路、信号电路、局部照明电路等。初步设计完成后，应当仔细地检查，看电路是否符合设计的要求，并进一步使之完善和简化，最后选择所用的电器的型号、规格。

2. 逻辑设计法

逻辑设计法是根据生产工艺的要求，利用逻辑代数方法这一数学工具来分析、化简、设计电路的。这种设计方法能够确定实现一个开关量自动控制电路的逻辑功能所必需的、最少的中间继电器的数目。逻辑设计法设计的电路结构比较合理，所用元件的数量较少，得到的设计方案是最佳的。但是当设计的控制系统比较复杂时，这种方法就显得十分繁琐，工作量也很大，而且容易出错。所以一般电气设计人员较少用此方法。

由继电器—接触器组成的控制电路属于开关电路。在电路中，电器元件只有两种状态：线圈通电或断电，触点闭合或断开。这样两种不同的状态，可以用逻辑值表示，即可以用逻辑代数来描述这些电器元件在电路中所处的状态和连接方法。

在逻辑代数中，用"1"和"0"表示两种对立的状态。对于继电器、接触器、电磁铁、电磁阀、电磁离合器等元件的线圈，通常规定通电为"1"状态，失电为"0"状态；对于按钮、行程开关元件，规定压下时为"1"状态，复位时为"0"状态；对于元件的触点，规定触点闭合状态为"1"状态，触点断开状态为"0"状态。

分析继电器—接触器控制电路时，元件状态常以线圈通电或断电来判定。该元件线圈通电时，其本身的动合触点闭合，而其本身的动断触点断开。因此，为了清楚地反映元件状态，元件的线圈和其动合触点的状态用同一字符来表示，例如 K；而其动断触点的状态用该字符的"非"来表示，例如 $\overline{K}$。若元件为"1"状态，则表示其线圈通电，继电器吸合，其动合触点闭合，其动断触点断开。若元件为"0"状态，则与上述相反。

这样规定后，就可以利用逻辑代数的一些运算规律、公式和定律，将继电器—接触器控制系统设计得更为合理，设计出的线路能充分发挥元件作用，使所用元件数量最少。

有关逻辑代数的知识，先修课程已学，不再赘述。

例：设计某电机控制电路，满足在继电器 KA_1、KA_2、KA_3 中任一个或任两个继电器动作时才能运转。

任一继电器动作，即两个常闭触点和一个常开触点串联；任两个继电器动作，即两个常开触点和一个常闭触点串联，常开触点字符表示不变，常闭触点用字符的"非"表示。上述两种情况都可使控制电机的接触器线圈通电，因此是"或"的关系，对于上述两种情况，分别用 KM_1 和 KM_2 逻辑表达式表示，最终的逻辑推理过程如下：

$$KM_1 = K_1 \bar{K_2} \bar{K_3} + \bar{K_1} K_2 \bar{K_3} + \bar{K_1} \bar{K_2} K_3$$
$$KM_2 = K_1 K_2 \bar{K_3} + K_1 \bar{K_2} K_3 + \bar{K_1} K_2 K_3$$
$$\begin{aligned}KM &= KM_1 + KM_2 \\ &= K_1 \bar{K_2} \bar{K_3} + \bar{K_1} K_2 \bar{K_3} + \bar{K_1} \bar{K_2} K_3 + K_1 K_2 \bar{K_3} + K_1 \bar{K_2} K_3 + \bar{K_1} K_2 K_3 \\ &= K_1(\bar{K_2} \bar{K_3} + K_2 \bar{K_3} + \bar{K_2} K_3) + \bar{K_1}(K_2 \bar{K_3} + \bar{K_2} K_3 + K_2 K_3) \\ &= K_1(\bar{K_3} + \bar{K_2} K_3) + \bar{K_1}(K_2 \bar{K_3} + K_3) \\ &= K_1((1+\bar{K_2})\bar{K_3} + \bar{K_2} K_3) + \bar{K_1}(K_2 \bar{K_3} + K_3(1+K_2)) \\ &= K_1(\bar{K_3} + \bar{K_2}) + \bar{K_1}(K_2 + K_3)\end{aligned}$$

根据逻辑推理后的最简式，可设计该控制电路如图 4-1 所示。

一个较大的、功能较为复杂的控制系统，如果能分成若干个互相联系的控制单元，用逻辑设计方法先完成每个单元控制电路的设计，然后再用经验设计方法把这些单元控制电路组合成一个整体，才是切实可行的一种简捷的设计方法。也就是说，两种方法应当各取所长，配合应用。

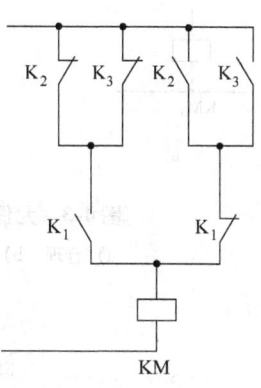

图 4-1 根据最简式设计的控制电路

三、设计中应注意的几个问题

1) 正确选择电路和环节，尽量选用标准的、常用的，或经过实际考验过的电路和环节。

2) 电路中应尽量减少元件数、元件触点数，以提高可靠性。图 4-2 是电路触点简化的例子，图 a 中触点数较多，图 b 中进行了触点的合并。

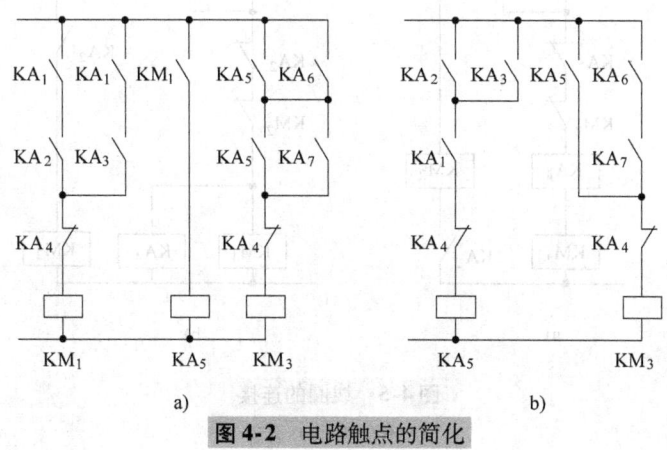

图 4-2 电路触点的简化
a) 合理 b) 不合理

3）尽量缩短连接导线的数量和长度，设计控制电路时，应考虑到各个元件之间的实际接线。特别要注意电气柜、操作台和限位开关之间的连接线，因为按钮在操作台上，而接触器在电气柜内，这样接线就需要由电气柜二次引出连接线到操作台的按钮上。所以一般都将起动按钮和停止按钮直接连接，这样就可以减少一次引出线。图 4-3a 是合理的，图 4-2b 不合理。

4）正确连接电器的触点和电器的线圈，注意线圈的位置，控制回路中不允许出现线圈的串联。图 4-4b 中如触点 KA 发生电弧或碰线时，将造成电源短路故障，应按图 4-4a 的形式连接。图 4-5a 中线圈不应串联，应按 4-5b 中的方式连接。

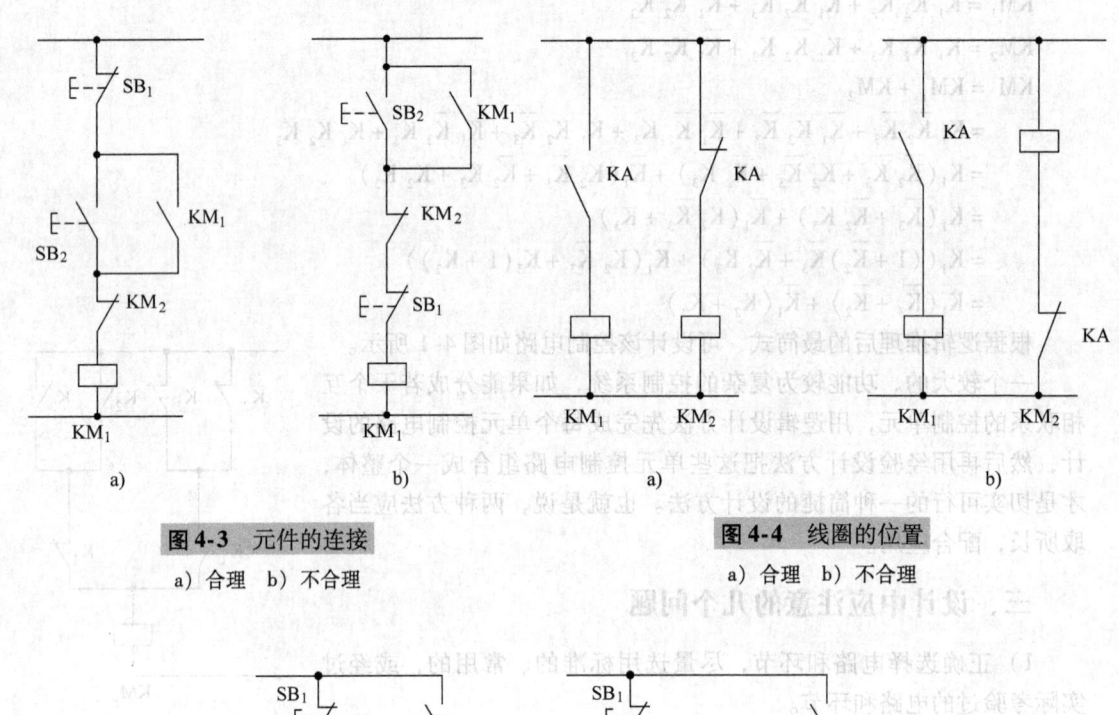

图 4-3　元件的连接
　　a）合理　b）不合理

图 4-4　线圈的位置
　　a）合理　b）不合理

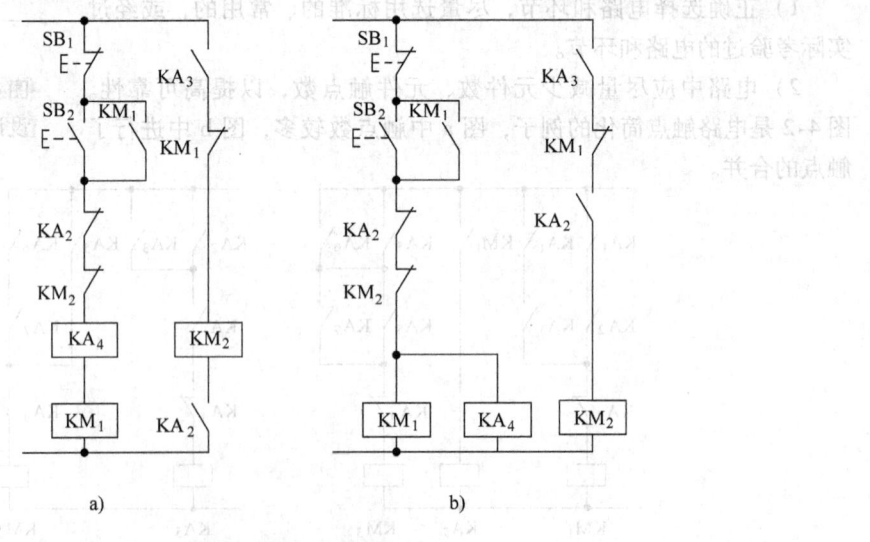

图 4-5　线圈的连接
　　a）不合理　b）合理

5）避免电器依次动作，电路中应尽量避免许多电器依次动作才能接通另一个电器的控制电路（见图 4-6）。

6）尽量减少线路工作时的通电电器数量。图 4-7 中，KM_1、KT_1 起动完毕即完成任务，可断电。

7）电路中避免出现竞争现象。图 4-8 中，若 KM_2 常开触点闭合时间 t 大于 KM_2 常闭触点断开时间 t_1+t_2（常开触点断开时间），则发生竞争现象。

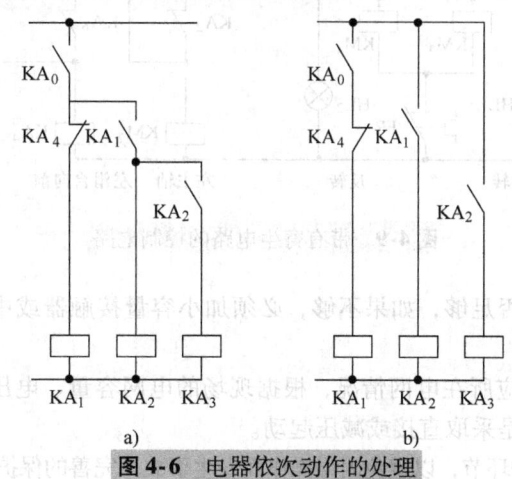

图 4-6 电器依次动作的处理
a) 不合理 b) 合理

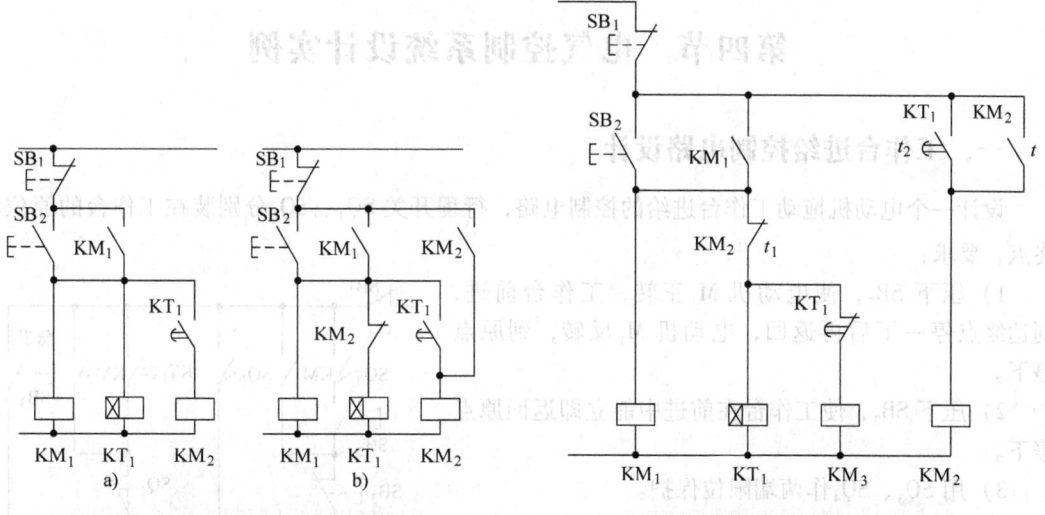

图 4-7 线路工作时的通电电器数量
a) 不合理 b) 合理

图 4-8 电路中的竞争现象

8）控制电路中应避免出现寄生电路，在控制电路的动作过程中，意外接通的电路叫寄生电路，在控制电路中应避免出现寄生电路（见图 4-9）。

① FR 一旦脱开，出现寄生回路，使得 KM_3（或 KM_4）线圈上电压下降，不能可靠释放。
② 按下 SB_4，实现点动向前，出现寄生回路，使得主轴电动机旋转。

9）电气联锁和机械联锁共用，在频繁操作的可逆线路中，正、反向接触器之间不仅要有电气联锁，而且要有机械联锁。

10）注意小容量继电器触点的容量，当用来控制大容量接触器的线圈时，要注意计算继电

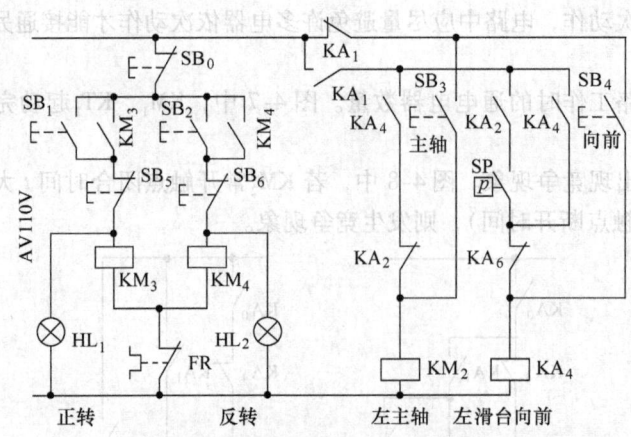

图 4-9 带有寄生电路的控制电路

器触点断开和接通容量是否足够,如果不够,必须加小容量接触器或中间继电器,否则工作不可靠。

11) 设计电路应能适应所在电网情况,根据现场的电网容量、电压、频率,以及允许的冲击电流值等,决定电动机是采取直接或减压起动。

12) 应具有完善的保护环节,以避免因误操作而发生事故。完善的保护环节包括过载、短路、过电流、过电压、失电压等保护环节,有时还应设有合闸、断开、事故、安全等必需的指示信号。

第四节 电气控制系统设计实例

一、工作台进给控制电路设计

设计一个电动机拖动工作台进给的控制电路,行程开关 SQ_1、SQ_2 分别装在工作台的原位和终点,要求:

1) 压下 SB_2,使电动机 M_1 正转,工作台前进,到达终点停一下后再返回,电动机 M_1 反转,到原点停下。

2) 压下 SB_3,使工作台在前进中能立即返回原点停下。

3) 用 SQ_3、SQ_4 作两端限位保护。

采用经验设计法进行控制电路设计,用到的典型电路环节是电动机正反转控制,保护环节有互锁和限位保护,设计电路如图 4-10 所示。

工作过程如下:

工作台初始位置在原位,此时行程开关 SQ_1 处于被压下状态。按下按钮 SB_2,KM_1 线圈得电自锁,电动机正转,工作台前进。到达终点后,压下终点行程开关 SQ_2,SQ_2 常闭触点断开,使得 KM_1 线圈断电,电动机停止转动,工作台停止前进;SQ_2 常开触点闭合,

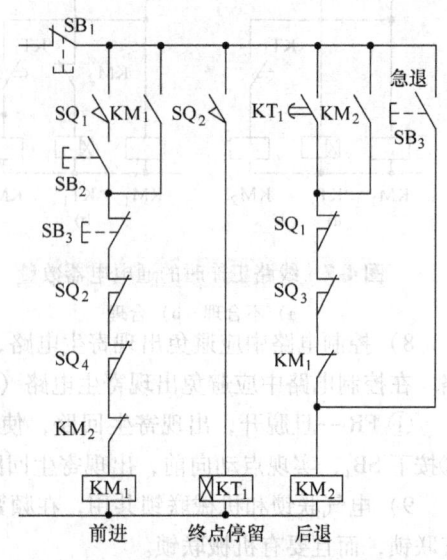

图 4-10 工作台进给控制电路

使得延时继电器 KT_1 线圈通电并保持,开始延时,延时时间到后,延时闭合的常开触点 KT_1 闭合,KM_2 线圈通电并自锁,电动机开始反转,工作台开始后退,离开终点位置后,SQ_2 触点复位。工作台后退到原位后,压下原位行程开关 SQ_1,SQ_1 常闭触点断开,使得 KM_2 线圈断电,电动机停止转动,工作台停在原位;SQ_1 常开触点闭合,为下一次工作台从原位起动做好准备。

如果在工作台前进过程中按下急退按钮 SB_3,KM_2 线圈得电,使得 KM_2 常开触点闭合实现自锁,KM_2 常闭触点断开,由于 KM_1 和 KM_2 互锁,所以 KM_1 线圈失电,电动机反转,工作台后退,直到工作台退回原位压下行程开关 SQ_1,电动机停止运行,工作台停在原位,从而按钮 SB_3 实现急退功能。

行程开关 SQ_3 和 SQ_4 分别用于两端的限位保护,工作前进过程中,若到达终点无法停止而继续前进,到达 SQ_4 限位处时,就会压下 SQ_4,从而 SQ_4 常闭触点断开,KM_1 线圈失电,电动机停止转动,工作台停在 SQ_4 处,从而实现了限位保护。同理,行程开关 SQ_3 在工作台后退过程中实现限位保护。

二、液压回转工作台控制电路设计

设计液压回转工作台控制线路,其动作过程和电磁阀动作顺序表如图 4-11 和表 4-2 所示。

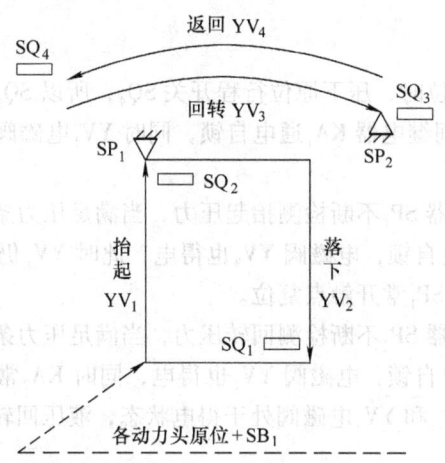

图 4-11 液压回转工作台动作过程示意图

表 4-2 电磁阀动作顺序表

元件 工步	YV_1	YV_2	YV_3	YV_4	转换主令
原位					SQ_1
抬起	+				SB_1
回转	+		+		SQ_2
落下		+	+		SQ_3
返回				+	SQ_1

设计控制线路如下图 4-12 所示。

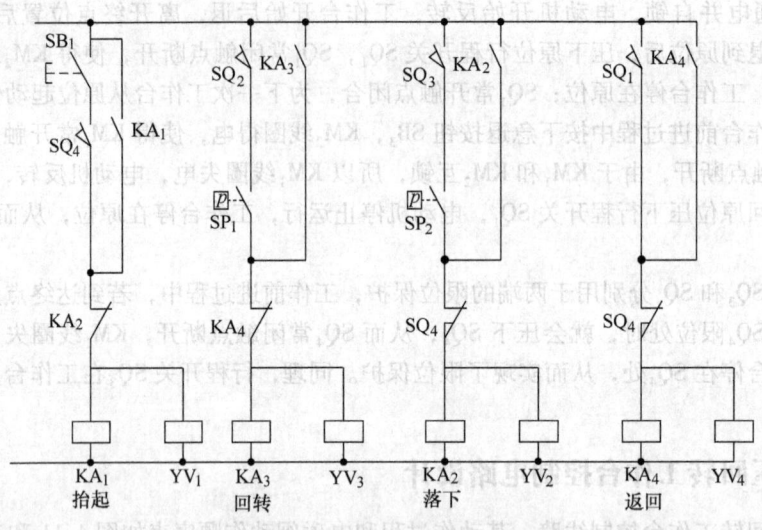

图 4-12 液压回转工作台控制电路

其工作过程为：

液压回转工作台处在原位时，压下原位行程开关 SQ_4，所以 SQ_4 常开触点闭合，常闭触点断开。按下起动按钮 SB_1，中间继电器 KA_1 通电自锁，同时 YV_1 电磁阀通电，液压工作台开始抬起动作。

抬起过程中，压力继电器 SP_1 不断检测抬起压力，当满足压力条件，同时压下转换行程开关 SQ_2 时，中间继电器 KA_3 通电自锁，电磁阀 YV_3 也得电，此时 YV_1 仍处于得电状态，液压工作台开始回转动作，压力继电器 SP_1 常开触点复位。

回转过程中，压力继电器 SP_2 不断检测回转压力，当满足压力条件，同时压下转换行程开关 SQ_3 时，中间继电器 KA_2 通电自锁，电磁阀 YV_2 也得电，同时 KA_2 常闭触点断开，所以 KA_1 线圈和 YV_1 电磁阀失电，此时 YV_2 和 YV_3 电磁阀处于得电状态，液压回转工作台开始落下动作，压力继电器 SP_2 常开触点复位。

落下过程中，压下行程开关 SQ_1，中间继电器 KA_4 线圈通电自锁，KA_3 和 YV_3 线圈断电，此时 YV_4 和 YV_2 电磁阀处于得电状态，液压工作台实现返回动作，返回到原位压下原位行程开关 SQ_4，SQ_4 常闭触点断开，KA_2、YV_2、KA_4 和 YV_4 断电，此时所有电器均处于断电状态，液压工作台完成一个动作周期，SQ_4 常开触点闭合，为进行下一周期动做好准备。

三、深孔钻三次进给的控制电路设计

设计深孔钻三次进给的控制电路。控制要求如下：

按 SB_1，滑台第一次进给→SQ_2 滑台快退回原位

SQ_1 滑台第二次进给→SQ_3 滑台快退回原位

SQ_1 滑台第三次进给→SQ_4 滑台快退回原位

SQ_1 原位停。（YA 得电进给，失电后退），如图 4-13 所示。

此题难点在于，如何在二次进给过程中，滑台压下 SQ_2 不会后退？如何在三次进给过程中压下 SQ_2 和 SQ_3 时不会后退？因此需要在电路中设计"记忆"环节，即一次进给完成后，二次进给

压下 SQ_2 时，SQ_2 已经不再有效，二次进给完成后，SQ_2 和 SQ_3 均不再有效。

此外，一次进给时起动命令式是按钮 SB_1，二次进给和三次进给均是压下原位行程开关 SQ_1 时自动实现，所以 SB_1 常开触点和原位行程开关 SQ_1 常开触点应该是并联的，SQ_1 常开触点在二次进给和三次进给时作为起动命令，但在一次进给时 SQ_1 常开触点不起作用，因此需在滑台完成三次进给后也设置"记忆"环节，用于实现上述 SQ_1 的功能。

根据经验设计法，设计控制电路如图 4-14 所示。

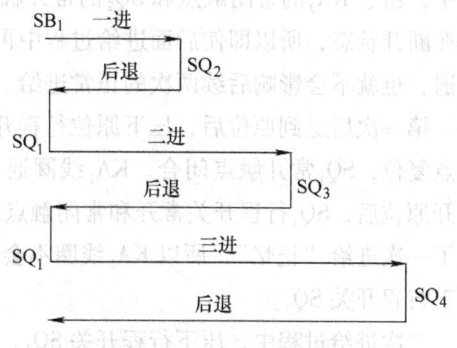

图 4-13 深孔钻进给顺序示意图

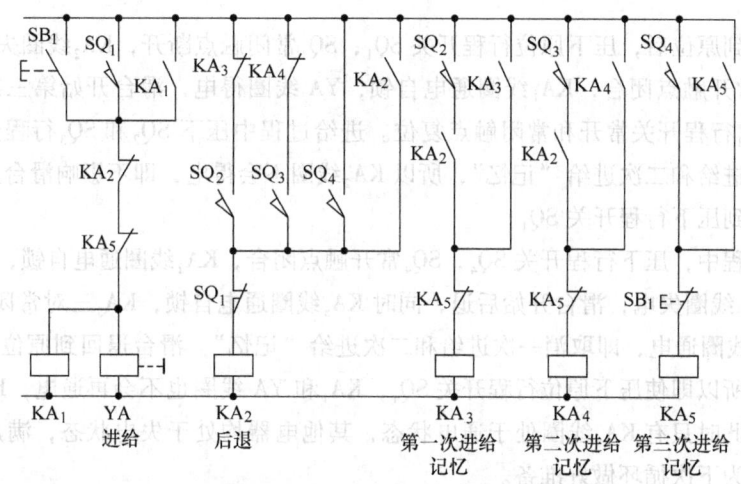

图 4-14 深孔钻三次进给的控制电路

其工作原理如下：

此控制电路能够正常工作的先决条件是 KA_5 线圈通电自锁，如果是第一次运行，则可手动压下 SQ_4 行程开关，使得 KA_5 线圈通电自锁，若滑台在原位，压下 SQ_4 不受影响，若滑台不在原位，压下 SQ_4 则使滑台退回到原位。

滑台初始位置处于原位，原位行程开关 SQ_1 处于压下状态，SQ_1 常开触点闭合，常闭触点断开。由于 KA_5 线圈通电自锁，KA_5 所有常闭触点断开，所以 KA_1、YA、KA_2、KA_3、KA_4 线圈均处于失电状态。

按下起动按钮 SB_1，SB_1 常闭触点断开，使得 KA_5 线圈失电，KA_5 所有常闭触点恢复成常闭，常开触点恢复成常开状态，SB_1 常开触点闭合，使得 KA_1 线圈通电自锁，同时 YA 线圈得电，滑台前进，实现第一次进给，滑台离开原位后，SQ_1 行程开关常开和常闭触点复位。

一次进给过程中，压下行程开关 SQ_2，SQ_2 常开触点闭合，KA_2 线圈通电自锁，KA_2 常闭触点断开，KA_1 和 YA 线圈失电，滑台开始后退，同时，KA_2 常开触点闭合，所以 KA_3 线圈通电自锁，KA_3 的常闭触点断开，从而设置了一次进给的"记忆"。所谓"记忆"是指在后面的两次进给过程中，由于 KA_3 的常闭触点和 SQ_2 的常开触点串联，由于 KA_3 的常闭触点在完成一次进给后会保持在断开状态，所以即使后面进给过程中再次压下 SQ_2，也不会使 KA_2 线圈得电，即不会使滑台后退，也就不会影响后续两次的正常进给。

第一次后退到原位后，压下原位行程开关 SQ_1，SQ_1 常闭触点断开，KA_2 线圈失电，KA_2 常闭触点复位，SQ_1 常开触点闭合，KA_1 线圈通电自锁，YA 线圈得电，滑台开始第二次进给。滑台离开原位后，SQ_1 行程开关常开和常闭触点复位。进给过程中压下 SQ_2 行程开关时，由于已经设置了一次进给"记忆"，所以 KA_2 线圈不会得电，即不影响滑台正常前进，滑台继续进给，直到压下行程开关 SQ_3。

二次进给过程中，压下行程开关 SQ_3，SQ_3 常开触点闭合，KA_2 线圈通电自锁，KA_2 常闭触点断开，KA_1 和 YA 线圈失电，滑台开始后退，同时，由于 KA_2 常开触点闭合，所以 KA_4 线圈通电自锁，KA_4 的常闭触点断开，从而设置了二次进给的"记忆"，其原理与一次进给"记忆"相同。

第二次后退到原位后，压下原位行程开关 SQ_1，SQ_1 常闭触点断开，KA_2 线圈失电，KA_2 常闭触点复位，SQ_1 常开触点闭合，KA_1 线圈通电自锁，YA 线圈得电，滑台开始第三次进给。滑台离开原位后，SQ_1 行程开关常开和常闭触点复位。进给过程中压下 SQ_2 和 SQ_3 行程开关时，由于已经设置了一次进给和二次进给"记忆"，所以 KA_2 线圈不会得电，即不影响滑台正常前进，滑台继续进给，直到压下行程开关 SQ_4。

三次进给过程中，压下行程开关 SQ_4，SQ_4 常开触点闭合，KA_2 线圈通电自锁，KA_2 常闭触点断开，KA_1 和 YA 线圈失电，滑台开始后退，同时 KA_5 线圈通电自锁，KA_5 三对常闭触点均断开，使得 KA_3 和 KA_4 线圈通电，即取消一次进给和二次进给"记忆"。滑台退回到原位后，由于 KA_5 常闭触点断开，所以即使压下原位行程开关 SQ_1，KA_1 和 YA 线圈也不会再通电，KA_2 线圈失电，滑台停在原位。此时只有 KA_5 线圈处于通电状态，其他电器均处于失电状态，满足电路正常工作的先决条件，为下次循环做好准备。

习题与思考题

1. 某电动机要求只有在继电器 KA_1、KA_2、KA_3 中任何两个动作时才能起动，其他情况下都不运转，试用逻辑设计方法设计其控制电路并简化。

2. 设计一小型吊车的控制线路。共 3 台电动机，横梁电动机 M_1 带动横梁在车间前后移动，小车电动机 M_2 带动提升机构在横梁上左右移动，提升电动机 M_3 升降重物。3 台电动机都采用直接起动，自由停车。要求：

1) 3 台电动机都能正常起、保、停；
2) 在升降过程中，横梁与小车不能动；
3) 横梁具有前后极限保护，提升具有上下极限保护。

3. 试设计一个工作台前进——退回的控制电路，工作台由电动机 M 拖动，行程开关 SQ_1、SQ_2 分别装在工作台的原位和终点。要求：

1) 能自动实现前进—后退—停止到原位；
2) 工作台前进到达终点后停一下再后退；
3) 工作台在前进中可以立即后退到原位；
4) 有终端超限保护。

4. 试设计深孔钻三次进给的控制电路。图 4-15 所示为三次进给深孔钻工作示意图，SQ_1、SQ_2、SQ_3、SQ_4 为行程开关，YA 为电磁阀。

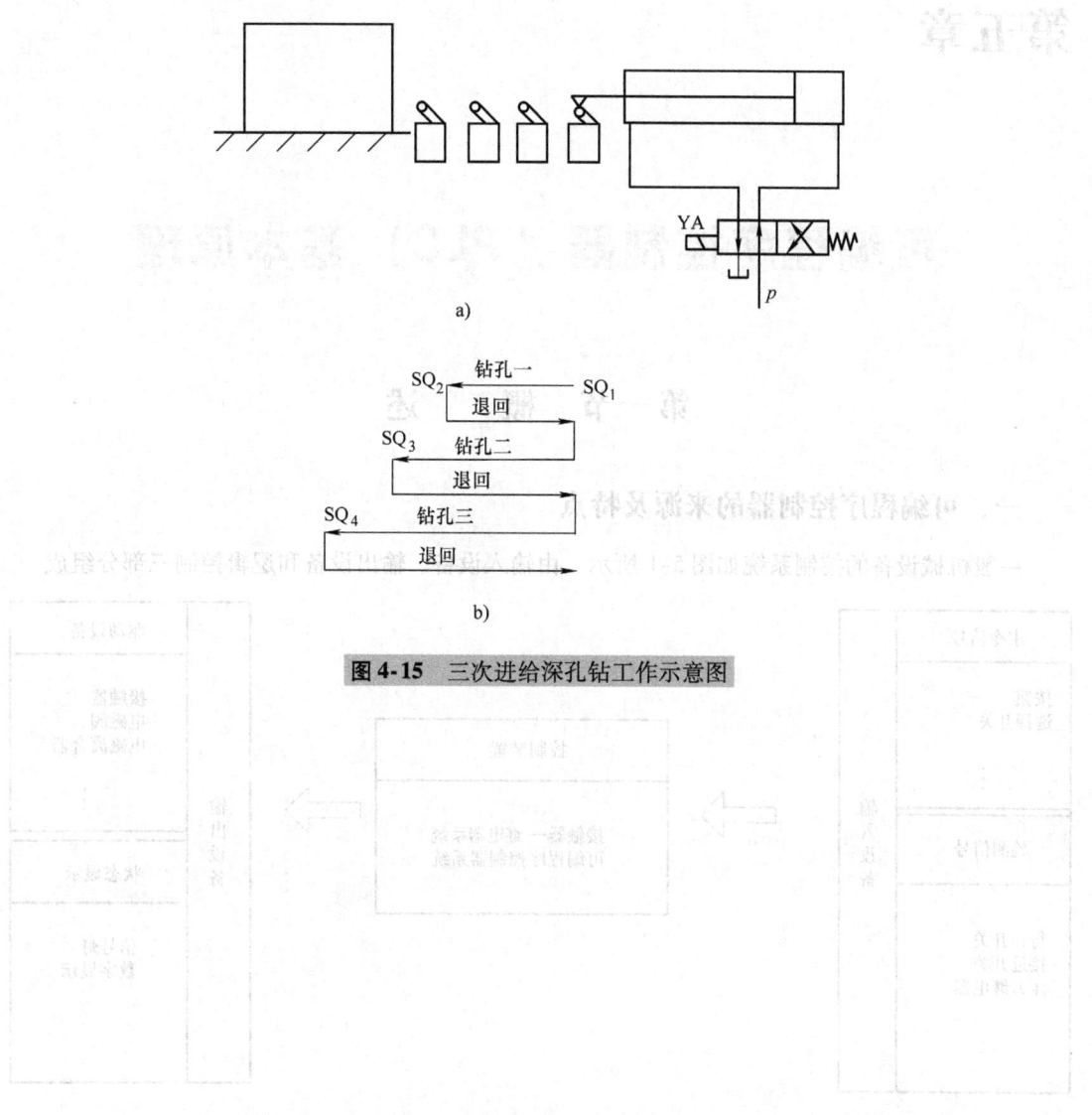

图 4-15 三次进给深孔钻工作示意图

第五章

可编程序控制器（PLC）基本原理

第一节 概　述

一、可编程序控制器的来源及特点

一般机械设备的控制系统如图 5-1 所示，由输入设备、输出设备和逻辑控制三部分组成。

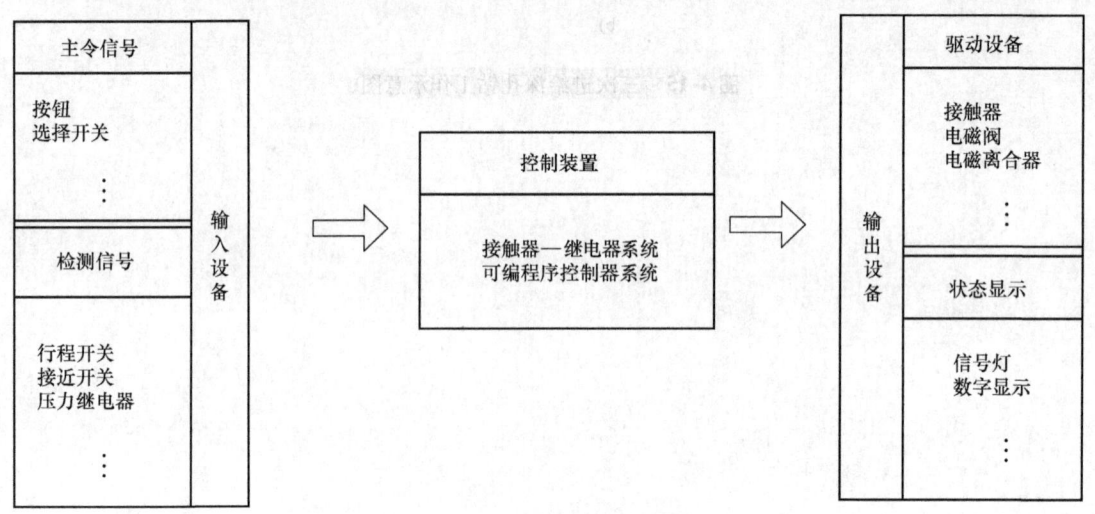

图 5-1　设备控制系统图

1. 输入设备

输入设备是电气控制系统进行信号采集的界面设备，完成人机之间的信号采集和机与机之间的信号采集。操作人员发出的主令信号通过按钮、各类手动开关送入控制系统，现场自动运行的控制信号通过行程开关等现场检测设备送入控制系统。

输入信号的类型主要有开关量、模拟量、数字量、脉冲量等。

开关量信号的处理是控制系统最基本的功能之一。开关量信号来自于各种只有开和关两种状态的设备，如操作按键按钮、选择开关、行程限位开关以及其他一些开关传感器比如温度开关、压力开关输出的开关量等，通过输入电路转换成控制系统能够接收和处理的信号。

数字量指在时间上和数量上都是离散的物理量，表示数字量的信号叫数字信号。在控制系统中可以理解成由二进制 0、1 组成的离散的数据。数字信号只有两个输出电位，高或低。不同的标准中，高或低的电位有不同的电压标准。现有的由计算机组成的控制器只能处理数字量。

模拟量的处理也是控制系统最基本的功能之一。一般控制系统只能处理数字量，然而自然界中有很多连续变化的量，如温度、压力、流量、角度，这些统称模拟量，控制系统不能直接处理这些量，所以一般都必须先通过传感器最终转变成电信号，然后通过相应的模块把这个电信号转成数字量交由控制器进行处理。实现这种转换的模块一般称为 A – D 输入模块。

脉冲量主要用于频率信号的处理。比如在工业应用领域中，转速测量等是其常用的功能之一。常规的转速测量方法都是在转速盘圆周上开有齿槽或打孔，由专用的转速传感器接近轮齿，转速盘转动时，传感器将感应并发出频率与转速成正比的脉冲信号，然后由控制系统对脉冲信号进行捕捉或计数处理。频率信号周期的计算可以通过统计单位时间内的脉冲数或计算两脉冲之间的时间间隔这两种方法进行。

2. 输出设备

输出设备是用控制系统发出的控制信号去控制执行机构，实现要求的运动输出和显示设备运行的状态。被信号驱动的执行机构有继电器、交流接触器、控制液压系统的电磁阀、信号显示灯等。

输出信号的类型主要有开关量、模拟量、数字量、脉冲量等。

开关量输出主要控制一个设备的两种状态，比如灯的亮灭，继电器的通电和断电等。

模拟量输出主要用于连续调节某个物理量，如需连续调节一个阀门开度，常常需要通过调节加载在阀两端的电压大小来进行。而控制器本身只处理数字量，因此需要将数字量转换成模拟量，这个任务通常由数 – 模转换器 D – A 模块来完成。与 A – D 过程相反，D – A 是控制器将内部一数字量范围转换成对应的电压或电流范围，如采用 12 位 D – A，即将数字量 0 ~ 4095（0 ~ 2^{12} – 1）最终转换成 0 ~ 5V 电压。数字量 0 ~ 4095 只取其中的整数值，因此从微观上看，输出的模拟量也只有 4095 个级别，也就是实质上还是有级调节，只不过级别比较多，能够满足大多数场合连续调节分辨率的需要。比如对于一个阀门的开度 0% ~ 100%，调节的最小分辨率可达到 100/4095 = 0.024 即 2.4%，对于大多数应用来说完全足够了。

3. 逻辑控制系统

控制系统根据给定的控制逻辑对输入设备送来的检测信号进行计算处理，并将计算结果转换为控制信号经输出设备控制机械设备运行。

组成电气控制系统的器件有两类：一类为继电器—接触器控制系统，其控制逻辑由硬件构成，本书前面内容讲的就是这一类电气控制系统；另一类为用可编程序控制器构成的控制系统，其控制逻辑由编程软件构成。本书后面章节将阐述这类控制系统。

设备采用继电器—接触器控制系统，设备的简单控制及设备复杂的自动控制均能实现，但是在复杂的控制系统中，由于继电器—接触器控制系统本身的特点而使设备运行存在许多问题。问题一是继电器控制系统由分立元件组成，由于每个元件都有发生故障的可能，而复杂控制系统采用众多的元件，元件越多，系统出现故障的几率越高。同时，众多的元件使系统故障查找十分困难，影响设备运行效率。问题二是继电器—接触器控制系统采用固定接线方式构成控制逻辑，变更控制逻辑比较困难。问题三是难以实现网络控制和智能控制。

现代计算机技术的发展，使得电气控制元件和控制系统有了极大的改观，继电器—接触器控制系统的硬件逻辑可由逻辑函数表达式描述，该逻辑函数表达式描述的控制逻辑也可用软件程序来实现，这就是最初可编程序控制器的设计构想。可编程序控制器运行软件程序，即可完成继电器控制系统硬件逻辑的控制功能。采用计算机技术的可编程序控制器（PLC），不仅解决了分立元件故障率的问题，也解决了固定控制逻辑的问题，同时，为与计算机联网，实现大规模自动化生产和远程控制提供了可能性。两类系统之间的关系通过逻辑函数联系起来，两者均能完成相同要求的控制功能。

在1987年国际电工委员会颁布的PLC标准草案中对PLC做了如下定义："可编程序控制器（Programmable Logic Controller）是一种专门为在工业环境下应用而设计的数字运算操作的电子装置。它采用可以编制程序的存储器，用来在其内部存储执行逻辑运算、顺序运算、计时、计数和算术运算等操作的指令，并能通过数字式或模拟式的输入和输出，控制各种类型的机械或生产过程。PLC及其有关的外围设备都应按照易于与工业控制系统形成一个整体，易于扩展其功能的原则而设计。"

可编程序控制器也简称PC。为了避免与个人计算机（Personal Computer）的简称混淆，所以将可编程序控制器简称PLC。

要注意其定义中的两个关键点：

1）可编程序控制器是"专门在工业环境下应用"的。工业环境不同于一般的消费应用环境和办公环境，常常具有高温、高湿、高粉尘、高酸碱性、强电磁干扰、强烈振动等因素，要求PLC必须经过特殊的结构设计和电路设计，使之具有高度的可靠性和抗干扰性，能适应各种苛刻的工业环境，普通的计算机往往难以适应这种要求。

2）可编程序控制器是一种数字运算操作的电子装置。具有数字运算操作的电子装置很多，其他如单片机、DSP、计算机都具有数字运算操作能力。但是"PLC及其有关的外围设备都应按照易于与工业控制系统形成一个整体，易于扩展其功能"，易于扩展是PLC一大特色。因为工业应用系统经常会变更控制需求，有时往往需要改造或升级控制系统，PLC能很方便地做到这一点。PLC如同将具有各种功能的模块组合而成，根据不同的应用需求，可以选取需要用到的模块而舍弃不需要的模块，按需组合，这样可以大大节省系统硬件成本。系统需要增加功能甚至特殊功能，增配相应的模块并编写相应的程序即可。

3）可编程序控制器（PLC）可以执行存储在其内的程序，具有逻辑运算、顺序运算、计时、计数和算术运算等操作功能。实际上，PLC就是一个通用的工业应用计算机系统，只不过其更易于使用，易于与工业应用相结合。

可编程序控制器（PLC）具有如下特点：

具有很高的工作可靠性和抗干扰能力：PLC的抗干扰能力和可靠性都远高于其他各种机型。隔离和滤波，是抗干扰的两大主要措施。对PLC的内部电源还采取了屏蔽、稳压、保护等措施，以减少外界干扰，保证供电质量。另外使输入-输出接口电路的电源彼此独立，以免电源之间的干扰。正确的选择接地地点和完善的接地系统是PLC控制系统抗电磁干扰的重要措施之一。为适应工作现场的恶劣环境，还采用密封、防尘、抗振的外壳封装结构。通过以上措施，保证了PLC能在恶劣环境中可靠工作，使平均故障间隔时间长，故障修复时间短。

编程简单，控制功能丰富，使用方便：PLC是面向工矿企业的工控设备，接口容易，编程语言易于为工程技术人员接受。PLC编程大多采用类似继电器控制电路的梯形图形式，对使用者来说，不需要具备计算机的专门知识，因此，很容易被一般工程技术人员所理解和掌握。系统开发周期短，现场调试容易。PLC的运用能够做到在线修改程序，改变控制的方案而无需拆开机器设备。它能在不同环境下运行，可靠性十分强悍。

扩充方便，组合灵活，具有很好的柔性，可构成各类控制系统：现代PLC所具有的功能及其各种扩展单元、智能单元和特殊功能模块，可以方便、灵活地组成不同规模和要求的控制系统，以适应各种工业控制的需要。以开关量控制为其特长；也能进行连续过程的PID回路控制；

并能与上位机构成复杂的控制系统,如 DDC 和 DCS 等,实现生产过程的综合自动化。

可将运行数据直接送入管理计算机,实现联网运行:PLC 可通过网络实现与管理计算机的通信,实时将运行数据送给管理计算机,可以方便地进行远程监控。PLC 与 PLC 之间也可实现联网控制。在控制现场,PLC 也可方便地与触摸屏进行搭配,实现完善的人机交互功能。

设备体积小巧,维护方便,插件更换灵活:PLC 可以在各种工业环境下直接运行,只需将现场的各种设备与 PLC 相应的 I/O 端相连接,写入程序即可运行。各种模块上均有运行和故障指示装置,便于用户了解运行情况和查找故障。PLC 还有强大的自检功能,这为它的维修提供了方便。

这些特点使得可编程序控制器(PLC)在设备电气控制系统中得到广泛应用,它使得以往需要专业设计院的工业控制系统设计变成了普通工程技术人员甚至普通的电气工人都能胜任的工作。

二、可编程序控制器分类

可编程序控制器(PLC)可根据不同的指标分类。

1. 按可编程序控制器(PLC)规模分类

按控制规模分类是根据可编程序控制器(PLC)输入、输出端口的数目(即可处理的信号数,也称为点数)和编制程序的长度进行分类。通常分类如下:

- 端口点数小于 256 点,程序长度小于 1KB 的机型,为小型机;
- 端口点数小于 2048 点,程序长度在 1KB 至 4KB 的机型,为中型机;
- 端口点数大于 2048 点,程序长度大于 8KB 的机型,为大型机。

2. 按可编程序控制器(PLC)结构分类

按结构分类是根据可编程序控制器(PLC)的机体结构进行划分,可编程序控制器(PLC)从结构上分有整体式、模块组合式和叠装式三类。

整体式可编程序控制器所有基本组件集中装入一机壳内,构成可编程序控制器的基本单元,为便于系统的扩展,该类机型配有扩展单元,当系统控制点数略多于基本单元时,可用扩展单元进行扩充。

整体式可编程序控制器具有结构紧凑,体积小、重量轻的特点,并具有很强的抗干扰能力和带负载能力,可直接安装在设备上的控制柜中,但其控制点数少,多为小型机,常用于单机控制。如图 5-2 为整体式可编程序控制器。

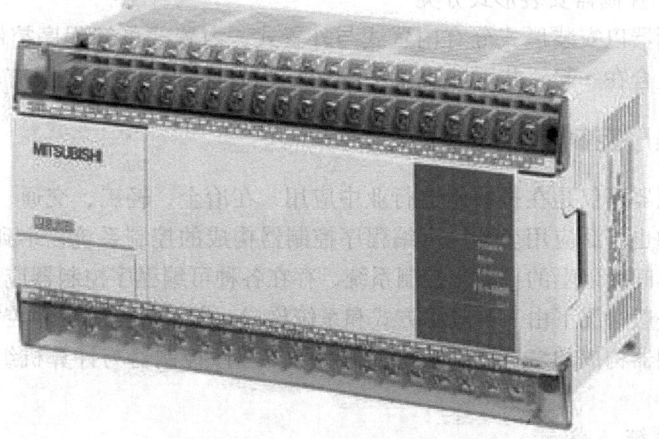

图 5-2 整体式可编程序控制器

模块组合式可编程序控制器的所有基本组件和各功能器件均设计成独立模块，通过机架插接，组成各种控制规模和控制功能的控制系统。模块组合式可编程序控制器的模块一般分为基本模块和各种功能模块，基本模块包括主机模块、电源模块、信号输入、输出模块，随着系统规模的变化，增减输入输出模块的数量，可构成一定范围内需要点数的控制系统，功能模块的使用，则扩展了可编程序控制器构成的电气控制系统的控制功能，常用的功能模块有通讯模块、温控模块、插补运算模块、D-A 或 A-D 转换模块等。

模块组合式可编程序控制器具有点数扩充简单方便（点数可根据需要灵活组合）、体积小（扩充模块体积小）、控制容量大（机型多为中、大型机）、功能多而强（功能模块种类多、具有一般计算机功能）等特点，多用于中、大型控制系统，在机械制造行业中，常用于自动生产线控制。如图 5-3 为模块组合式可编程序控制器。

上述两种结构各有特色，整体式 PLC 结构紧凑、安装方便、体积小，易与被控设备组成一体，但有时系统所配置的输入输出点不能被充分利用，且不同 PLC 的尺寸大小不一致，不易安装整齐；模块式 PLC 点数配置灵活，但是尺寸较大，扩展模块越多，长度越长，很难与小型设备连成一体，必须装入专门的控制电气柜内。为此各公司开发了叠装式的 PLC，它吸收了整体式和模块式 PLC 的优点，是整体式和模块组合式相结合的产物，其基本单元、扩展单元等高等宽，不用基板连接，仅用扁平电缆连接，紧密拼装后组成一个整齐的体积小巧的长方体，而且输入、输出点数可以灵活配置。如图 5-4 为叠装式可编程序控制器。

图 5-3　模块组合式可编程序控制器

图 5-4　叠装式可编程序控制器

3. 按可编程序控制器安装形式分类

可编程序控制器以安装形式分有内置式与外置式，内置式可编程序控制器常与其他系统，例如与数控系统组合在一起，共用机架和外壳，外置式可编程序控制器具有单独的机壳。

三、可编程序控制器应用

可编程序控制器不仅是在机械制造行业中应用，在冶金、轻工、交通、化工、能源等多种行业的控制系统中也广泛应用。采用可编程序控制器构成的控制系统，小到单机控制，大到与计算机一起形成车间级以上的自动化控制系统，存在各种可编程序控制器应用方式和系统构成。在机械行业中，一般情况下由三种应用方式和系统构成，即单台可编程序控制器构成控制系统，多台可编程序控制器构成的多机控制系统，多台可编程序控制器与计算机组合构成的网络控制系统。

1. 单机控制系统

在中小型制造企业中，多采用小型的生产制造单元，如组合机床单机设备，中小型自动线设备等，在这样的控制系统中，通常由一台可编程序控制器，根据控制需要用单机或用模块式机型组合扩展构成，必要时可通过扩展机架和通信模块来扩大系统规模，但系统中只有一台可编程序控制器主机。其系统构成如图5-5所示。

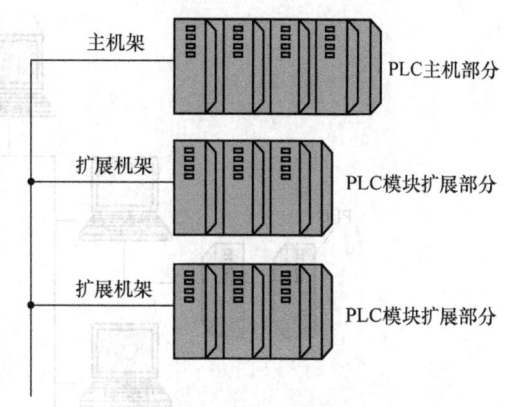

2. 多机控制系统

在大型自动加工系统控制中，一般单机方式控制已不能满足设备大规模、多任务的控制要求，同时通过简单的扩大单机规模也不是理想的方法。随着数据传送技术的发展，人们在设备控制中采用网络方式实现较大规模和多样化的控制。多机可编程序控制器控制系统通过

图5-5 单机可编程序控制器控制系统

主工作站/局部工作站/遥控站的形式形成多机控制系统，有的系统最多可达到4076台可编程序控制器系统规模。多机控制系统构成的可编程序控制器示意图如图5-6所示。

3. 网络控制系统

在现代工厂自动化生产中，柔性制造系统以及计算机集成制造系统的控制已不是单纯的设备控制，而是整个生产过程的控制，其控制方法通常分为三级：最高级是采用主计算机的管理级；中间级是分支控制级的计算机及可编程序控制器主站系统；最低级是设备级的可编程序控制器及数控系统，用于实现设备的顺序控制、逻辑控制和数据控制。级与级之间和同级之间的数据交换和管理信息交换通过通信接口进行，通信接口采用RS–232C口或者RS–422口，一般情况下，计算机上使用RS–232口，可编程序控制器上使用RS–422口。网络控制系统构成的可编程序控制器示意图如图5-7所示。

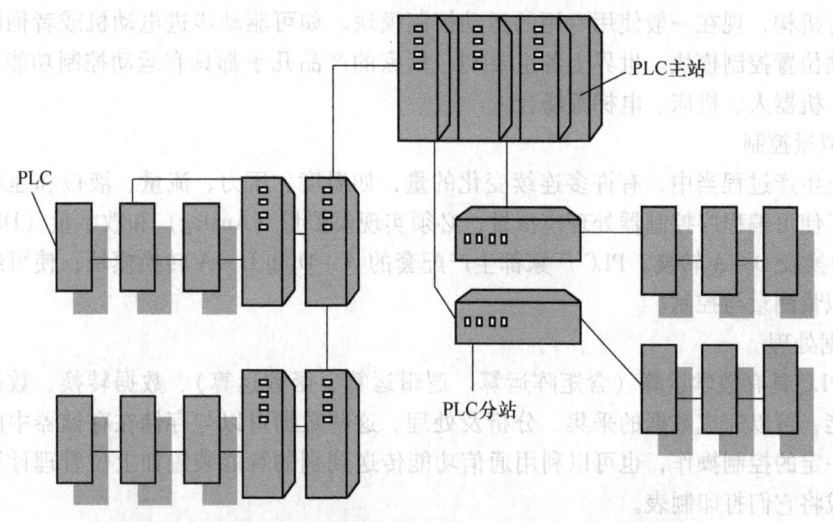

图5-6 多机控制系统构成可编程序控制器控制器示意图

目前，PLC使用情况大致可归纳为如下几类：

1. 开关量的逻辑控制

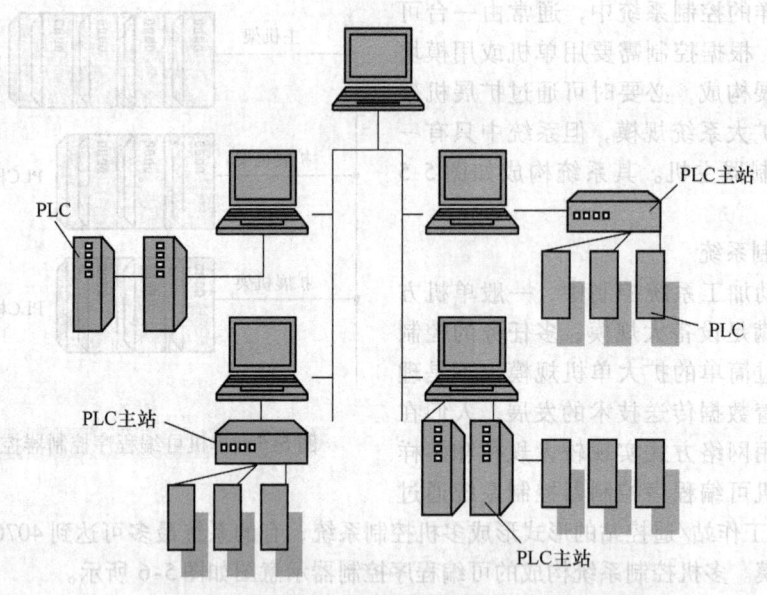

图 5-7 网络控制系统构成的可编程序控制器示意图

PLC 取代传统的继电器电路,实现逻辑控制、顺序控制,既可用于单台设备的控制,也可用于多机群控及自动化流水线。如注塑机、订书机械、印刷机、磨床、组合机床、包装生产线、电镀流水线等。注意,PLC 并不是替代原来的按钮、行程开关等主令电器,也没有取代接触器等大电流的执行器件,只是代替继电器—接触器控制系统中主要由大量中间继电器构成的逻辑控制电路。

2. 运动控制

PLC 可以用于直线运动或其他曲线运动的控制。早期直接用于开关量 I/O 模块连接位置传感器和执行机构,现在一般使用专用的运动控制模块。如可驱动步进电动机或者伺服电动机的单轴或多轴位置控制模块。世界上各主要 PLC 厂家的产品几乎都具有运动控制功能,广泛用于各种机械、机器人、机床、电梯等场合。

3. 模拟量控制

在工业生产过程当中,有许多连续变化的量,如温度、压力、流量、液位和速度等都是模拟量。为了使可编程序控制器处理模拟量,必须实现模拟量(Analog)和数字量(Digital)之间的 A-D 转换及 D-A 转换。PLC 厂家都生产配套的 A-D 和 D-A 转换模块,使可编程序控制器用于模拟量测量与控制。

4. 数据处理

现代 PLC 具有数学运算(含矩阵运算、逻辑运算、函数运算)、数据转换、数据传送、位操作等功能,可以完成数据的采集、分析及处理。这些数据可以与存储在存储器中的参考值比较,完成一定的控制操作,也可以利用通信功能传送到别的智能装置如上位管理计算机或触摸屏显示,或将它们打印制表。

数据处理一般用于大型工业控制系统,如无人控制的柔性制造系统;也可以用于过程控制系统,如造纸、冶金、食品工业中的一些大型控制系统。

5. 过程控制

过程控制是指对温度、压力、流量等模拟量的闭环控制。作为工业控制计算机,PLC 能编制各种各样的控制算法程序，完成闭环控制。PID 调节是一般闭环控制系统中用得较多的调节方法。大中型 PLC 都带有 PID 控制模块，目前许多小型 PLC 也具有此功能模块。

PID 处理一般是运行专用的 PID 子程序。过程控制在冶金、化工、热处理、锅炉控制等场合有非常广泛的应用。

6. 通信及联网

PLC 通信含 PLC 间的通信及 PLC 与其他智能设备间的通信。随着计算机控制的发展，工厂自动化网络发展得很快，各 PLC 厂商都十分重视 PLC 的通信功能，纷纷推出各自的网络系统。一般 PLC 都具有串口通信接口，通信非常方便。此外，现场总线技术越来越成熟，各 PLC 可以通过现场总线实现联网控制甚至与现场测控仪器实现通信，大大减少设备与 PLC 之间的连线，节约成本，增加可靠性。如果需要远程控制，可以利用终端服务器进行远程控制。

四、可编程序控制器发展情况

目前，随着大规模和超大规模集成电路等微电子技术的发展，PLC 已由最初一位机发展到现在的以 16 位和 32 位微处理器构成的微机化 PC，而且实现了多处理器的多通道处理。如今，PLC 技术已非常成熟，不仅控制功能增强，功耗和体积减小，成本下降，可靠性提高，编程和故障检测更为灵活方便，而且随着远程 I/O 和通信网络、数据处理以及图像显示的发展，使 PLC 向用于连续生产过程控制的方向发展，成为实现工业生产自动化的一大支柱。

现在，世界上有 200 多家 PLC 生产厂家，400 多品种的 PLC 产品，按地域可分成美国、欧洲、和日本等三个流派产品，各流派 PLC 产品都各具特色。其中，美国是 PLC 生产大国，有 100 多家 PLC 厂商，著名的有 A-B 公司、通用电气（GE）公司、莫迪康（MODICON）公司。欧洲 PLC 产品主要制造商有德国的西门子（SIEMENS）公司、AEG 公司、法国的 TE 公司。日本有许多 PLC 制造商，如三菱、欧姆龙、松下、富士等，韩国的三星（SAMSUNG）、LG 等，这些生产厂家的产品占有 80% 以上的 PLC 市场份额。

我国台湾地区 PLC 厂家主要有台达 PLC、永宏 PLC，在国内也占有一定的市场份额。经过多年的发展，国内 PLC 生产厂家约有三十家，但没有形成颇具规模的生产能力和名牌产品，还有一部分是以仿制、来件组装或"贴牌"方式生产，因此可以说 PLC 在我国未形成制造产业，国内 PLC 应用市场仍然以国外产品为主。国内公司在开展 PLC 业务时实际上具有较大的竞争优势，如：需求优势、产品定制优势、成本优势、服务优势、响应速度优势。只要努力，是能形成一定的制造产业的。目前国内 PLC 厂家主要有和利时、凯迪恩、德维森等。

随着 PLC 应用领域日益扩大，PLC 技术及其产品结构都在不断改进，功能日益强大，性价比越来越高。目前 PLC 的发展趋势主要表现在：从技术上看，计算机技术的新成果会更多地应用于可编程序控制器的设计和制造上，会有运算速度更快、存储容量更大、智能更强的品种出现；从产品规模上看，会进一步向超小型及超大型方向发展；从产品的配套性上看，产品的品种会更丰富、规格更齐全，完美的人机界面、完备的通信设备会更好地适应各种工业控制场合的需求；从市场上看，各国各自生产多品种产品的情况会随着国际竞争的加剧而打破，会出现少数几个品牌垄断国际市场的局面，会出现国际通用的编程语言；从网络的发展情况来看，可编程序控制器和其他工业控制计算机组网构成大型的控制系统是可编程序控制器技术的发展方向。目前的计算机集散控制系统（Distributed Control System，DCS）中已有大量的可编程序控制器应用。伴随着计算机网络的发展，可编程序控制器作为自动化控制网络和国际通用网络的重要组成部分，将在工业及工业以外的众多领域发挥越来越大的作用。

第二节　可编程序控制器硬件构成及工作原理

一、可编程序控制器硬件构成

可编程序控制器的生产厂很多，产品型号也很多，但是其主要的基本组成结构是相同的。小型集中式可编程序控制器的基本组件有电源组件、微处理器 CPU 及存储器组件、输入及输出组件，基本组件集中在机壳内，构成可编程序控制器的基本单元。模块式可编程序控制器的基本组件分别做成不同的模块，有电源模块、主机模块（含微处理器 CPU 及存储器组件）、输入模块、输出模块，模块式可编程序控制器根据不同的控制功能要求配置各种功能模块。可编程序控制器系统硬件构成示意图如图 5-8 所示。

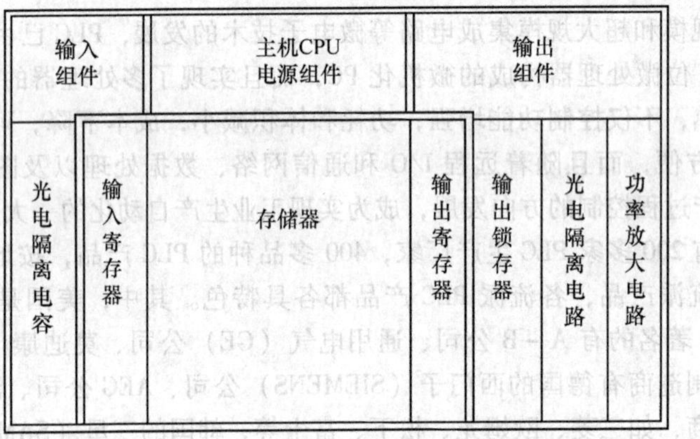

图 5-8　可编程序控制器硬件构成示意图

1. 电源组件

如果没有一个良好的、可靠的电源系统是无法正常工作的，因此 PLC 的制造商对电源的设计和制造也十分重视。电源组件用于提供可编程序控制器运行所需电源，可将外部电源转换成供可编程序控制器内部器件使用的电源，同时，有的还为输入电路提供 24V 的工作电源。电源输入类型有：交流电源（AC220V 或 AC110V），直流电源（常用的为 DC24V）。电源组件中的备用电源采用锂电池，当外部供电中断时（关机时），使得可编程序控制器内部信息不被丢失。

2. 微处理器及存储器组件

微处理器（CPU）是可编程序控制器的核心器件，主要由运算器、控制器、寄存器及实现它们之间联系的数据、控制及状态总线构成，CPU 单元还包括外围芯片、总线接口及有关电路。不同生产厂使用不同的 CPU 芯片，有采用市场销售的标准计算机芯片，也有采用可编程序控制器专用芯片，生产厂使用 CPU 部件的指令系统编写本厂产品的系统程序，系统程序固化在存储器组件的 ROM 中，CPU 按系统程序所赋予的功能，接受用户控制应用程序和数据，存放在存储器组件的 RAM 中，并在设备运行时，执行用户程序，实现对设备的控制。从开发使用角度来看，用户不必要详细分析 CPU 的内部电路，但对各部分的工作机制还是应有足够的理解。CPU 的控制器控制 CPU 工作，由它读取指令、解释指令及执行指令，但工作节奏由 CPU 时钟信号控制。运算器用于进行数字或逻辑运算，在控制器指挥下工作。寄存器参与运算，并存储运算的中间结果，它也是在控制器指挥下工作。CPU 速度和内存容量是 PLC 的重要参数，它们决定着 PLC 的工作速度、I/O 端数量及软件容量等，因此限制着 PLC 控制规模。

为了进一步提高 PLC 的可靠性，对大型 PLC 还采用双 CPU 构成冗余系统，或采用三 CPU 的表决式系统。这样，即使某个 CPU 出现故障，整个系统仍能正常运行。

可编程序控制器的存储器组件一般使用两种类型的存储器：ROM 和 RAM。

ROM 为只读存储器，用于固化存放生产厂家编写的系统程序，系统程序只能读出，不能修改，当切断可编程序控制器外电源时，系统程序不变。

RAM 为随机读写存储器，用于存放用户应用程序和各种数据，存储器的内容可修改，新信息覆盖旧信息。RAM 存取数据速度比 ROM 快多了，但断电后数据丢失。为防止 RAM 中数据丢失，当切断可编程序控制器外电源时，机内备用锂电池对 RAM 电路供电，使存储器内的信息不被丢失。RAM 存储器内还为不同的数据划分了专用存储区域。

近年，还出现一些新的存储器类型，如 FLASH。FLASH 存储器又称闪存，它结合了 ROM 和 RAM 的长处，不仅具备电子可擦除可编程（EEPROM）的性能，还不会断电丢失数据同时可以快速读取数据，U 盘和 MP3 里用的就是这种存储器。在过去的 20 年里，嵌入式系统一直使用 ROM（EPROM）作为它们的存储设备，然而近年来 FLASH 全面代替了 ROM（EPROM）在嵌入式系统中的地位，用作存储引导程序以及操作系统或者程序代码或者直接当硬盘使用（U 盘）。

3. 输入及输出组件

输入和输出组件是可编程序控制器与工业生产现场交换数据的界面，输入接口用来接收生产现场的各种指令、状态和参数，输出接口用来送出可编程序控制器程序执行后得到的控制信息，并通过外部的执行机构完成工业现场各设备的控制。与普通计算机不同，可编程序控制器的工作环境较差，需要较强的抗干扰能力，同时工业现场各类信号标准常常不能统一，输入和输出组件即为此目的而设计。

（1）输入组件

1）开关量输入接口：工业现场的各种开关控制信号（如按钮信号、行程开关信号及其他传感器信号等）类型多，干扰大，不能直接作为 CPU 的数据信号，必须经过输入组件的处理，去除干扰，统一信号，并将处理后的信号存放在指定的存储器区域。因此，开关量输入接口的的作用就是把现场的开关量信号变成可编程序控制器内部处理的标准信号。概括起来开关量输入接口具有信号采样、电平转换、电气隔离三方面的作用。

输入组件由光电耦合隔离输入接口电路和输入状态寄存器两部分构成，光电耦合隔离输入接口电路将现场控制信号经光电耦合转换为统一电信号，实现干扰隔离，每一个输入信号端口有一个转换电路单元，各转换单元可为独立电路（独立输入方式），也可按 8、16、32 等数目分组，构成组合电路（汇点输入方式）。接口输入电路按外信号电源的类型不同，分为处理交流信号的电路和处理直流信号的电路。经过光电耦合隔离输入接口电路的信号作为控制数据，存放在输入状态寄存器，每个输入信号占用寄存器字中的一位，信号状态"0"和"1"，对应现场控制触点信号开和关两个状态。光电耦合隔离输入接口电路如图 5-9 所示。

应注意的是，当程序运行过程中，需要使用输入数据时，系统将从输入状态寄存器（可以理解成程序中某个内部变量，在输入采样阶段 PLC 已将输入开关状态读到输入状态寄存器也就是内部变量中）读取数据，但不能修改数据，因此，输入控制信号的状态在用户程序中可多次使用。换句话说，作为输入信号的电器触点可以无限次使用。

2）模拟量输入接口：工业现场往往存在众多连续变化的量，如温度、压力、流量、角度

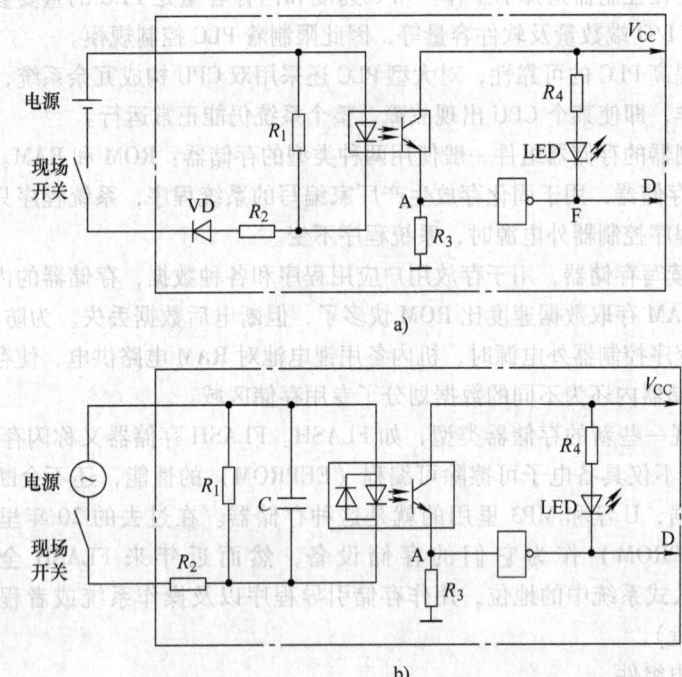

图 5-9 光电耦合隔离输入接口电路
a) 直流输入电路   b) 交流输入电路

等,可编程序控制器不能直接处理这些量,所以一般都必须先通过传感器将模拟物理量转变为模拟量电信号,再经由滤波、放大等调理后成模拟量标准电信号,再由模拟量输入接口里的 A-D 转换器将标准电信号转成可编程序控制器能够处理的二进制数字量。模拟量标准电信号采用标准模拟电压或电流信号均可,根据实际传感器配置情况选用。一般模拟量标准电信号有 $0\sim 5V$ 电压信号、$1\sim 10V$ 电压信号、$4\sim 20mA$ 的直流电流信号。模拟量输入接口电路框图如图 5-10 所示。A-D 转换主要的两个参数指标是转换分辨率和转换速度,转换分辨率指 A-D 转换后的数字量的二进制位数。常见的有 8 位、10 位、12 位,高档的有 16 位、24 位甚至更高位数。位数越多说明能够分辨的模拟信号越小。转换速度越高,相应的在一个时间段内采集的数据点越多。

如汽车上的油门从最小(0%)至最大(100%),传感器线性输出 $0\sim 5V$ 电压信号,采用 12 位 A-D 转换后,可变成 $0\sim 4095$($2^{12}-1$)的数字量,即数字量 0 代表实际油门 0%,4095 代表 100%,1024 则代表油门 25%。

图 5-10 模拟量输入接口电路框图

(2) 输出组件

1) 开关量输出接口：CPU 计算处理后送出的控制信号较微弱，不能驱动外部负载，需经过输出组件处理。输出组件由输出状态寄存器、输出锁存器、光电耦合隔离输出接口电路、功率放大器 4 部分组成，CPU 计算处理后的结果数据分别送入存储器的各数据存储区，输出信号送输出状态寄存器，输出状态寄存器内的信号状态一方面作为数据，被程序调用，参与计算，另一方面送输出锁存器，准备输出，光电耦合隔离输出接口电路将输出锁存器的输出信号转换为不同的功率放大电路的驱动信号，输出信号经放大以后，驱动外接负载。概括起来，开关量输出接口具有信号锁存、功率放大、电气隔离三方面的作用。

根据输出放大电路的器件类型，可编程序控制器有三种输出方式的产品供选用：

- 继电器输出方式：常用于交/直流输出电路
- 晶体管输出方式：常用于直流输出电路
- 可控硅输出方式　常用于交流输出电路

三种输出方式的原理电路图如图 5-11 所示。

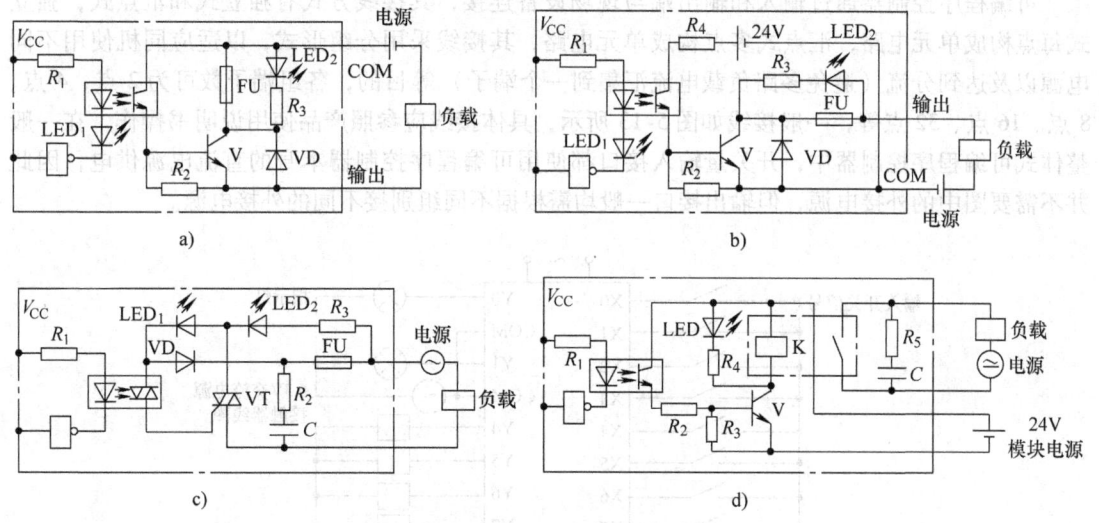

图 5-11 输出方式的原理电路图
a) 晶体管输出电路 1　b) 晶体管输出电路 2
c) 晶闸管输出电路　d) 继电器输出电路

从图中可以看出，各类输出接口中都有光电耦合电路。采用何种电路必须考虑外接驱动电源的类型。晶体管式输出接口具有较高的开关频率，但只适用于直流驱动负载场合，晶闸管型输出接口仅适用于交流驱动场合，继电器式对交流和直流驱动电源均适用，但开关频率相对较低。

2) 模拟量输出接口：控制器本身只处理数字量，因此需要将程序执行结果中的数字量转换成相应的模拟信号如 0~5V 或 4~20mA 输出，以满足工业现场各种需连续调节控制信号的需要。一般转换后的模拟信号为可连续调节的电压或电流信号，再经由驱动电路去控制执行机构，如电磁阀的电磁力、变频器的电源输出频率等。模拟量输出接口一般由光电隔离、数－模转换器（D－A）、信号驱动等环节构成，如图 5-12 所示。D－A 转换主要的两个参数指标也是转换分辨率和转换速度。

如现在交流电动机的调速一般采用变频器，而变频器的输入其中一种信号可以是电压信号

0~5V，即 0~5V 对应变频器输出的最低频率（对应电动机最低转速，假设为 0r/min）和最高频率（对应电动机最高转速，假设为 5000r/min）。如果采用 PLC 或单片机等控制器的 D-A 转换器去控制变频器，如为 12 位 D-A，即 0~4095 对应输出 0~5V 电压，最终数字量 0 对应 0r/min，4095 对应 5000r/min，1024 对应 1250r/min。实际上这个转速调节是有级调节，只不过调节级数达到了 4095 级，在工业应用中基本可认为是无级调速了。

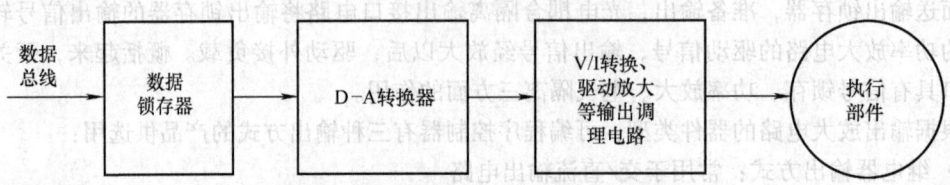

图 5-12　模拟量输出接口电路框图

（3）可编程序控制器的外部接线

可编程序控制器通过输入和输出端与现场设备连接，其接线方式有独立式和汇点式，独立式每点构成单元电路，汇点式多点构成单元电路，其接线采用分组形式，以适应同机使用不同电源以及达到分流（避免多路负载电流汇集到一个端子）等目的，各组端子数可为 2 点、4 点、8 点、16 点、32 点等，一般接线如图 5-13 所示，具体接线应参照产品使用说明书操作。在一般整体式可编程序控制器中，开关量输入接口都使用可编程序控制器本身的直流电源供电，因此并不需要图中的外接电源，但输出接口一般均需根据不同组别接不同的外接电源。

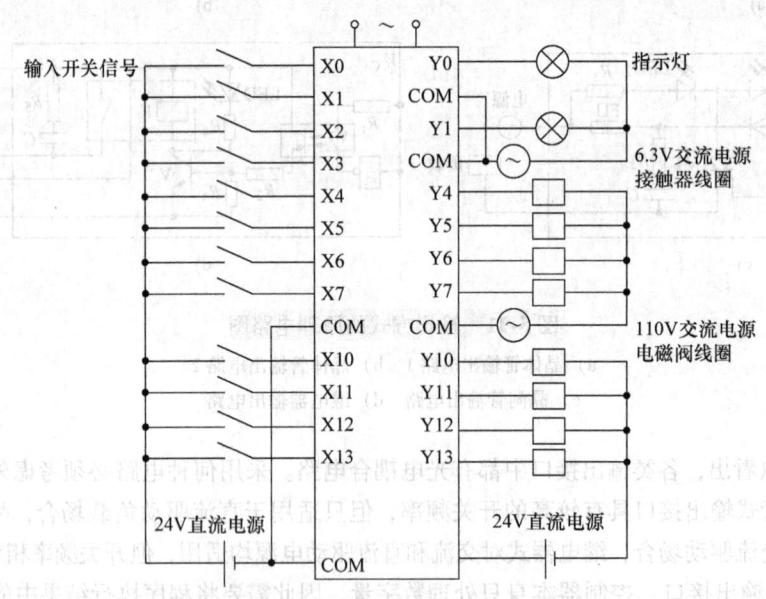

图 5-13　可编程序控制器外部接线图

二、可编程序控制器用户程序输入设备

可编程序控制器使用时，其输入、输出端与现场设备相连，完成现场信号的输入、信息处理和驱动控制信号输出，用户逻辑控制程序则通过用户程序编制及传送设备，编制用户程序并

传送到可编程序控制器的存储器中，即通过程序输入设备，对可编程序控制器编程。

程序输入设备有采用指令输入程序方式的袖珍编程器，也有采用图形输入方式的图形编程器和指令、图形并用输入方式的计算机编程软件。

袖珍编程器编程简单、携带方便，常用于小型可编程序控制器编程和现场调试；图形编程器直接输入控制逻辑图，编程方便；随着计算机技术发展，利用计算机软件编制可编程序控制器用户程序，成为一种很方便的编程方式，软件一般集成了计算机的通信、文件编辑、文件存储、文件打印等功能，特别是指令程序形式、图形程序形式和逻辑程序形式可自动转换，使用户编制控制程序时更加实用方便。可编程序控制器在控制网络中使用时，管理计算机可编制和传送甚至远程传送可编程序控制器的用户程序，监控可编程序控制器的运行状态，计算机软件编程方式目前得到广泛的应用并基本成为目前PLC唯一的编程方式。

各个应用PLC的用户都会保护自己的程序不被别人抄写，设备厂家为了能控制使用和回收货款，在程序内设定一些参数进行控制，从而防止其他厂家或他人读出PLC内部的程序来进行盗版与仿制。各厂家都有各自的加密方式。

三、可编程序控制器工作原理

1. 可编程序控制器工作过程

PLC与计算机在许多方面有相似之处，但其工作方式却与计算机有很大不同。计算机一般采用等待命令或者事件触发的工作方式，如在常见的键盘扫描方式或I/O扫描方式下，当有键按下或I/O动作时，则触发相应事件，转入相应的子程序；当无键按下或I/O不动作时则继续工作。PLC采用循环扫描的工作方式，PLC中用户程序按先后顺序存放，CPU从第一条指令开始执行程序，直至遇到结束符后又返回第一条指令，如此周而复始不断循环。这种工作方式是在系统软件控制下，扫描输入的状态，按用户程序进行运算处理，然后向输出发出相应的控制信号。

可编程序控制器上电后，首先执行系统初始化工作，包括硬件初始化和软件初始化，停电保持范围设定及其他初始化处理等，然后可编程序控制器采用周期性方式工作，每个循环周期含有若干阶段：

（1）诊断阶段

PLC每扫描一次，执行一次自诊断检查，确定PLC自身的动作是否正常，如CPU、电池电压、程序存储器、I/O和通信等是否异常或出错，如检查出异常时，CPU面板上的LED及异常继电器会接通，在特殊寄存器中会存入出错代码。当出现致命错误时，CPU被强制为STOP方式，所有的扫描便停止。

（2）联机通信阶段

PLC自诊断处理完成以后进入通信服务过程。首先检查有无通信任务，如有则调用相应进程，完成与其他设备的通信处理，并对通信数据作相应处理；然后进行时钟、特殊寄存器更新处理等工作。可编程序控制器与上位计算机、其他可编程序控制器相连时，进行联机通信，传送本机状态信息和接收上位计算机指令。

（3）输入采样阶段

对现场信号输入端口状态（ON或OFF，即"0"和"1"）进行扫描，并将信号状态存放到输入状态寄存器，也称输入刷新，可编程序控制器工作在其他阶段时，即使信号状态发生变化，输入状态寄存器内的内容也不会发生变化，状态变化只能在下一个工作周期的输入采样阶段才被读入。因此，如果输入是脉冲信号，则该脉冲信号的宽度必须大于一个扫描周期，才能保证在任何情况下,该输入均能被读入。

(4) 程序执行阶段

可编程序控制器从程序第一条指令开始按顺序执行,所需要的数据如输入状态和其他元素状态分别由输入状态寄存器和其他状态寄存器中读出,程序执行的结果分别写入相应的元素状态寄存器(包括输出状态寄存器),输出状态寄存器中的内容会随着程序执行的进程而变化。

(5) 输出刷新阶段

程序执行结束后,输出状态寄存器中的内容送至输出锁存器,产生设备驱动信号,驱动负载设备,完成实际的输出。

可编程序控制器依次执行每个阶段的工作,如此往复循环,完成一个周期工作的时间即是一个工作周期(或扫描周期),工作周期的长度与用户程序的长度对应,其周期循环过程如图5-14所示。

2. 可编程序控制器信息刷新方式

通过 PLC 的执行过程可以看出,PLC 与外界打交道的元素状态寄存器主要就是输入状态寄存器和输出状态寄存器两个。一般情况下,可编程序控制器在输入采样阶段进行输入刷新,在输出刷新阶段完成输出刷新,如图5-14所示。输入状态寄存器负责接收或检测输入信号的状态,然后经由内部用户程序的处理,处理结果存入输出状态寄存器,最终再将输出状态寄存器的内容送至外部,驱动外部负载,完成系统要求的控制功能。

由此可以看出,全部输入输出状态的改变,需要一个扫描周期。换言之,输入输出的状态保持一个扫描周期。扫描周期是 PLC 一个很重要的指标,小型 PLC 的扫描周期一般为几毫秒至十几毫

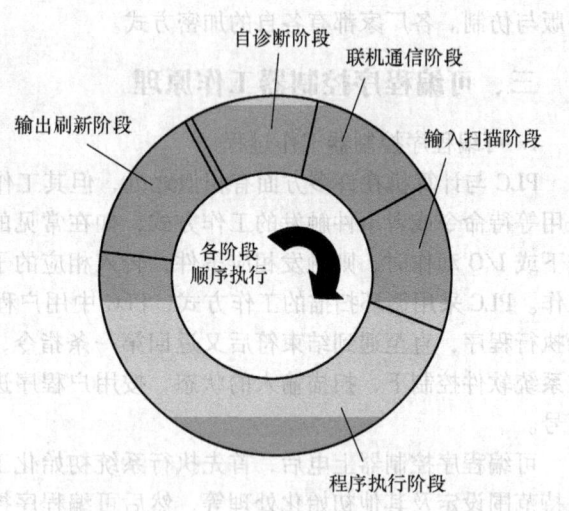

图 5-14 可编程序控制器工作周期示意图

秒。PLC 的扫描周期和扫描速度与用户程序的长短有关。毫秒级的扫描时间对一般的工业控制过程是可以接受的,PLC 的响应滞后是允许的。但是对某些要求快速响应的设备,则应采取快速响应的处理措施,如选用高速 CPU,提高扫描速度,采用快速响应模块、高速计数模块以及不同的中断处理等措施减少滞后时间。也有一些可编程序控制器采用其他的刷新方式,比如除了在输入采样阶段进行输入刷新,在程序执行阶段每隔 2ms 还要刷新一次。输出刷新除了在输出刷新阶段刷新输出外,在程序执行阶段,遇有立即输出指令时,即进行输出刷新。这样的刷新方式加快了可编程序控制器对现场信号的响应和处理。影响输入输出滞后的主要因素有:输入滤波的惯性;输出继电器触点的惯性;程序的执行时间;程序设计不当的附加影响。对用户来说,选择一个合适的 PLC、合理编制程序是缩短响应的关键。

3. 可编程序控制器输入输出滞后特性

从可编程序控制器整个扫描过程可以看出,从可编程序控制器外部输入信号发生变化后到它控制的有关输出信号发生变化之间有一个时间滞后间隔。这种输入输出滞后时间称为系统响应时间。它主要由输入电路的滤波时间、输出模块的滞后时间和程序扫描工作方式所产生的滞

后时间三部分组成。

输入信号常常混有干扰信号，一般需进行滤波处理，以消除高频干扰信号或因外接输入开关触点抖动引起的误采样。滤波时间常数决定了输入滤波时间的长短，一般为 5~10ms。

输出模块的滞后时间与输出所用的执行元件类型有关，这种滞后时间是指从发出控制信号，到执行器件动作完全到位之间有一个时间差。前已述及，对于继电器型输出电路，因负载接通后，电磁力达到吸合要求需要一定的建立时间，断开后完全释放也需要经历一定的时间。一般从断开到接通的滞后时间约 1ms，而从接通到断开的滞后时间为 10ms。而晶体管型输出电路的滞后时间小得多，甚至到达 μs、ns 级。

下面分析程序扫描工作方式所产生的滞后时间。图 5-15 是一段最简单的可编程序控制器梯形图程序，整个程序由一条指令构成，X0 所对应的外部开关状态决定 Y0 所对应的外部设备的通断电状态。X0、Y0 可以将之理解为可编程序控制器内 RAM 中定义的两个内存变量，实际上也确实如此。由可编程序控制器工作过程可知，程序都是按照输入采样—程序执行—输出刷新不断循环扫描执行，程序首先会扫描外部开关状态，并存储到 X0 中，即变量 X0 的值取决于对应的外部开关状态，假设外部开关接通，X0 = 1。反之，外部开关断开，X0 = 0。程序执行结果为 Y0 = X0。最后将 Y0 的值刷新到输出端口继电器控制外围设备通断电。如 Y0 = 1，则接通 Y0 对应端口对应的设备电源，Y0 = 0，则断开 Y0 对应端口对应的设备电源。

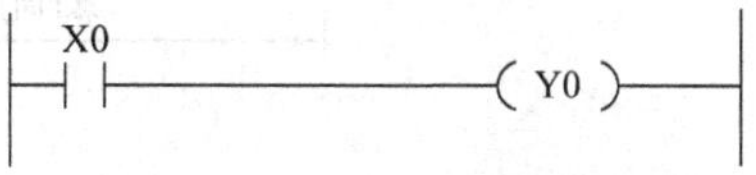

图 5-15　简单梯形图程序

如图 5-16a 所示，如果 X0 对应的外部开关状态变化正好处于本周期（图中第 1 周期）输入采样阶段且被采样到，则程序执行 Y0 = X0 时，所用的 X0 就是刚采样到的外部开关状态，到输出刷新阶段刷新到外部端口，程序扫描工作方式所产生的滞后时间最多接近一个扫描周期。

但是如果 X0 对应的外部开关状态变化正好错过本周期输入采样阶段且处于程序执行阶段开始时刻，如图 5-16b 所示，则程序执行 Y0 = X0 时，所用的 X0 还是前一周期采样到的外部开关状态，也即信号变化之前的状态，则本周期输出刷新的还是与上一周期的输出状态一样。等到下一个扫描周期（图中第 2 周期）的输入采样阶段，才采集到变化后的外部开关信号并送至 X0，这样到下一个扫描周期的输出刷新阶段，刷新的才是 X0 变化后决定的 Y0 的状态。可以看出，从 X0 对应的外部开关变化到对应 Y0 输出变化之间差不多要滞后两个扫描周期的时间。对于一般的控制要求来说，这点滞后时间基本不影响整个控制流程。如果系统控制确实需要滞后时间短，响应时间快，一是可以采用扫描周期短的可编程序控制器，另外可以采用中断等机制来提高输入输出的响应速度。

四、可编程序控制器与继电器控制系统的区别

从电气控制发展过程来看，可编程序控制器是在继电器控制系统的基础上发展起来的。继电器控制系统为工业控制的发展起到了巨大的作用，目前仍然在工业领域中大量应用。然而就其控制性能与自身的功能来说已无法满足现代工业控制的要求与发展。可编程序控制器主要就是替代继电器控制系统中繁杂的继电器控制电路部分，对于相同控制功能，可编程序控制器的梯形图与继电器控制电路图非常相似。但是 PLC 梯形图与继电器控制原理图还是有着根本的区别，主要有以下几点：

1. 组成器件不同

继电器控制电路是由许多真正的硬件继电器组成的。而可编程序控制器是由许多"软继电器"组成的，这些"继电器"实际上是存储器中的触发器，可以理解为变量中的某些位，可以

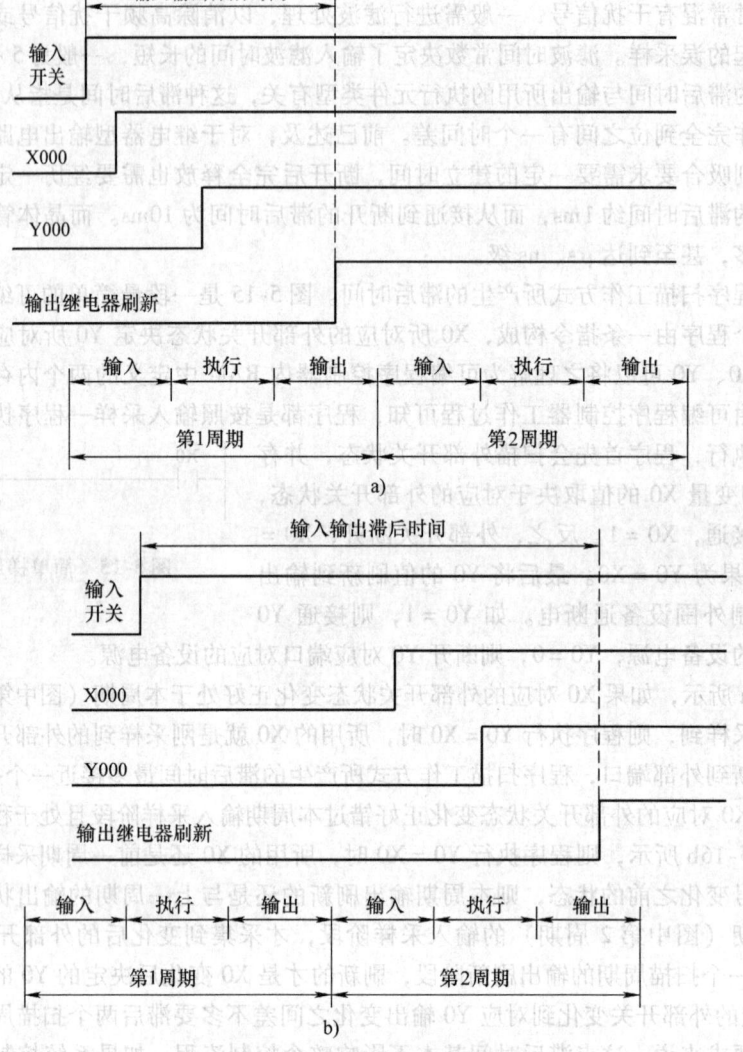

图 5-16 输入输出滞后时间

a) 输入开关状态变化处于第 1 周期输入采样阶段 b) 输入开关状态变化处于第 2 周期输入采样阶段

置 "0" 或置 "1"。

2. 触点的数量不同

硬继电器的触点数一般有限,一般为 4~8 对;而"软继电器"可供编程的触点数有无限对,因为对于程序来说,只要需要,触发器状态可取用任意次。

3. 控制方法不同

继电器控制是通过元件之间的硬接线来实现的,其控制功能固定在电路中了,因此功能专一,不灵活,如果需要更改或升级,非常不便甚至要推倒重来;而可编程序控制器控制是通过软件编程来解决的,只要外部开关和执行器件基本不变,程序改变,功能就可跟着改变,控制很灵活。又因可编程序控制器是通过循环扫描工作的,不存在继电器控制电路中的连锁与互锁电路,控制设计大大简化了。

4. 工作方式不同

在继电器控制电路中,当电源接通时,电路中各继电器都处于受制约状态,该合的合,该断的断,同一元件的常开、常闭触点动作具有同一性,没有先后顺序之分。而在可编程序控制器的梯形图中,各"软继电器"都处于周期性循环扫描接通中,从客观上看,每个"软继电器"受条件制约,接通时间是短暂的。同一元件常开、常闭触点的动作有先后顺序之分。也就是说继电器控制系统的工作方式是并行的,而可编程序控制器的工作方式是串行的。

习题与思考题

1. PLC 相比其他类型的控制器,具有什么特点?
2. 阐述 PLC 输入接口电路的作用。
3. 如果 PLC 的输入端或输出端接有感性元件,应采取什么措施来保证 PLC 的可靠运行?
4. PLC 输出接口有哪几种形式?分别用于什么场合?
5. 简述 PLC 的工作过程。
6. 什么是 PLC 的输入输出滞后特性?造成此现象的原因是什么?可采取什么措施来缩短此滞后时间?
7. 简述 PLC 控制系统与继电器–接触器控制系统的区别。

第六章

可编程序控制器应用程序

第一节 编程概述

一、可编程序控制器的编程语言

PLC 是专门为工业自动控制而开发的装置。为适应广大电气技术人员和操作维护人员的使用习惯，不采用计算机编程语言，而是提供了适应工业环境中使用的编程语言，按照不同的控制要求使用这些编程语言，可编制不同的控制程序。按照国际电工委员会制定的工业控制编程语言标准，PLC 制定了 5 种常用编程语言，现分述如下：

1. 梯形图编程

梯形图编程（Ladder Programming）采用图形方式进行编程，是一种采用面向控制过程、面向问题的"自然语言"，即图形化编程语言。编制的梯形图形式上类似继电器控制系统电路图，由常开触点、常闭触点、线圈、纵向连线、横向连线等连接而成，直观易懂。用触点的状态组合表达系统的控制逻辑，梯形图使用了电气技术人员所熟悉的方法，因此是应用最多的一种编程语言。梯形图如图 6-1 所示。

梯形图在电路的结构形式、元件符号以及逻辑控制功能等方面与继电器控制电路图是相同的，但它们之间还有很多不同之处，梯形图具有以下特点：

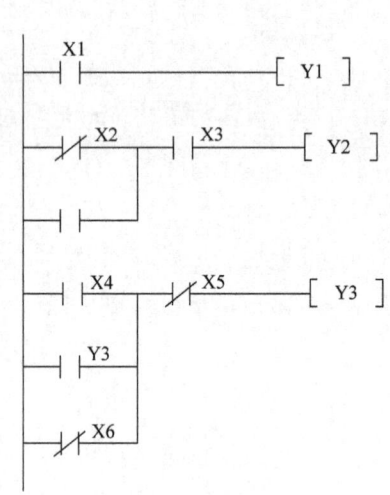

图 6-1 梯形图

1）梯形图自上而下，从左到右排列，每个继电器线圈为一逻辑行。起于左端竖线（也称左母线），经过接点的各种连接，最后终于继电器线圈，呈阶梯形。每一个输出元素与其控制逻辑构成一个逻辑单元，逻辑单元始于左母线，终于输出元素（也称继电器线圈），右端终止竖线可不画。

2）继电器控制系统电路图表示的是实际的物理电路，工作时，回路中有电流流过。梯形图中的能流不是实际意义的电流，内部的继电器也不是实际存在的继电器，应用时，需要与原有继电器控制的概念区别对待。梯形图是逻辑关系的一种图形表达形式（虚拟物理电路），工作时，可编程序控制器按图形表达的用户控制逻辑，逐步执行程序。

3）因为是"软继电器"，梯形图中继电器的线圈是广义的，也没有电压等级之分，可以是 Y、M、T、C、S、D 等。输入继电器 X 在梯形图中只有触点，没有线圈。

4）在同一程序段中，某一编号的继电器线圈只出现一次，而各元素触点可无限引用。

5）负载只由输出继电器驱动，Y 线圈为 "1"，对应的输出端口常开触点闭合，负载回路接通，否则断开。M、T、C、S 等不能直接作输出控制用，只供 PLC 内部逻辑控制程序使用。

6）可编程序控制器在运行状态时，对梯形图是按扫描方式从左到右，从上到下顺序执行，不存在几条回路同时工作的可能，在设计控制逻辑时，应注意根据其运行特点，合理设置控制逻辑。

2. 指令编程

指令编程（Instructions Programming）也称语句表编程，类似于计算机汇编语言，是一种以语句形式表达的用户控制程序，能够用于实现可编程序控制器的所有功能。指令编程与梯形图编程一样经常使用的编程语言。在无计算机的情况下，适合采用手持编程器对用户程序进行编制。同时，指令表编程语言与梯形图编程语言图一一对应，在采用计算机软件编制用户控制程序时，通过功能键，指令语言编制的程序可自动转换为梯形图语言编制的程序。

可编程序控制器的编程语句格式如下所示：

格式	指令	数据
内容说明	操作要求	数据地址
例	OUT	Y01

上例指令要求输出操作，输出状态寄存器 Y01 位的数据状态置 "1"，输出刷新时，端口 Y01 输出，驱动负载。

指令编程的特点：

1）语句表是由若干条语句组成的程序，语句是程序最小的独立单元。

2）每个操作功能由一条或几条语句来执行。

3）语句表和梯形图是 PLC 的不同语言形式，可互相转换。

可编程序控制器全部编程指令的集合称为该机的指令系统。

3. 功能图编程

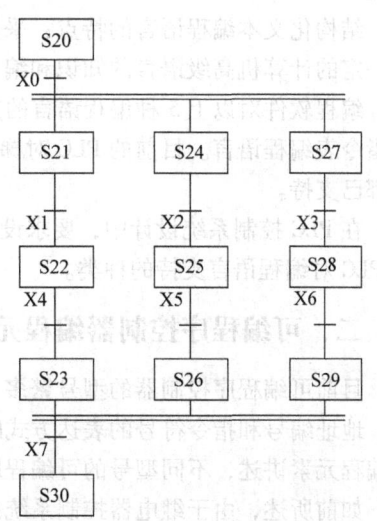

功能图（Function Chart Programming）也称顺序功能流程图，是一种为了满足顺序逻辑控制而设计的编程语言，也是一种较新的编程方法，它的作用是用功能图表达一个顺序控制过程，编程时将顺序流程动作的过程分成步和转换条件，根据转移条件对控制系统的功能流程顺序进行分配，一步一步地按照顺序动作。每一步代表一个控制功能任务，用方框表示。在方框内含有用于完成相应控制功能任务的梯形图逻辑。图 6-2 是功能图编程的例子，数字代表顺序步，每个顺序步的步进条件和执行功能也须在图上标出。这种编程语言使程序结构清晰，易于阅读及维护，大大减轻编程的工作量，缩短编程和调试时间。用于系统的规模较大，程序关系较复杂的场合。功能图编程主要用于步进指令编程中。

图 6-2 功能图编程

功能图编程语言的特点：以功能为主线，按照功能流程的顺序分配，条理清楚，便于对用户程序理解；避免梯形图或其他语言不能顺序动作的缺陷，也避免了用梯形图语言对顺序动作编程时，由于机械互锁造成用户程序结构复杂、难以理解的缺陷；同时用户程序扫描时间也大大缩短。

4. 逻辑图编程（Logic Chart Programming）

可编程序控制器也可采用逻辑图的方式编程，与梯形图编程方法类似，逻辑图方法也是以图形方式表达控制逻辑关系，即用标准的逻辑器件符号表达控制逻辑关系，编程用的逻辑图仍为虚拟物理回路。逻辑图程序设计语言的特点是：以功能模块为单位，分析理解控制方案简单容易；功能模块是用图形的形式表达功能，直观性强，对于具有数字逻辑电路基础的设计人员很容易掌握的编程；对规

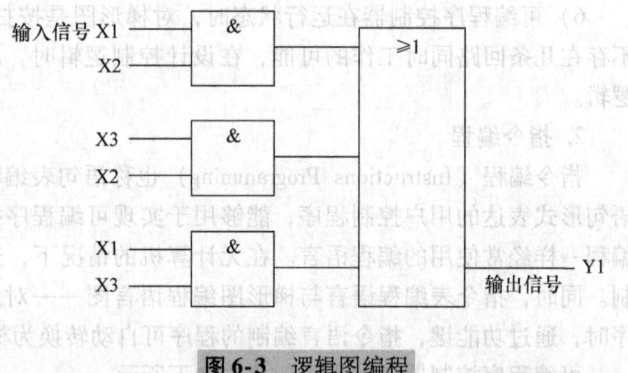

图 6-3 逻辑图编程

模大、控制逻辑关系复杂的控制系统，由于功能模块图能够清楚表达功能关系，使编程调试时间大大减少。逻辑图编程如图 6-3 所示。

5. 结构化文本编程（ST）

结构化文本语言是用结构化的描述文本来描述程序的一种编程语言。它是类似于高级语言的一种编程语言。在大中型 PLC 系统中，常采用结构化文本来描述控制系统中各个变量的关系。主要用于其他编程语言较难实现的用户程序编制。

结构化文本编程语言采用计算机的描述方式来描述系统中各种变量之间的各种运算关系，完成所需的功能或操作。大多数 PLC 制造商采用的结构化文本编程语言与 BASIC 语言或 C 语言等高级语言相类似，但为了应用方便，在语句的表达方法及语句的种类等方面都进行了简化。

结构化文本编程语言的特点：采用高级语言进行编程，可以完成较复杂的控制运算；需要有一定的计算机高级语言的知识和编程技巧，对工程设计人员要求较高。直观性和操作性较差。

编程软件对以上 5 种编程语言的支持种类是不同的，早期的 PLC 仅仅支持梯形图编程语言和指令表编程语言。目前的 PLC 对梯形图（LD）、指令表（STL）、功能模块图（FBD）编程语言都已支持。

在 PLC 控制系统设计中，要求设计人员不但对所用的 PLC 的硬件性能有所了解，还要了解该 PLC 对编程语言支持的种类。

二、可编程序控制器编程元素

目前可编程序控制器的型号繁多，但是其编程原理和编程元素是相同的，只有编程元素代号、地址编号和指令符号的表达方式略有不同。本教材以日本三菱公司 FX 系列机型的编程原理和编程元素讲述，不同型号的可编程序控制器可根据使用手册，很快掌握。

如前所述，由于继电器控制系统的电路图与梯形图在结构形式、元件符号以及逻辑控制功能等方面的相似性，使得可以将一些继电器控制系统电路图的概念用于梯形图，常用的有触点概念和继电器概念。虽然 PLC 所使用之阶梯图程式中往往使用到许多继电器、计时器与计数器

等名称，但 PLC 内部并非实体上具有这些硬件，而是以内存与程式编程方式做逻辑控制编辑，并借由输出元件连接外部机械装置做实体控制。因此能大大减少控制器所需之硬件空间。

可编程序控制器编程元素的名称、地址编号、功能和使用方法，利用上述概念，现分述如下：

1. 输入继电器 X

输入继电器对应可编程序控制器的输入端口，外部现场信号经输入端口，将信号状态存放输入状态寄存器，其作用相当于外部信号触发该端口的输入继电器，用输入继电器的常闭常开触点供编程使用。如当外部开关接通，内部对应的输入继电器状态就为"1"，反之，当外部开关断开，内部对应的输入继电器状态就为"0"。输入继电器的编号即是输入端口的编号，也是输入状态寄存器对应位的地址代号，三菱公司 FX 系列小型可编程序控制器基本单元及扩展单元输入继电器点数采用八进制编号（因此编号中不存在诸如 8，9 这样的数值），最多可达 128 点，编号规则和表示方法如下：

$$
\begin{array}{ll}
X000 \sim X007 & X100 \sim X107 \\
X010 \sim X017 & X110 \sim X117 \\
\vdots & \vdots \\
X070 \sim X077 & X170 \sim X177
\end{array}
$$

输入继电器必须由外部信号驱动，不能用程序驱动，所以在程序中不可能出现其线圈。由于输入继电器（X）为输入映像寄存器中的状态，所以其触点的使用次数不限。

2. 输出继电器 Y

输出继电器对应可编程序控制器的输出端口，其作用相当于输出控制信号触发该端口的输出继电器，输出继电器的常闭常开触点供编程使用，同时另一常开触点闭合接通驱动可编程序控制器外负载电路，形成可编程序控制器的实际输出。输出继电器的编号即是输出端口的编号，也是输出寄存器对应位的地址代号，三菱公司 FX 系列小型可编程序控制器基本单元及扩展单元输出继电器点数，也采用八进制编号，最多可达 128 点，编号规则和表示方法如下：

$$
\begin{array}{ll}
Y000 \sim Y007 & Y100 \sim Y107 \\
Y010 \sim Y017 & Y110 \sim Y117 \\
\vdots & \vdots \\
Y070 \sim Y077 & Y170 \sim Y177
\end{array}
$$

每个输出继电器在输出单元中都唯一对应一个常开硬触点，但在程序中供编程用的输出继电器，不管是常开的还是常闭的，都可无限引用。

在实际使用中，输入、输出继电器的数量要视具体系统的配置情况而定。

3. 辅助继电器 M

可编程序控制器中的辅助继电器的作用相当于继电器控制电路中的中间继电器，辅助继电器不能对外直接输出驱动外部负载，只能作为中间状态的控制信号，存放在存储器中。

可编程序控制器中的辅助继电器有两种类型：一种为无掉电保护的辅助继电器（也称通用辅助继电器），当断开可编程序控制器外部电源时，辅助继电器的状态信息即消失；另一种为具有掉电保护的辅助继电器，断开可编程序控制器外部电源时，辅助继电器的状态信息可在备用电源锂电池的支持下保存，具有记忆功能。三菱公司 FX 系列小型可编程序控制器辅助继电器采用十进制编号，通用辅助继电器编号为 M000 ~ M499，计 500 点，掉电保护辅助继电器编号为 M500 ~ M1023，计 524 点。

通用辅助继电器常在逻辑运算中作为辅助运算、状态暂存、移位等。

4. 特殊辅助继电器 M

特殊辅助继电器是可编程序控制器中的专用辅助继电器，具有特定的功能，其编号为 M8000～M8255，计 256 点。特殊辅助继电器可分成两大类：一类为只能利用其触点的特殊辅助继电器；另一类为驱动线圈输出型特殊辅助继电器。

只能利用其触点的特殊辅助继电器线圈由可编程序控制器自动驱动，用户只能使用其触点。例如：

1）辅助继电器 M8000 的 ON/OFF 状态由可编程序控制器的运行状态控制。如果其接通，表明 PLC 处于运行状态。

2）M8002 产生开机初始化脉冲，可编程序控制器开机时，M8002 接通一个循环周期即断开。M8002 的触点常用于计数器、移位寄存器、状态继电器等的初始化。

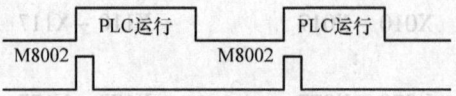

3）M8012、M8011 为脉冲发生器，只要 PLC 处于运行状态，这两个触点将定时通断。M8012 的脉冲周期为 100ms，M8011 的脉冲周期为 10ms，可用计数器来计数 M8012 和 M8011 的脉冲数，从而构成 0.1～99.9s 和 0.01～9.99s 的定时器。此外还有 M8013（1s 脉冲发生器）、M8014（1min 脉冲发生器）。这些时钟脉冲与 PLC 是否投入运行无关。

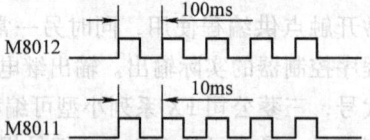

4）M8020～M8022 为运算结果标志，当加减运算结果等于零时，M8020 接通；减法有借位时，M8021 接通；加法有进位时，M8022 接通。

5）驱动线圈输出型特殊辅助继电器

用户驱动线圈后，可编程序控制器做特定动作。例如：

M8030 报警控制辅助继电器，当电池电压不足时，给出指示灯信号。

M8033 若使其线圈得电，则 PLC 停止时保持输出映像存储器和数据寄存器内容。

M8034 禁止对外输出辅助继电器，接通 M8034 时，程序继续执行，但所有输出继电器 Y 均不对外输出。

M8039 若使其线圈得电，则 PLC 按 D8039 中指定的值为扫描周期运行程序。

5. 定时器 T

可编程序控制器中的定时器作用相当于继电器控制系统中的通电型时间继电器，它可以提供无限对常开常闭延时触点。定时器中有一个设定值寄存器（一个字长，即 16 位二进制数据），一个当前值寄存器（一个字长）和一个用来存储其输出触点的映像寄存器（一个二进制位），这三个量使用同一地址编号，但使用场合不一样，意义也不同。

FX 系列中定时器时可分为通用定时器、积算定时器两种。它们是通过对一定周期的时钟脉冲的进行累计而实现定时的，时钟脉冲有周期为 1ms、10ms、100ms 三种，当所计数达到设定值时触点动作。设定值可用常数 K 或数据寄存器 D 的内容来设置。定时器提供无限对常开和常闭延时触点供编程使用。定时器编号采用十进制，通用定时器编制规律和时间设定方法为：

（1）定时精度为100ms的定时器

T000～T199，计200点，设定值为1～32767，所以设定值表示定时范围0.1～3276.7s。

（2）定时精度为10ms的定时器

T200～T245，计46点，设定值为1～32767，所以设定值表示定时范围0.01～327.67s。

定时器可采用程序存储器内的十进制常数（K）作为定时设置值，也可在数据寄存器［D］的内容中间接指定。

另一类是积算定时器，积算定时器具有计数累积的功能。在定时过程中如果断电或定时器线圈OFF，积算定时器将保持当前的计数值（当前值）以及触点的状态，通电或定时器线圈ON后继续累积，即其当前值能够累计计时，具有保持功能，所以称为"积算"式定时器。只有在程序中执行专门的复位指令RST将积算定时器复位，当前值才变为0。

1）1ms积算定时器（T246～T249）：共4点，是对1ms时钟脉冲进行累积计数的，定时的时间范围为0.001～32.767s。

2）100ms积算定时器（T250～T255）：共6点，是对100ms时钟脉冲进行累积计数的定时的时间范围为0.1～3276.7s。

6. 计数器C

可编程序控制器使用计数器完成计数控制，有的计数器带有掉电保护，去除外部电源，计数器的计数数据不会被丢失。内部计数器是在执行扫描操作时对内部信号（如X、Y、M、S、T等）进行计数。内部输入信号的接通和断开时间应比PLC的扫描周期稍长。

计数器的设定值可由常数K（十进制常数）设定，也可通过数据寄存器的地址号设定。计数器的编号采用十进制，其编制规律和计数设置方法为：

1）通用加计数器C000～C099，计100点，计数范围在K1～K32767之间。

2）掉电保护加计数器C100～C199，计100点，计数范围在K1～K32767之间。

7. 状态器S

状态器用来纪录系统运行中的状态，是编制顺序控制程序的重要编程元件，它与后述的步进顺控指令STL配合应用。状态器的触点使用同辅助继电器触点，使用次数不限，其器件编号为：

（1）初始状态器S0～S9（10点）

（2）复位状态器S10～S19（10点）

（3）通用状态器S20～S499（480点）

（4）掉电保护状态器S500～S899（400点）

（5）供报警用的状态器（可用作外部故障诊断输出）S900～S999（100点）。

应用步进控制时，由初始状态器S0～S9进入步进控制；复位状态器S10～S19只用于设备回原位时的步进控制，并由初始状态器置位；通用状态器S20～S499用于设备工作步进控制，也需由初始状态器置位。

在使用状态器时应注意：

1）状态器与辅助继电器一样有无数的常开和常闭触点。

2）状态器不与步进顺控指令STL配合使用时，可作为辅助继电器M使用。

8. 指针P、I

分支指令，用来指示跳转指令（CJ）的跳转目标或子程序调用指令（CALL）调用子程序的入口地址。指针编号为P0～P63（64点），编程时，编号不能重复使用。

9. 常数 K、H

K 是表示十进制整数的符号,主要用来指定定时器或计数器的设定值及应用功能指令操作数中的数值;H 是表示十六进制数,主要用来表示应用功能指令的操作数值。例如 20 用十进制表示为 K20,用十六进制则表示为 H14。

10. 数据寄存器 D

PLC 在进行输入输出处理、模拟量控制、位置控制时,需要许多数据寄存器存储数据和参数。数据寄存器为 16 位,最高位为符号位,因此其数据表示范围为 -32768 ~ 32767。可用两个数据寄存器来存储 32 位数据,最高位仍为符号位。数据寄存器有以下几种类型:

1) 通用数据寄存器 (D0 ~ D199,200 点):当 M8033 为 ON 时,D0 ~ D199 有断电保护功能;当 M8033 为 OFF 时则它们无断电保护,这种情况 PLC 由 RUN →STOP 或停电时,数据全部清零。

2) 保持数据寄存器 (D200 ~ D511,312 点) 除非改写,数据不会丢失。

可以利用外部设备的参数设定改变通用数据寄存器与有断电保持功能数据寄存器的分配。

第二节 可编程序控制器的指令系统

可编程序控制器的型号有多种,但是其指令系统的内容基本相同,梯形图形式和编程语言表达也大同小异,这里采用日本三菱公司 FX 系列小型可编程序控制器的指令系统为例,说明指令系统的常用编程指令、指令使用方法、梯形图画法和用户程序编制。

一、基本指令

指令系统中的基本指令可构成一般的控制逻辑,基本指令可用语句表达,也可用梯形图表达,分述如下:

1. LD 与 LDI 指令

在梯形图上,LD 与 LDI 是与左母线相连的触点,也可与 ANB、ORB 指令配合实现块逻辑运算;LD 用于常开触点,LDI 用于常闭触点,LD 与 LDI 指令作用元素为 X,Y,M,T,C,S。

2. OUT 指令

OUT 指令用于单元电路的输出,在梯形图上表达为输出线圈。可作为输出线圈的元素是 Y,M,T,C,S,F。F 为功能指令的代号,后面将进一步说明。

3. AND 与 ANI、OR 与 ORI 指令

AND 与 ANI 指令分别用于常开触点和常闭触点的串联,OR 与 ORI 指令分别用于常开触点和常闭触点的并联,串联或并联的触点数量不受限制,4 条指令作用元素为 X,Y,M,T,C,S。

图 6-4 控制梯形图及指令程序给出上述 7 条指令的用法。

4. ORB 与 ANB 指令

当梯形图中出现若干条多个触点串联支路并联时,或者若干条多个触点并联支路串联时,使用上述 7 条指令是无法表达的,必须采用块指令,即 ORB 和 ANB 指令。此时,单个的串联支路或并

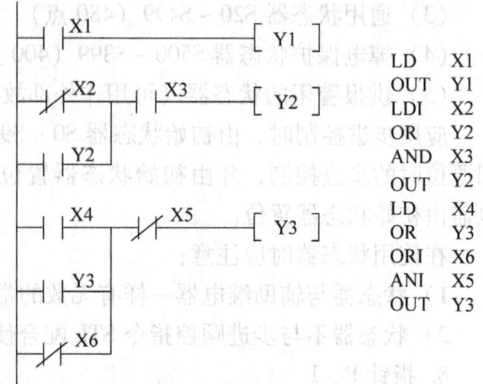

图 6-4 控制梯形图及指令程序

支路构成程序块，再通过块指令将多个块程序连接，块指令的应用如图 6-5 所示。

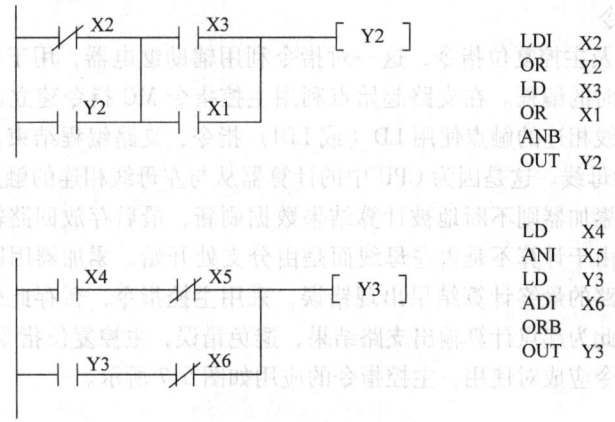

图 6-5　块指令的应用

使用块指令时应注意：

1) 几个电路块连接时，每个电路块开始时应该用 LD 或 LDI 指令。

2) 有多个电路块串联或并联回路，每两程序块后加块指令。如对每个电路块使用块操作指令，则串联或并联的电路块数量没有限制。

3) 块操作指令也可以连续使用，但这种程序写法不推荐使用，LD 或 LDI 指令的使用次数不得超过 8 次，也就是块操作指令只能连续使用 8 次以下。

5. PLS 指令

PLS 为脉冲输出指令，又称为微分输出指令。利用脉宽较大的输入信号上升沿，触发 PLS，作用于辅助继电器，令其短时间接通，形成脉宽为一个扫描周期的脉冲输出。与之相对应的是 PLF（下降沿微分指令）在输入信号下降沿产生一个扫描周期的脉冲输出。PLS 指令目标元件为 Y、M，但特殊辅助继电器不能作为目标元件。

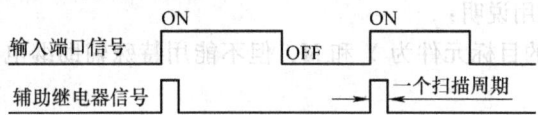

6. SET/RST 指令

SET/RST 或（Set/Reset）为强制置位和复位指令，这对指令用于输出继电器、状态器和具有掉电保护的辅助继电器，对其进行强制置位保持接通状态和强制复位的操作。两指令之间可插入其他程序语句。SET/RST 指令和 PLS 指令应用如图 6-6 所示。

SET/RST 指令的使用说明：

1) SET 指令的目标元件为 Y、M、S，RST 指令的目标元件为 Y、M、S、T、C、D、V、Z。RST 指令常被用来对 D、Z、V 的内容清零，还用来复位积算定时器和计数器。

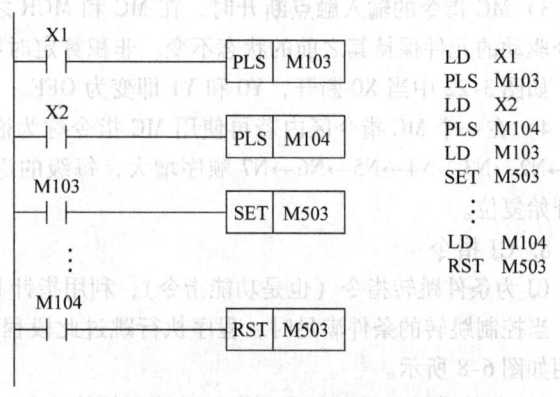

图 6-6　SET/RST 和 PLS 指令应用

2) 对于同一目标元件, SET、RST 可多次使用, 顺序也可随意, 但最后执行者有效。

7. MC/MCR 指令

MC/MCR 为主控及主控复位指令, 这一对指令利用辅助继电器, 用于如图 6-7 所示并联输出支路上有控制触点时的编程。在支路起始点利用主控指令 MC 指令建立新母线, 然后对支路上触点编程, 与新母线相连的触点使用 LD (或 LDI) 指令, 支路编程结束, 利用主控复位指令 MCR 指令返回原来的母线。这是因为 CPU 中的计算器从与左母线相连的触点开始, 向右顺序计算, 直到回路结束, 累加器则不断地被计算结果数据刷新, 最后存放回路输出数据, 当开始计算并联第二支路时, 由于计算不是由左母线而是由分支处开始, 累加器因刷新已将此处数据丢失, 导致并联第二支路的最终计算结果出现错误, 采用主控指令, 暂存此处中间数据, 即在分支处建一新母线, 以此为起点计算输出支路结果, 避免错误, 主控复位指令取消暂存中间数据, 返回左母线。主控指令应成对使用, 主控指令的应用如图 6-7 所示。

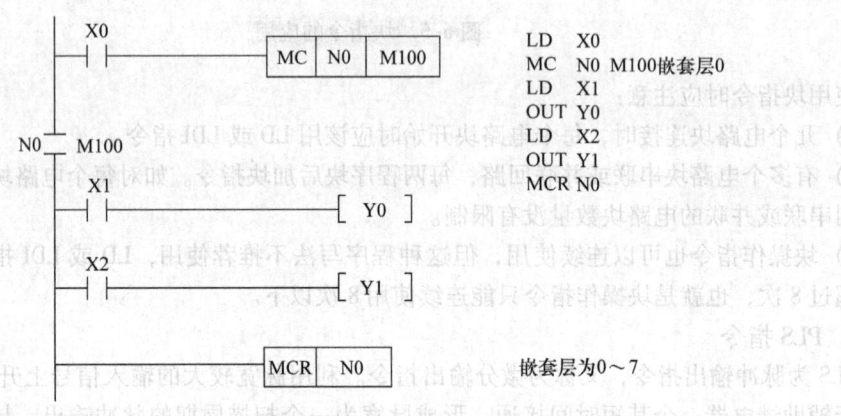

图 6-7 主控指令的应用

MC、MCR 指令的使用说明:

1) MC、MCR 指令的目标元件为 Y 和 M, 但不能用特殊辅助继电器。MC 占三个程序步, MCR 占两个程序步。

2) 主控触点在梯形图中与一般触点垂直 (如图 3-22 中的 M100)。主控触点是与左母线相连的常开触点, 是控制一组电路的总开关。与主控触点相连的触点必须用 LD 或 LDI 指令。

3) MC 指令的输入触点断开时, 在 MC 和 MCR 之内的积算定时器、计数器、用复位/置位指令驱动的元件保持其之前的状态不变。非积算定时器和计数器, 用 OUT 指令驱动的元件将复位, 如图 3-22 中当 X0 断开, Y0 和 Y1 即变为 OFF。

4) 在一个 MC 指令区内若再使用 MC 指令称为嵌套。嵌套级数最多为 8 级, 编号按 N0→N1→N2→N3→N4→N5→N6→N7 顺序增大, 每级的返回用对应的 MCR 指令, 从编号大的嵌套级开始复位。

8. CJ 指令

CJ 为条件跳转指令 (也是功能指令), 利用指针 P0~P63, 实现如图 2-17 所示程序分支控制, 当控制跳转的条件满足时, 程序执行跳过此段程序, 继续执行其后程序。条件跳转指令的应用如图 6-8 所示。

1) 条件满足, 跳过某段程序, 跳转到其他地方, 原段程序保持原状态, 大大缩短了程序扫

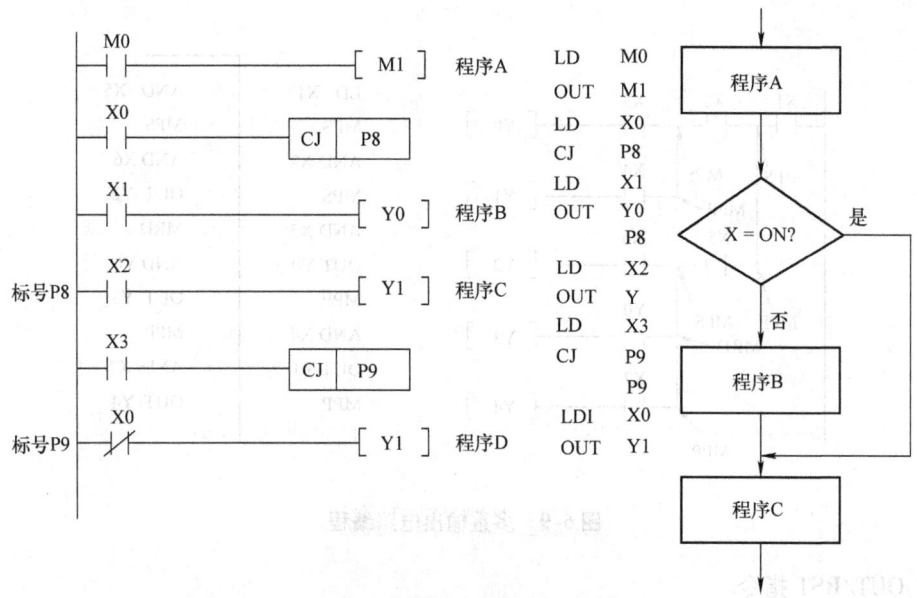

图 6-8 条件跳转指令的应用

描周期。

2）解决了双线圈问题。

3）跳转可以嵌套，可以交叉。

9. MPS/MRD/MPP 指令

MPS/MRD/MPP 为堆栈指令，是 FX 系列中新增的基本指令，与单片机中的堆栈类似。在 PLC 中，栈指令用于多重输出电路，为编程带来便利。在 FX 系列 PLC 中有 11 个存储单元，它们专门用来存储程序运算的中间结果，被称为栈存储器。

MPS（Push）指令完成节点推入堆栈，即将运算结果送入栈存储器的第一段，同时将先前送入的数据依次移到栈的下一段。

MRD（Read）指令读栈内容，将栈存储器的第一段数据（最后进栈的数据）读出且该数据继续保存在栈存储器的第一段，栈内的数据指针不发生移动。

MPP（Pop）指令用于栈内容出栈。将栈存储器的第一段数据（最后进栈的数据）读出且同时将栈中数据指针指向其前一个入栈的数据位置，读出的数据从栈中消失。

图 6-9 为多重输出电路编程。

从图中可以看出，对于 X1 常开点后的结果，只有 X5 常开点所在行用一次，后面不再需要用了，因此 X1 常开点后一条入栈指令 MPS，X5 常开点前直接用出栈指令 MPP。同理，X2 常开点后一条入栈指令 MPS 与 X4 常开点前出栈指令 MPP 相对应。而 X5 常开点后的结果（先用 MPS 入栈），有两个地方需要再用到，第一是 Y0 常开触点前，第二是 X7 常开点前。对于 Y0 常开触点前，因后面 X7 常开点前还要用 X5 常开点后的结果，因此 Y0 常开触点前用读栈指令 MRD，原来保存的栈中内容（X5 常开点后的结果）暂不消失，直到 X7 常开点前才直接用出栈指令 MPP，因此已经不需要用堆栈内容了。

堆栈指令的使用说明：

1）堆栈指令没有目标元件。

2）MPS 和 MPP 必须配对使用。

3）由于栈存储单元只有 11 个，所以栈的层次最多 11 层。

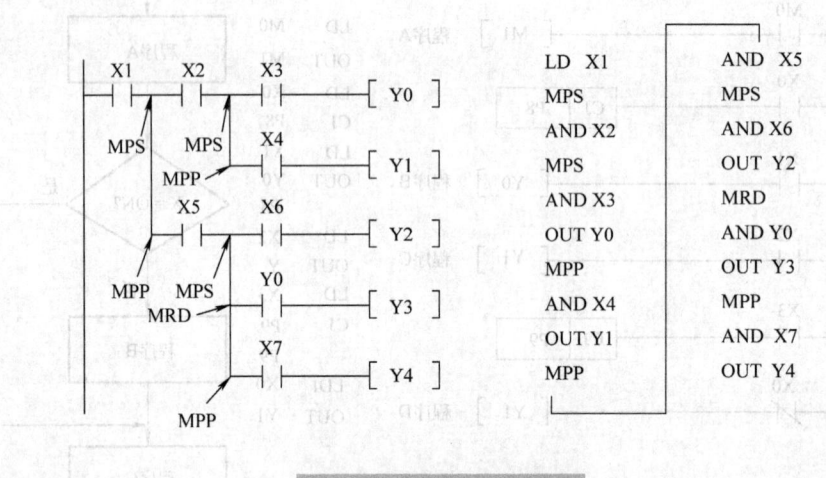

图 6-9　多重输出电路编程

10. OUT/RST 指令

OUT/RST 指令用于计数器和定时器，OUT 指令用于计数器和定时器的输出线圈，RST 指令用于复位输出触点，当前数据清零。定时器和计数器指令的应用如图 6-10 所示。

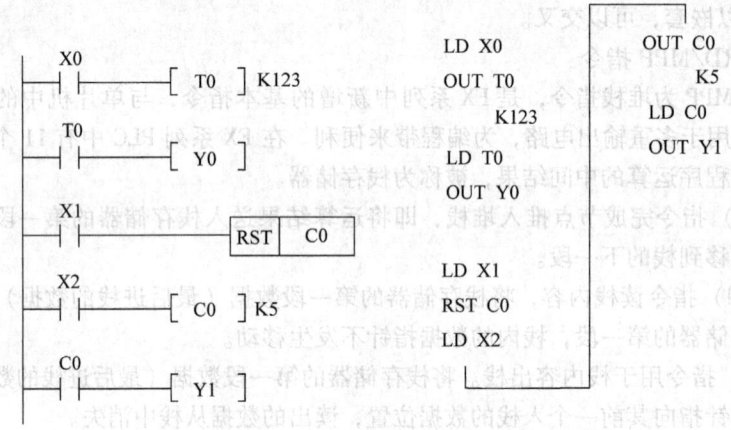

图 6-10　定时器和计数器指令的应用

11. END 指令

END 为程序结束指令，可编程序控制器工作周期中程序执行阶段至 END 指令结束，若无结束指令，程序执行阶段将扫描整个指令存储空间，延长工作周期。由于上述特点，程序结束指令可用于调试程序时分段调试检查程序，即分段插入 END 指令，该段程序运行正常后删去 END 指令。

12. NOP 指令

NOP 为空操作指令，用于程序修改，空操作指令的插入，一方面在修改和增加指令语句时，减少步序号的变化，另一方面，当用 NOP 指令取代其他指令时，控制逻辑将发生很大的变化应给予注意，其修改电路如图 6-11 所示。

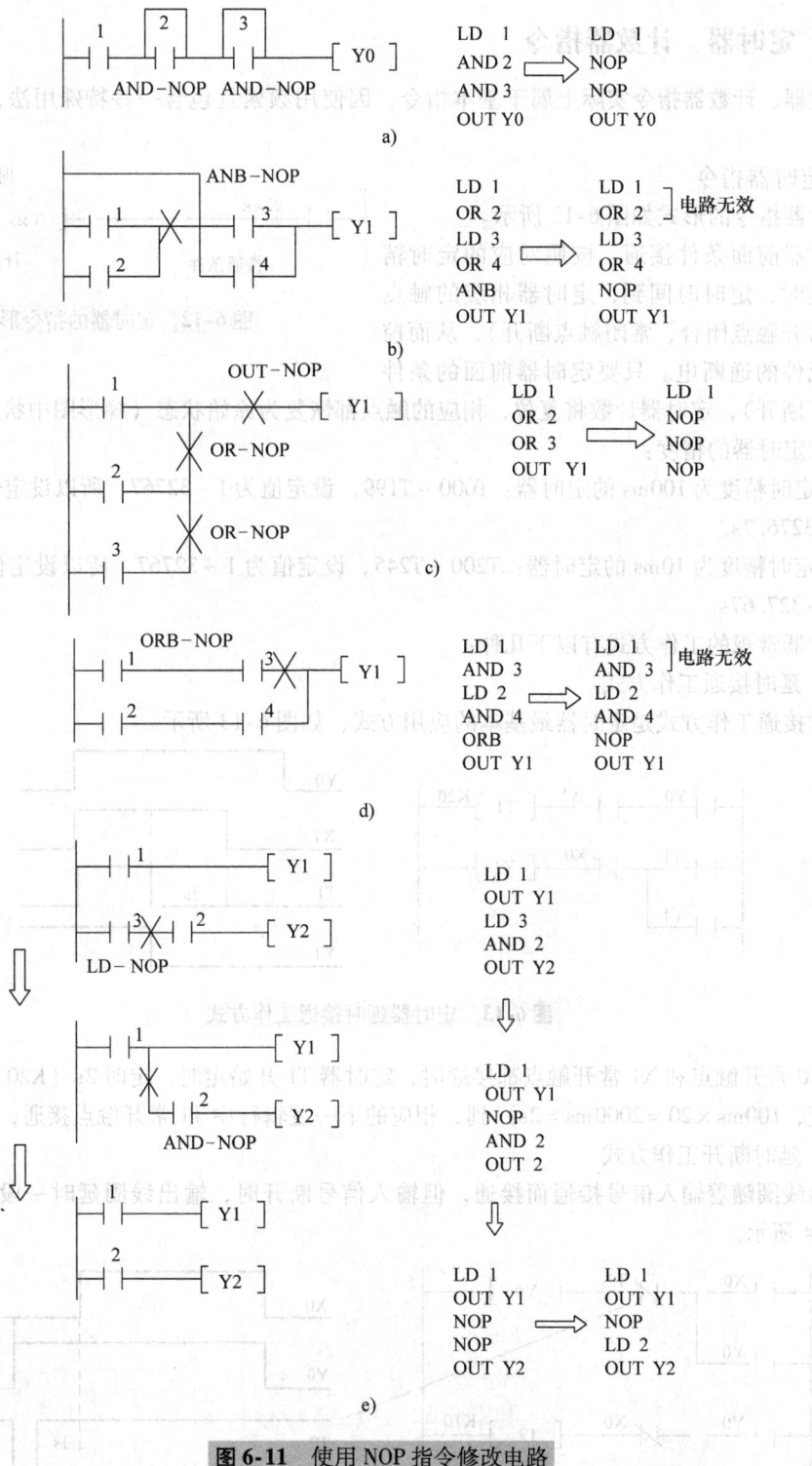

图 6-11 使用 NOP 指令修改电路

a) 短路触点　b) 短路前面全部电路（可能使电路出错）　c) 切断电路
d) 切断前面全部电路（可能使电路出错）　e) 与前面的 OUT 电路相连

二、定时器、计数器指令

定时器、计数器指令实际上属于基本指令,因使用频繁且包含一些特殊用法,这里单独进行说明。

1. 定时器指令

定时器指令的形式如图 6-12 所示。

定时器前面条件接通,按照对应的定时精度开始定时,定时时间到,定时器相应的触点动作(常开触点闭合,常闭触点断开),从而控制其他元件的通断电。只要定时器前面的条件

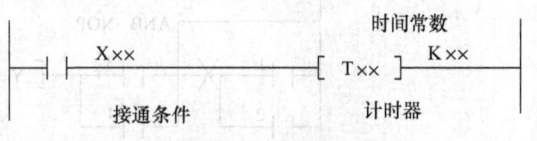

图 6-12 定时器的指令形式

不满足(断开),定时器计数将复位,相应的触点都恢复为原始状态(梯形图中状态)。

注意定时器的精度:

1)定时精度为 100ms 的定时器:T000~T199,设定值为 1~32767,所以设定值表示定时范围 0.1~3276.7s。

2)定时精度为 10ms 的定时器:T200~T245,设定值为 1~32767,所以设定值表示定时范围 0.01~327.67s。

定时器常规的工作方式有以下几种:

(1)延时接通工作方式

延时接通工作方式是定时器最基本的应用方式,如图 6-13 所示。

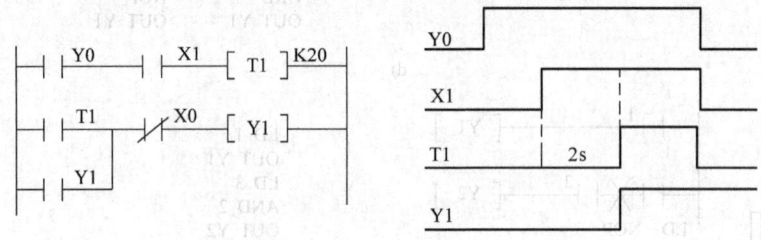

图 6-13 定时器延时接通工作方式

当 Y0 常开触点和 X1 常开触点都接通时,定时器 T1 开始定时,定时 2s(K20,T0 为 100ms 定时精度,100ms × 20 = 2000ms = 2s)到,相应的下一逻辑行中 T1 常开触点接通,Y1 接通。

(2)延时断开工作方式

输出线圈随着输入信号接通而接通,但输入信号断开时,输出线圈延时一段时间再断开,如图 6-14 所示。

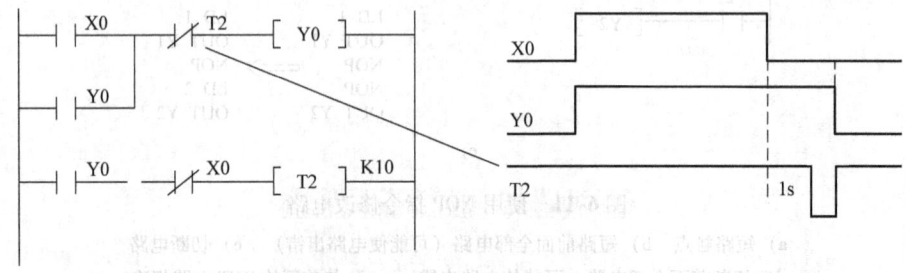

图 6-14 定时器延时断开工作方式

T2 常闭触点开始处于闭合状态，X0 常开触点接通，Y0 接通并自锁，下一逻辑行 Y0 常开触点也接通，但此时 X0 常闭触点处于断开状态，所以定时器 T2 不会计时。

当断开 X0，因 Y0 自锁，Y0 线圈不会立即断开，下一逻辑行 Y0 常开触点维持闭合，而 X0 常闭触点也恢复闭合，T2 开始计时，1s 计时时间到，第一逻辑行中 T2 常闭触点将断开，Y0 断电，接着下一逻辑行 Y0 常开触点也断开，T2 定时器复位，T2 常闭触点恢复闭合状态。至此，图中所有元件恢复原始状态。

（3）长延时工作方式

定时器定时范围是有限的，如果控制中所需的延时时间大于一个定时器的最大定时时间，最常用的就是采用定时接力的延时扩展方式，即先启动一个定时器，计时时间到，用这个定时器的常开触点启动第二个定时器，再用第二个定时器的常开触点启动第三个定时器，以此类推，使用最后一个定时器的触点去控制需控制的对象。从第一个定时器接通触发条件形成到最后一个定时器的触点控制的对象的输出之间的延时即是扩展后的长延时时间。如图 6-15，通过 T0 和 T1 接力延时，X0 接通后需经过 $100\text{ms} \times 100 + 100\text{ms} \times 200 = 30000\text{ms} = 30\text{s}$ 后 Y0 才接通。

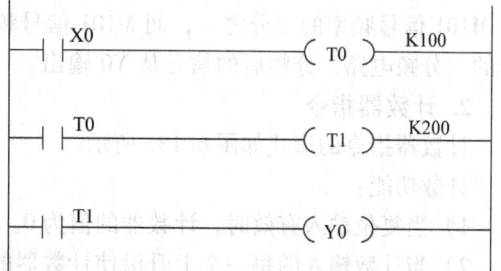

图 6-15　定时器长延时工作方式

另外，可以配合计数器实现长延时，后续内容将详细阐述。

（4）方波发生器工作方式

PLC 的工作方式决定了程序中的定时器不同于继电器控制电路里的时间继电器，可以用来构成一个方波发生器，如图 6-16 所示。

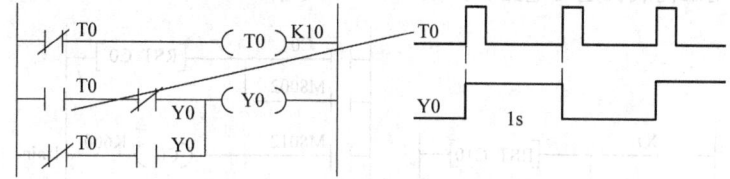

图 6-16　定时器方波发生器工作方式

图 6-16 中梯形图电路有两个逻辑行，两逻辑行可独立分析：第一行逻辑电路中 T0 常闭触点每隔定时器的定时时间（这里为 $100\text{ms} \times 10 = 1000\text{ms} = 1\text{s}$）将断开一个扫描周期，相应的第二逻辑行中 T0 常开触点每隔定时器的定时时间将接通一个扫描周期。在第 1 次接通时，与 Y0 常闭触点配合，将触发 Y0 线圈接通并维持（靠第二逻辑行中第 2 行的条件锁定）到 T0 常开触点的第 2 次接通，T0 常开触点的第 2 次接通时，将断开 Y0 线圈，直到下一个 T0 常开触点接通，将再次触发 Y0 线圈接通，如此形成方波信号。

可以看到，方波周期是定时器定时时间的两倍，即方波频率是定时器频率的二分之一。

（5）分频器工作方式

分频器是将原始的高频信号进行等分频，变成低频信号。如图 6-17 为由脉冲指令构成的二分频信号。待分频的高频信号加在 X0 端，M101 和 Y0 初始状态都为 0。

在 X0 的第一个脉冲信号到来，将在 M101 上产生一个扫描周期的单脉冲信号，第二逻辑行

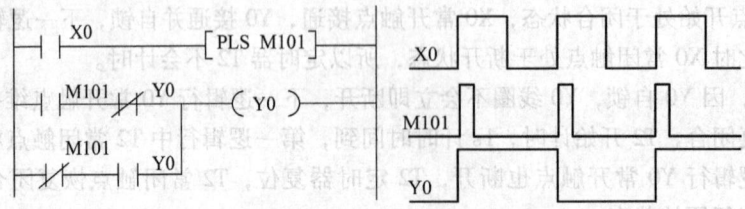

图 6-17 脉冲输出指令分频器的工作方式

与方波发生器图中第二逻辑行类似，最终 Y0 输出信号的周期是 M101 信号周期的 2 倍，即频率是 M101 信号频率的二分之一，而 M101 信号频率与 X0 信号频率一样。最终，构成一个对 X0 信号的二分频电路，分频后的信号从 Y0 输出。

2. 计数器指令

计数器指令的形式如图 6-18a 所示。

计数功能：

1) 当复位输入有效时，计数器的值为 0。

2) 当计数输入的每一个上升沿使计数器的值加 1，直到达到设定值（即使计数输入信号再次触发，计数器的值也不会增加）。

3) 当计数器的值增为设定值时，计数器的触点动作，从而控制需要接通的线圈。（停止计数，直至复位）

图中当 PLC 上电时（特殊辅助继电器 M8002 在 PLC 上电后接通一个扫描周期）或 X1 接通时，C10 计数器值清 0。X10 每接通一次，C10 计数器将加 1，当 X10 接通 20 次后，C10 计数器将达到设定值 20，C0 常开触点接通，Y15 输出线圈接通。即 X10 接通 20 次后，Y15 接通。这种功能可以用在工业控制中的产品计量统计指示。

计数器还可用来构成长延时电路，如图 6-18b 所示。

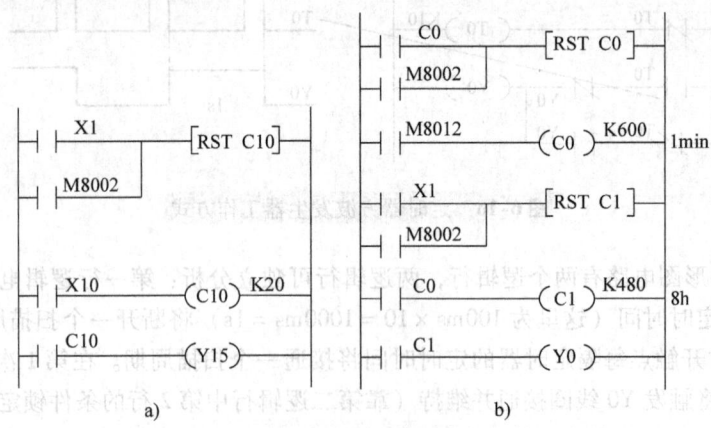

图 6-18 计数器指令
a) 计数器指令的形式　b) 计数器构成的长延时电路

特殊辅助继电器 M8012 为 100ms 脉冲发生器（每隔 100ms 接通一个扫描周期），也即每隔 100ms 将使 C0 计数器加 1，C0 加满达到设定值 600 后，将起两个作用，一是将自身 C0 清 0 重新开始计数，二是将使 C1 计数器加 1，最终当 C1 加满达到设定值 480 后，C1 常开触点接通，Y0 接通。

最终，需经过 100ms×600×480=8h 后，Y0 接通。

三、可编程序控制器程序编制规则

1. 梯形图设计规则

为使梯形图电路便于编程，设计梯形图时应注意以下绘制规则：

1) 梯形图上的垂直线上不能画触点，如图 6-19a 所示。触点画在垂直线上，很难分析清楚与其他触点之间的关系，也难以判断对输出线圈的控制作用，最终也无法直接写出语句表指令。如果遇到这种情况，应根据触点之间的逻辑关系，按信号自左至右、自上而下流动的原则重新设计控制电路，如图 6-19a 改正后的正确电路。

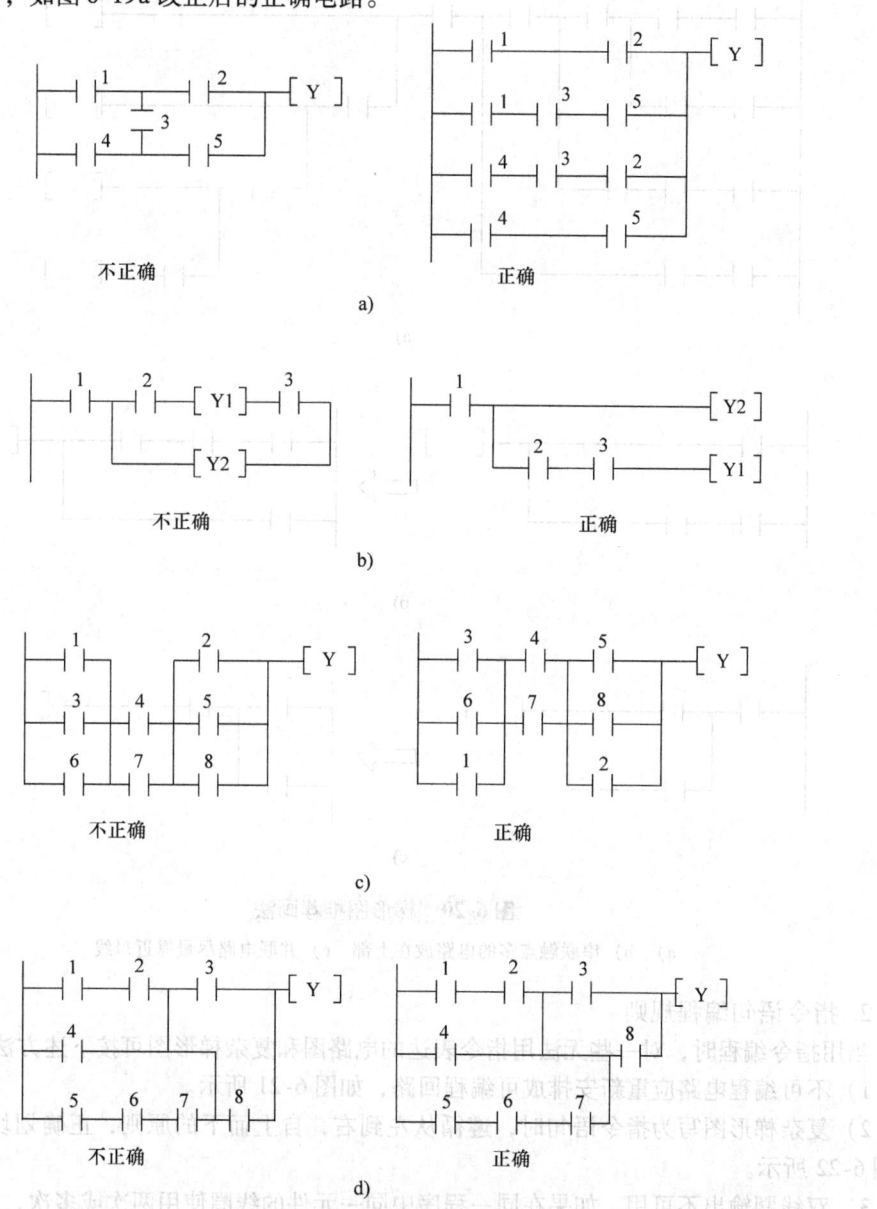

图 6-19 梯形图画法之一

2）梯形图要以左母线为起点，右母线为终点（右母线可不画）从左到右绘出。每一行线圈左边的触点逻辑组合构成线圈输出的执行条件，输出线圈画在逻辑单元电路的最右边，线圈的右边不能再有触点，线圈也不能直接与左母线相连，必须设置相应的接通条件，如图6-19b所示。

3）逻辑单元中有多个并联和串联分支电路时，串联触点多的支路应放在上方，串联触点少的支路放在下方。并联触点多的回路画在左边，并联触点少的回路画在右边，如图6-19c、d所示。这样可以使对应的指令表程序简捷明了，语句数目减少。

梯形图设计推荐画法如图6-20所示。

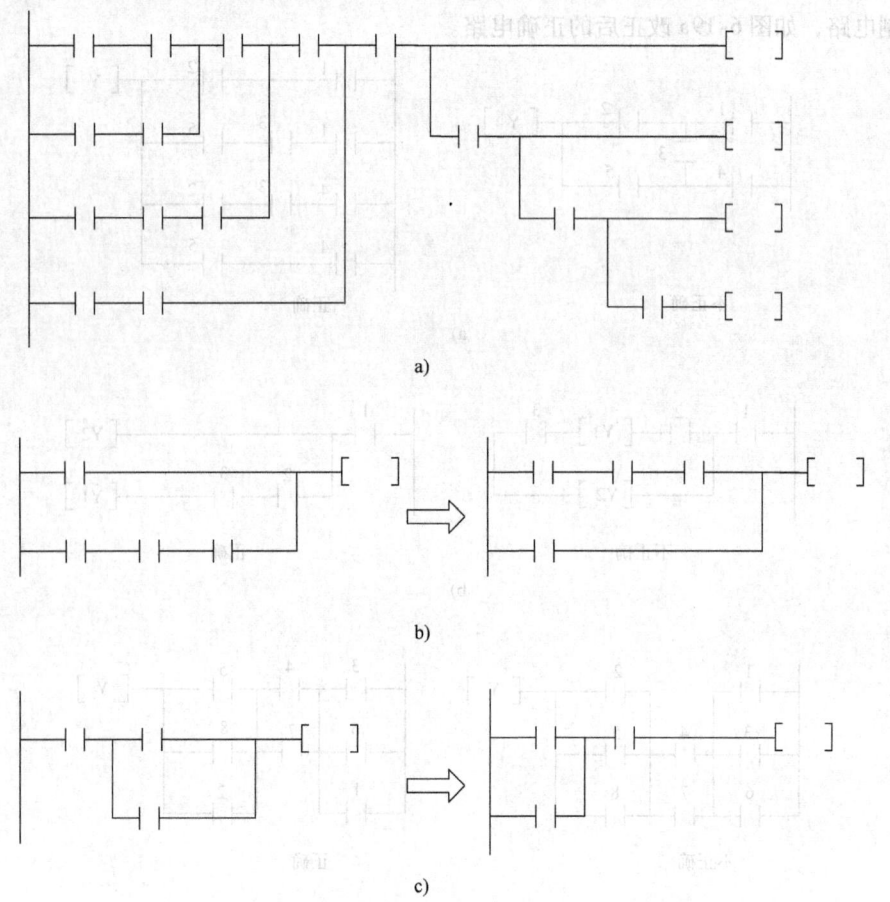

图 6-20 梯形图推荐画法

a)、b) 串联触点多的电路放在上部 c) 并联电路尽量靠近母线

2. 指令语句编程规则

当用指令编程时，对一些无法用指令表达的电路图和复杂梯形图可按下述方法编程：

1）不可编程电路应重新安排成可编程回路，如图6-21所示。

2）复杂梯形图写为指令语句时，遵循从左到右，自上而下的原则，正确划块，顺序编程，如图6-22所示。

3）双线圈输出不可用。如果在同一程序中同一元件的线圈使用两次或多次，则称为双线圈输出。这时前面的输出无效，只有最后一次才有效，一般不应出现双线圈输出，如图6-23所示。

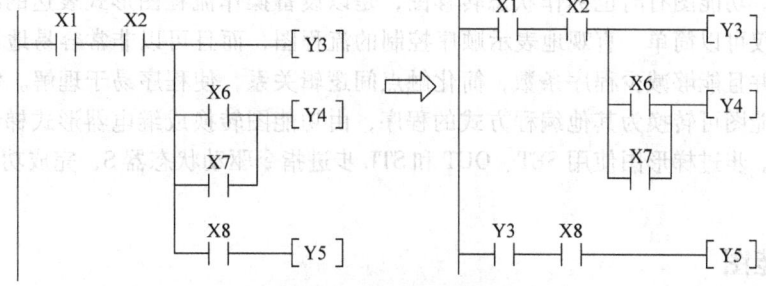

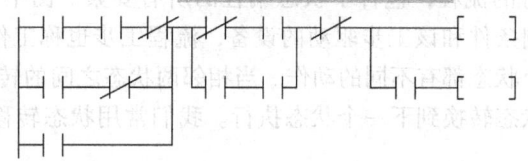

图 6-21 梯形图画法之二

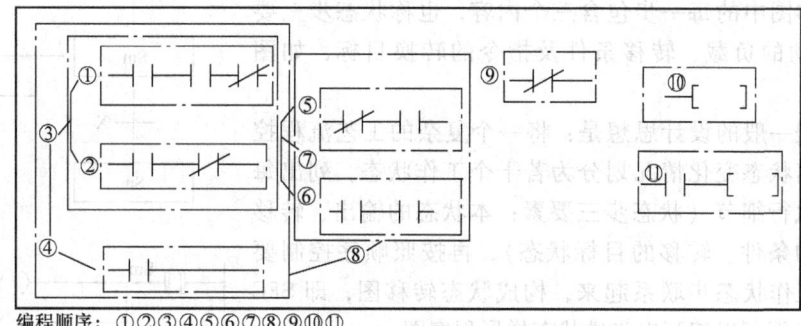

编程顺序：①②③④⑤⑥⑦⑧⑨⑩⑪

图 6-22 编程顺序

3. 输入信号的最高频率问题（输入信号维持时间）

输入信号的状态是在 PLC 输入处理时间内被检测的。如果输入信号的 ON 时间或 OFF 时间过窄，有可能检测不到。也就是说，PLC 输入信号的 ON 时间或 OFF 时间，必须比 PLC 的扫描周期长。若考虑输入滤波器的响应延迟为 10ms，扫描周期为 10ms，则输入的 ON 时间或 OFF 时间至少为 20ms。因此，要求输入脉冲的频率低于 1000Hz/(20 + 20) = 25Hz。

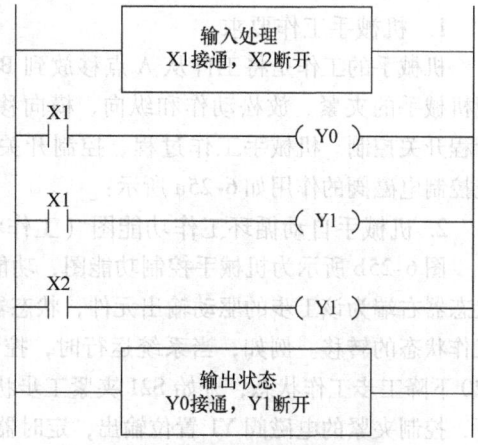

图 6-23 双线圈输出电路

第三节 功能图、步进梯形图及步进指令

采用梯形图方式编制程序最主要的优点是电路工作比较直观,但是也有缺点,在步进控制程序设计时比较困难,电路工作原理不易理解,功能图编程的应用即是解决这个问题。近年来不少 PLC 厂商结合步进功能开发了相关的指令,一般称为步进指令,步进指令是专为顺序控制而设计的指令。功能图有时也称作状态转移图,是以设备操作流程图形式表达的编程方法。使用步进指令不仅可以简单、直观地表示顺序控制的流程图,而且可以非常容易地设计多流程顺序控制电路,并且能够减少程序条数,简化触点间逻辑关系,使程序易于理解。使用软件编程时,绘制的功能图可转换为其他编程方式的程序,由功能图转换成继电器形式梯形图程序,称为步进梯形图。步进梯形图使用 SET、OUT 和 STL 步进指令驱动状态器 S,完成功能图要求的控制过程。

一、功能图

功能图表达的是设备运行的流程,包含了状态编程的所有要素。图中注明三方面的内容,即,流程工步、工步转移控制条件和该工步驱动的设备,流程工步也称工作状态,所以也称功能图为工作状态转移图。每个状态都有不同的动作。当相邻两状态之间的转换条件得到满足时,就将实现转换,即由上一个状态转换到下一个状态执行。我们常用状态转移图(功能表图)描述这种顺序控制过程。

状态转移图中的每一步包含三个内容,也称状态步三要素:本步驱动的负载、转移条件及指令的转换目标,如图 6-24 所示。

状态编程一般的设计思想是:将一个复杂的工艺流程控制过程按输出状态变化情况划分为若干个工作状态,列出每个状态下的执行细节(状态步三要素:本状态的输出、转移到其他状态的条件、转移的目标状态),再按照顺序控制要求,将这些工作状态步联系起来,构成状态转移图,即 SFC 图。根据 SFC 图可以编写出步进状态梯形程序图。

这里以简单机械手的工作过程为例,建立功能图。

1. 机械手工作要求

机械手的工作是将工件从 A 点移放到 B 点。液压系统实现机械手的夹紧、放松动作和纵向、横向移动,动作转换由行程开关控制。机械手工作过程、控制开关的布置和液压系统控制电磁阀的作用如 6-25a 所示:

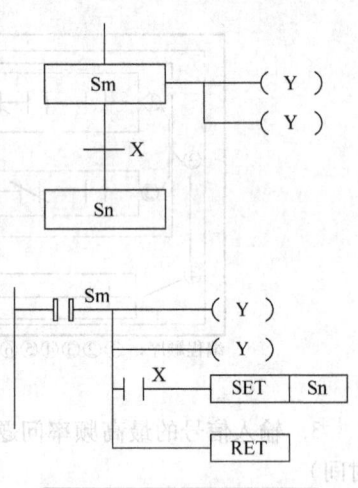

图 6-24 双线圈输出电路

2. 机械手自动循环工作功能图(工作状态转移图)

图 6-25b 所示为机械手控制功能图,功能图中的每个状态器表示相应工步状态及状态控制,状态器右端为该工步的驱动输出元件,状态器的上方为控制状态转移的条件(控制开关),控制工作状态的转移。例如,当系统运行时,控制状态转移的下限位行程开关 X1 闭合,自动终止 S20 下降工步工作状态,开始 S21 夹紧工步状态,完成状态转移控制。在 S21 状态器控制的状态下,控制夹紧的电磁阀 Y1 置位输出,定时器 T0 触发计时,该状态持续到 T0 控制信号到来,然后继续向下一状态转移。

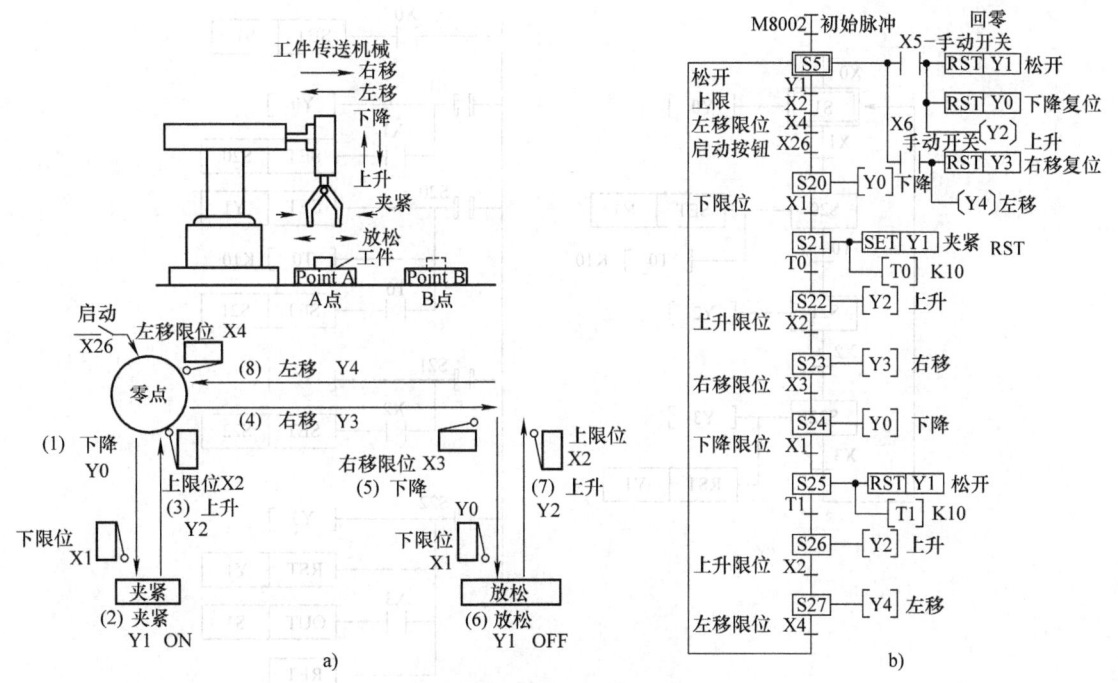

图 6-25 机械手控制功能图

二、步进梯形图及步进指令

采用梯形图或指令语句输入程序时，须将功能图改写为步进梯形图或步进指令，一般情况也可由功能图直接写出指令表，其转换如图 6-26 所示。SET 指令实现状态器置位，初始状态器 S0~S9 由控制条件置位，通用状态器 S 需在初始状态器控制下置位；STL 指令为状态器 S 与左母线相连的触点，操作数为 S0~S899，是该状态控制单元的起点，由此建立新母线，状态内的控制由新母线开始编程，步进循环结束，用 RET 指令，返回左母线。所以 STL 指令的含义是提供一个步进触点，其对应状态的三个要素均在步进触点之后的子母线上实现。若对应的状态是开启的（即"激活"），则状态的负载驱动和转移才有可能。若对应状态是关闭的，则负载驱动和状态转移就不可能发生。因此，除初始状态外，其他所有状态只有在其前一个状态处于激活且转移条件成立的情况下，才能被激活。指令 STL 和 RET 是一对步进指令，在一系列 STL 指令后，必须也只需用一条 RET 指令结束步进控制，使步进顺控程序执行完毕时，非状态程序的操作在主母线上完成，防止出现逻辑错误。图 6-25 机械手自动循环工作功能图改写的步进梯形图和指令语句表见图 6-26。在步进梯形图中，不同的状态单元内，允许输出线圈同号。

步进指令的使用说明：

1) 状态寄存器使用了 SET 指令时，才具有步进控制功能，除了提供步进触点，还提供一般触点。

2) STL 触点是与左侧母线相连的常开触点，没有常闭的 STL 触点。某 STL 触点接通，则对应的状态为活动步，其步进触点接通，其后电路工作，并将前一步的状态寄存器断开，前一状态步的输出为 0，若需保持输出，可使用 SET/RST 指令。

3) 与 STL 触点相连的触点应用 LD 或 LDI 指令，只有执行完 RET 后才返回左侧母线，步进触点电路块相连，则只需要最后一个 RET。

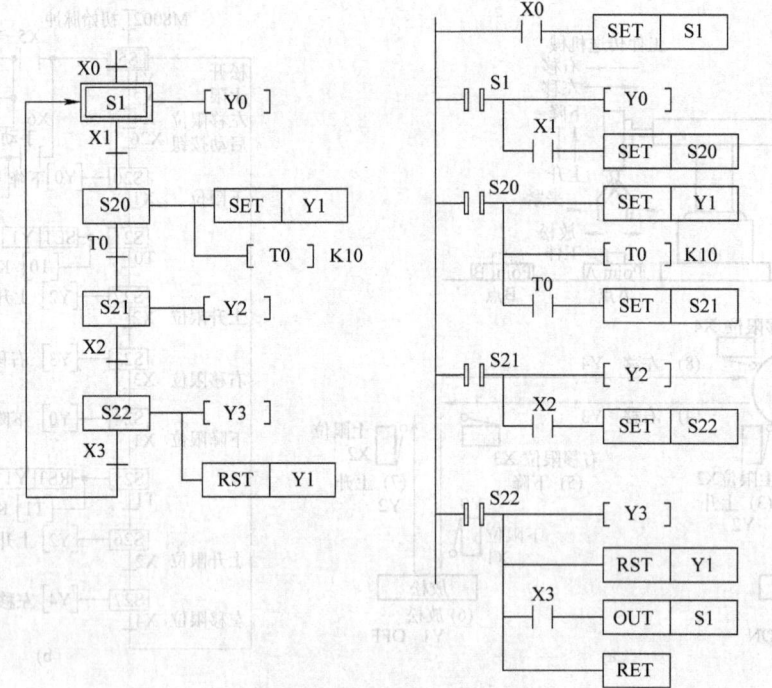

图 6-26 控制梯形图及指令

4）每一个状态步里编程顺序：先进行驱动，再进行状态转移步骤，不能颠倒。

5）STL 触点可直接驱动或通过别的触点驱动 Y、M、S、T 等元件的线圈。

6）只要不是在相邻的状态步中，可重复使用同一地址号计时器。

7）由于 PLC 只执行活动步对应的电路块，所以使用 STL 指令时允许双线圈输出（顺控程序在不同的步可多次驱动同一线圈）。

8）STL 触点驱动的电路块中不能使用 MC 和 MCR 指令，但可以用 CJ 指令，当执行跳转时，跳到某步进触点内，不论该触点是否接通，都令其接通而继续执行电路。

9）若使用掉电保护型状态寄存器，当电源断电恢复时，可继续原来的动作顺序。

10）在中断程序和子程序内，不能使用 STL 指令。

三、功能图主要类型

各种类型的功能图、步进梯形图和指令语句表如图 6-27 所示。

1. 简单流程

功能图只有一条路径，简单流程功能图中的编号可不按次序排列。单流程图的单序列结构形式最为简单，它由一系列按顺序排列、相继激活的步组成。每一步的后面只有一个转换，每一个转换后面只有一步。简单型功能图如图 6-27 所示。

2. 选择型分支与汇合

功能图有多个分支路径，路径选择由控制开关选通，同一时刻，只有一条支路选通，汇合时，任一支路均可向会合处状态器转移。分支与汇合型功能图及编程指令如图 6-27a 所示。

3. 并行型分支与汇合

功能图有多个（少于 8 个）分支路径，并同时处理程序流程，所有流程全部结束后，方可向汇合处状态器转移。其功能图和编程指令如图 6-27b 所示。编程原则是先集中处理分支状态，然后再集中处理汇合状态。

4. 跳转与循环

功能图中含有部分重复和跳越过的状态器。转向重复开始点和跳向其他位置时，使用 OUT 指令，此处，OUT 指令代替 SET 指令，使相应的状态器置位。跳步、重复和循环序列结构实际上都是选择型分支与汇合结构的特殊形式。例中，主程序流中用 OUT 指令实现向其他分支状态转移，完成对其他分支状态的置位和复位。其功能图和编程指令如图 6-27c 所示。

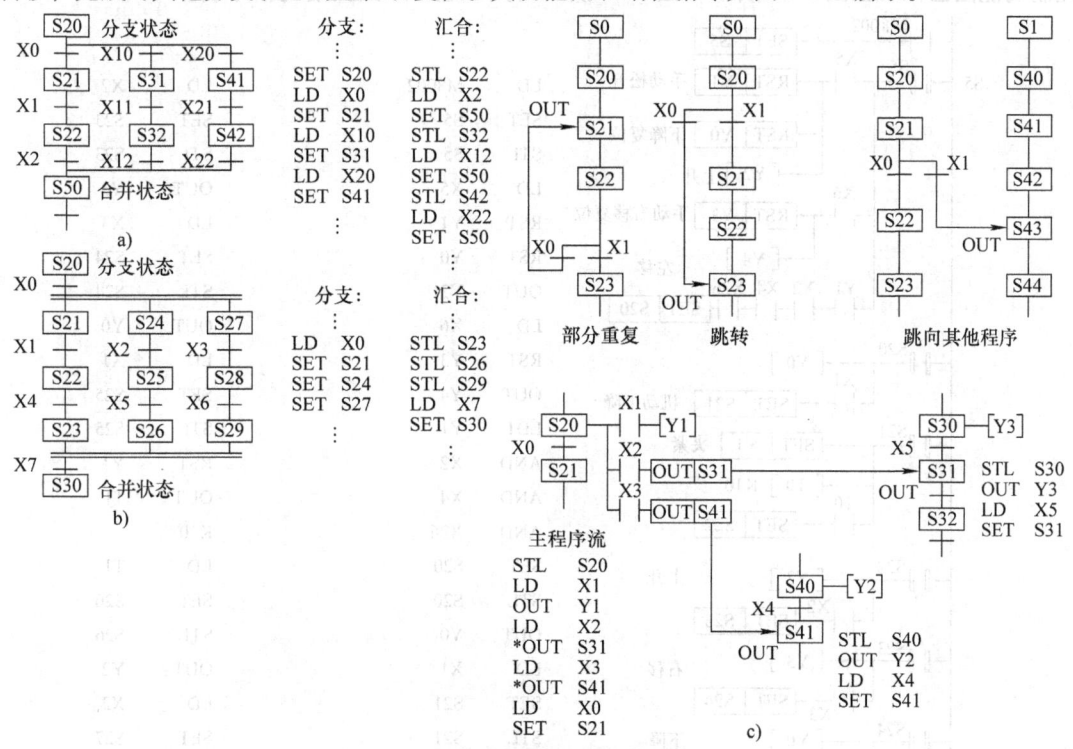

图 6-27 功能图主要类型
a）选择型分支与汇合　b）并行型分支与汇合　c）跳转与循环

绘制顺序功能图的注意事项

1）两个步绝对不能直接相连，必须用一个转换将它们隔开。但两个步或多个步可以同时激活，那样相当于并行型结构了。

2）两个转换也不能直接相连（相连其实相当于一个转换由两个或多个触点串联），必须用一个步将它们隔开。

3）顺序功能图中的初始步（比如S0）一般对应于系统等待起动的初始状态，初始步可能没有输出处于 ON 状态，但初始步是必不可少的。

4）自动控制系统应能多次重复执行同一工艺过程，因此在顺序功能图中一般应有由步和有向连线组成的闭环。

5）在顺序功能图中，只有当某一步的前级步是活动步时，该步才有可能变成活动步。因此在进入 RUN 工作方式时，必须用初始化脉冲 M8002 的常开触点作为转换条件，将初始步预置为活动步，否则因顺序功能图中没有活动步，系统将无法工作。

6）状态图中的转移条件不能直接使用 ANB、ORB、MPS、MRD、MPP 指令。如果从逻辑上确实需要这些指令，可以先用 ANB 等指令控制一个辅助继电器如 M0 接通，再由一个 M0 的常开触点作为状态转移条件。

四、步进控制应用实例

1. 机械手控制

机械手工作控制是一种典型的步进控制过程，要求实现手动和半自动单周期循环工作时，控制功能图已知，如图 6-25 所示，图 6-28 所示为其步进梯形图及语句指令表。

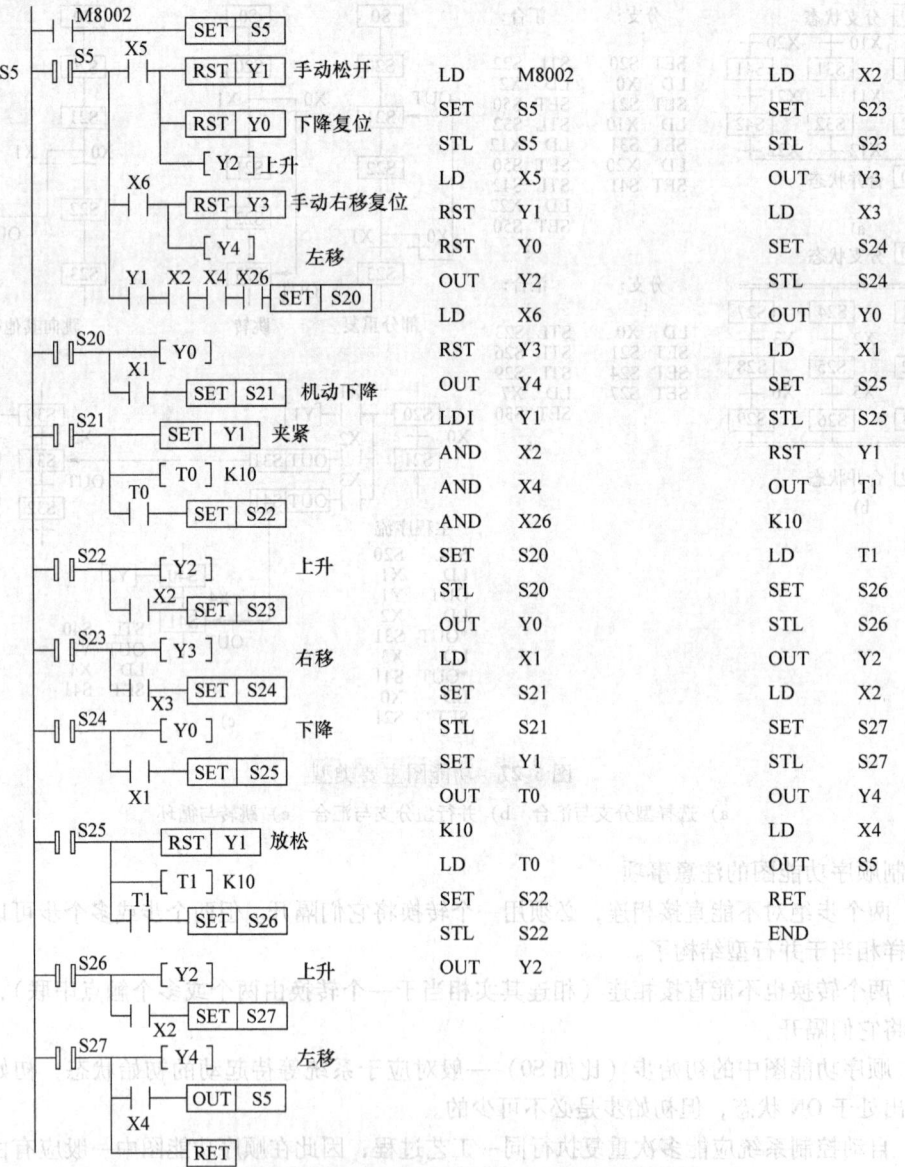

图 6-28 机械手控制步进梯形图及语句指令表

图中，当设备开机起动后，开机 M8002 产生初始化脉冲使初始状态器 S5 置位。在 S5 控制状态下，设备进入复位状态，并在原位条件满足时，对工作步进控制的首状态器 S20 置位，进入自动循环工作的步进控制。

应注意的是，一般输出线圈只能在一个状态中工作，随步进状态转移到其他状态时将自动切断，在 S21 控制状态里，由于夹紧输出线圈 Y1 要在多个状态中工作，因此必须对 Y1 使用 SET 指令。

当状态转移到达 S27 时，步进工作进入最后一步，此时，需将状态转入下一次工作循环，这里利用 OUT 指令转移设置状态器 S5，然后开始新的步进工作控制。梯形图中步进控制部分用指令 RET 结束，返回左母线，继续其他控制部分编程。

2. 液压滑台进给控制

液压动力滑台的自动工作循环是一典型的电液组合控制，图 6-29 是液压动力滑台的工作循环图，其自动工作循环是：快进→工进→快退→原位停止。工作过程如下：

1）在原位情况下，原位灯亮，按下起动按钮 X0（SB1），进入快进工作状态，系统接通液压阀 Y0（YV$_1$）和 Y1（YV$_3$）电路，驱动液压系统使动力滑台以较快的速度快进。

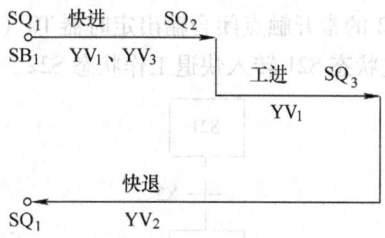

图 6-29 液压动力滑台的工作循环图

2）快进到位时，工作台碰到限位开关 X1（SQ$_2$），转入工进工作状态，系统只接通液压阀 Y0（YV$_1$）电路，断开 Y1（YV$_3$）电路，驱动液压系统使动力滑台以较低的速度工进。

3）滑台工进到位，碰到限位开关 X2（SQ$_3$），转入快退工作状态，系统只接通液压阀 Y2（YV2）电路，驱动液压系统使动力滑台以较快的速度快退。

4）快退到原位，碰到原位限位开关 X3（SQ$_1$），进入原位等待，原位灯 Y10 接通点亮，直到再次按下起动按钮 X0（SB$_1$），又重新进入另一次工作循环。

图 6-30 是系统的状态功能图。整个工作循环划分为快进、工进、快退、原位 4 个状态，必须明确每一步状态转换到另一状态的条件，也要明确每一状态步里需要输出哪些输出继电器。上电时由 M8002 置初始状态 S0。

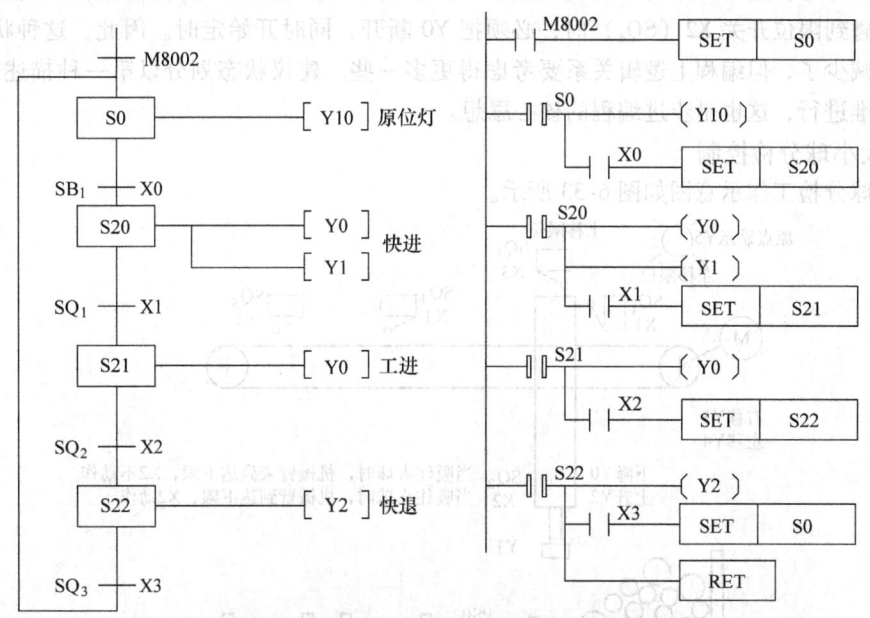

图 6-30 液压动力滑台系统的状态功能图

如果增加要求，工进到位后终点需停留 1s 后再转为快退，状态划分就有两种方法。

1) 工进终点停留状态专门分配一个状态，比如 S30。在 S21 工进状态时碰到限位开关 X2（SQ₄），转入终点停留状态 S30 而不是快退工作状态，在终点停留状态里不输出任何输出继电器（动力滑台停止），只输出定时器 T0（K 设为 10），定时器时间到，T0 常开触点接通，系统将由终点停留状态 S30 转入快退工作状态 S22。其终点停留状态 S30 如图 6-31 所示。

2) 工进终点停留状态与工进状态合用一个状态 S21。在 S21 工进状态时碰到限位开关 X2（SQ₄），由 X2 的常闭触点断开 Y0 输出，从而不输出任何输出继电器（动力滑台停止）。同时由 X2 的常开触点闭合输出定时器 T0（K 设为 10），定时器时间到，T0 常开触点接通，系统将由工进状态 S21 转入快退工作状态 S22。该状态步如图 6-32 所示。

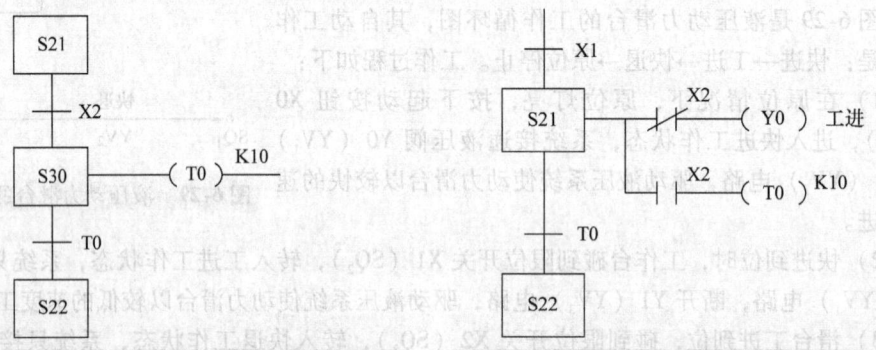

图 6-31　工进和终点停留状态专门分配一个状态　　　图 6-32　工进和终点停留状态合并一个状态

可见，对于一个顺序控制系统，状态转移图中的状态划分情况不是唯一的。一种可以划分得很细，只要有输出继电器改变，就划分一个状态。如本例中终点停留专门分配一个状态。这样的程序编写逻辑清楚，不用考虑太多互相之间的逻辑制约，但状态较多，程序稍长。另一种是可以几个状态步合并成一个状态，但因为同一个状态步里输出有改变，因此在此状态步里的控制逻辑要考虑各输出之间的逻辑制约关系，如本例中将工进状态与终点停留状态合并为一个状态，在碰到限位开关 X2（SQ₄）时，必须把 Y0 断开，同时开始定时。因此，这种状态划分，看似状态减少了，但编程上逻辑关系要考虑得更多一些。建议状态划分以第一种描述的按输出改变为基准进行，这也是步进编程的核心思想。

3. 大小球分检控制

大小球分检工作示意图如图 6-33 所示。

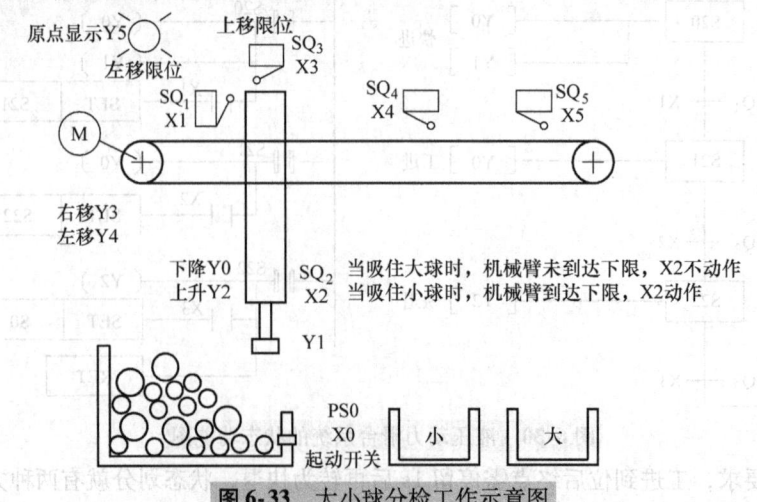

图 6-33　大小球分检工作示意图

其动作顺序如下：

左上为原点，在原点机械臂下降（可以根据大小球直径不同，杆接触到球伸长不同原理，当磁铁压的是大球时，限位开关 SQ_2 断开，而压的是小球时 SQ_2 接通，以此可判断是大球还是小球）→

$\begin{cases} \text{如大球则 } SQ_2 \text{ 断开→将球吸住→上升 } SQ_3 \text{ 动作→右行到 } SQ_5 \text{ 动作→} \\ \text{如小球则 } SQ_2 \text{ 接通→将球吸住→上升 } SQ_3 \text{ 动作→右行到 } SQ_4 \text{ 动作→} \end{cases}$

→下降 SQ_2 动作→释放→上升 SQ_3 动作→左移 SQ_1 动作到原点。

左移、右移分别由 Y4、Y3 控制，上升、下降分别由 Y2、Y0 控制，将球吸住由 Y1 控制。

根据工艺要求，该控制流程可根据 SQ_2 的状态（即对应大、小球）有两个分支，此处应为分支点，且属于选择性分支。分支在机械臂下降之后根据 SQ_2 的通断，分别将球吸住、上升、右行到 SQ_4（小球框上方）或 SQ_5（大球框上方）处下降，此处应为汇合点，然后再释放、上升、左移到原点。其状态转移图如图 6-34 所示。

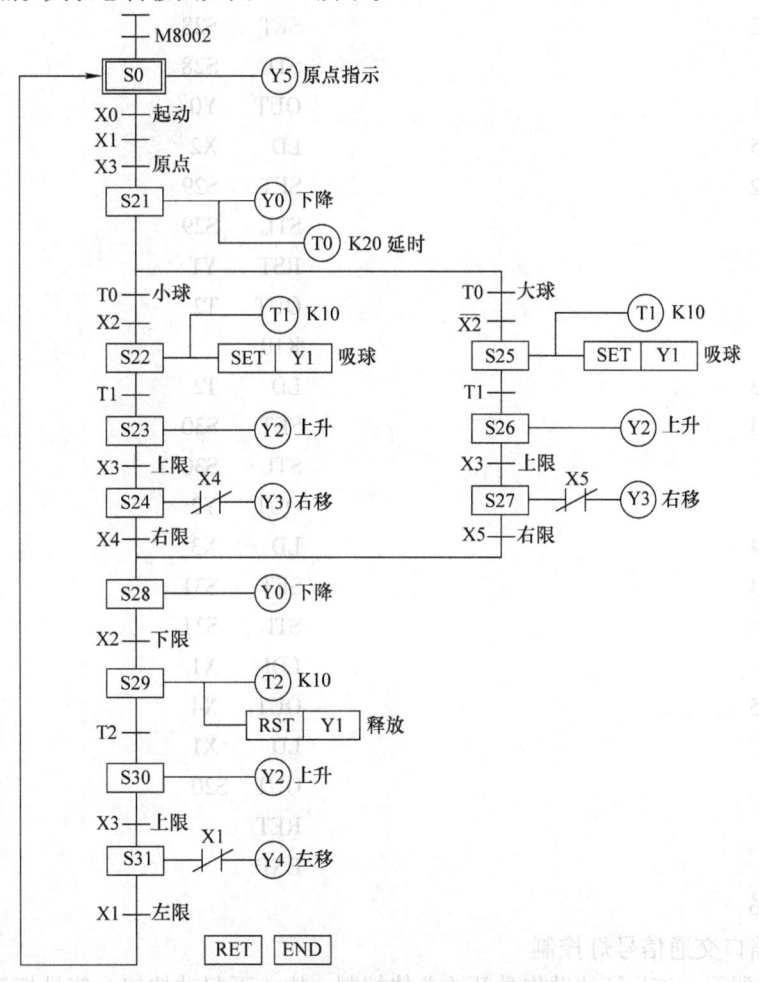

图 6-34　大小球分检系统状态转移图

根据选择性分支汇合的编程方法，编制的大、小球分类程序如下：

LD　　M8002　　　　　　　　　　　SET　　S0

STL	S0		STL	S26
OUT	Y5		OUT	Y2
LD	X0		LD	X3
AND	X1		SET	S27
AND	X3		STL	S27
SET	S21		LDI	X5
STL	S21		OUT	Y3
OUT	Y0		STL	S24
OUT	T0		LD	X4
K20			SET	S28
LD	T0		STL	S27
AND	X2		LD	X5
SET	S22		SET	S28
LD	T0		STL	S28
ANI	X2		OUT	Y0
SET	S25		LD	X2
STL	S22		SET	S29
SET	Y1		STL	S29
OUT	T1		RST	Y1
K10			OUT	T2
LD	T1		K10	
SET	S23		LD	T2
STL	S23		SET	S30
OUT	Y2		STL	S30
LD	X3		OUT	Y2
SET	S24		LD	X3
STL	S24		SET	S31
LDI	X4		STL	S31
OUT	Y3		LDI	X1
STL	S25		OUT	X4
SET	Y1		LD	X1
OUT	T1		OUT	S20
K10			RET	
LD	T1		END	
SET	S26			

4. 十字路口交通信号灯控制

如图 6-35 所示，信号灯的动作受开关总体控制，按一下起动按钮，信号灯系统开始工作，并周而复始地循环动作；按一下停止按钮，所有信号灯都熄灭。十字路口交通信号灯控制的具体要求如表 6-1 所示。

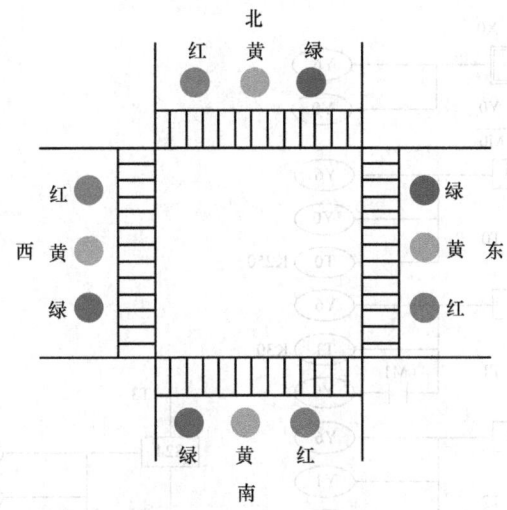

图 6-35 十字路口交通信号灯示意图

表 6-1 十字路口交通信号灯控制的具体要求

东西	信号	绿灯亮	绿灯闪烁	黄灯亮	红灯亮		
	时间	25s	3s	2s	30s		
南北	信号	红灯亮			绿灯亮	绿灯闪烁	黄灯亮
	时间	30s			25s	3s	2s

十字路口交通信号灯控制的时序图如图 6-36 所示。

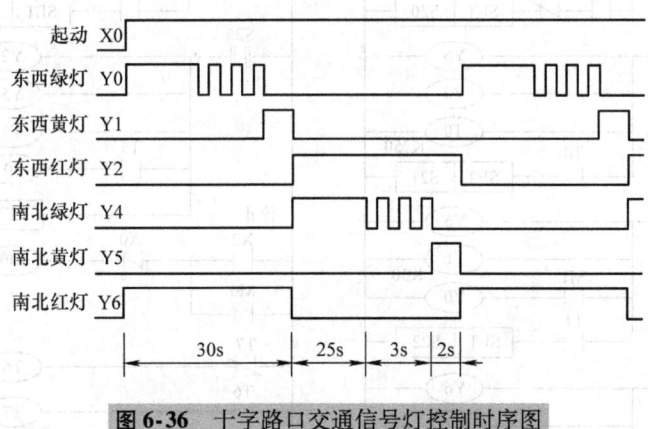

图 6-36 十字路口交通信号灯控制时序图

（1）按单流程编程

如果把东西方向和南北方向信号灯的动作视为一个顺序动作过程，其中每一个时序同时有两个输出，一个输出控制东西方向的信号灯，另一个输出控制南北方向的信号灯，这样就可以按单流程进行编程，其状态转移图如图 6-37 所示，对应的步进梯形图如图 6-38 所示。

按下启动按钮 SB1，X0 接通，S0 置位，转入初始状态，由于 Y0、M0 条件满足，状态使 S20 置位，转入第一工步，同时 T0 开始计时，经 25s 后，S21 置位，S20 复位，转入第二工步……当状态转移到 S25 时，程序又重新从第一工步开始循环。

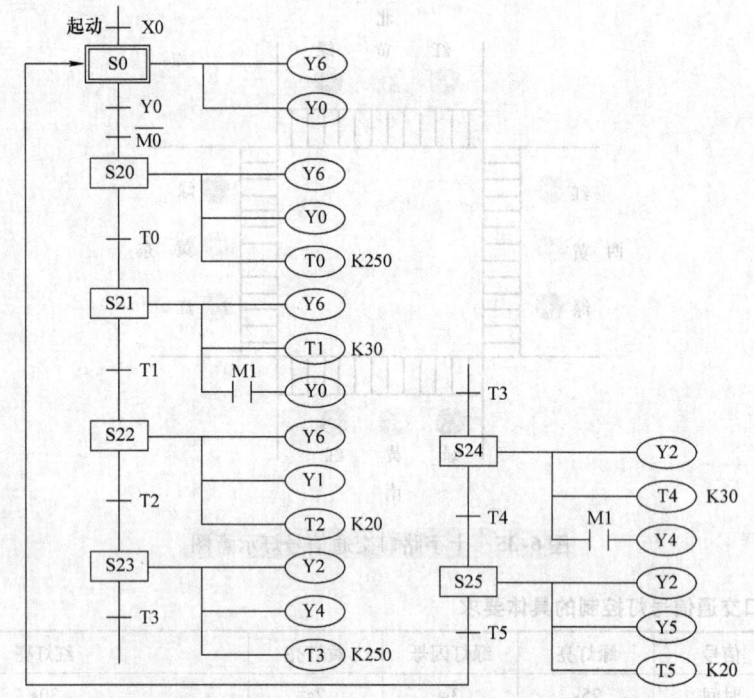

图 6-37 十字路口交通信号灯单流程控制状态转移图

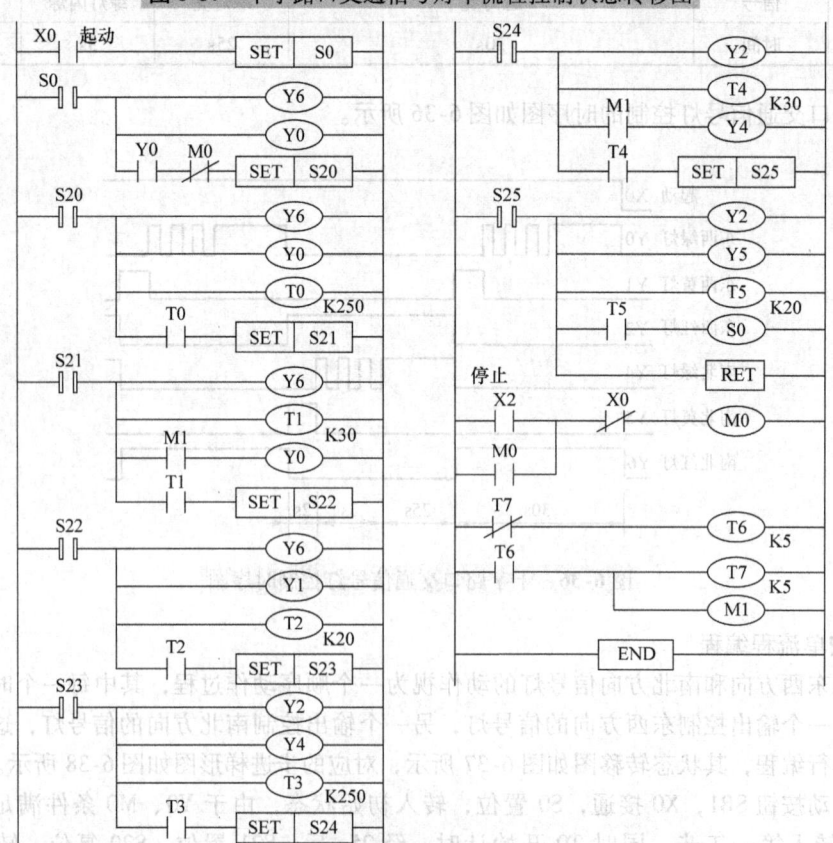

图 6-38 十字路口交通信号灯单流程控制步进梯形图

按停止按钮 SB3，X2 接通，M0 使接通并自保，断开 S0 后的循环流程，当程序执行完后面的流程后停止在初始状态，即南北红灯亮，禁止通行；东西绿灯亮，允许通行。T6、T7 组成的是 0.5s 的振荡电路，该电路的作用是控制绿灯闪烁，其中 T1 和 T4 是控制闪烁的时间。

（2）按双流程编程

东西方向和南北方向信号灯的动作过程也可以看成是两个独立的顺序动作过程，其状态转移图如图 6-39 所示。它具有两条状态转移支路，其结构为并联分支与汇合。按起动按钮 SB1，信号系统开始运行，并反复循环。

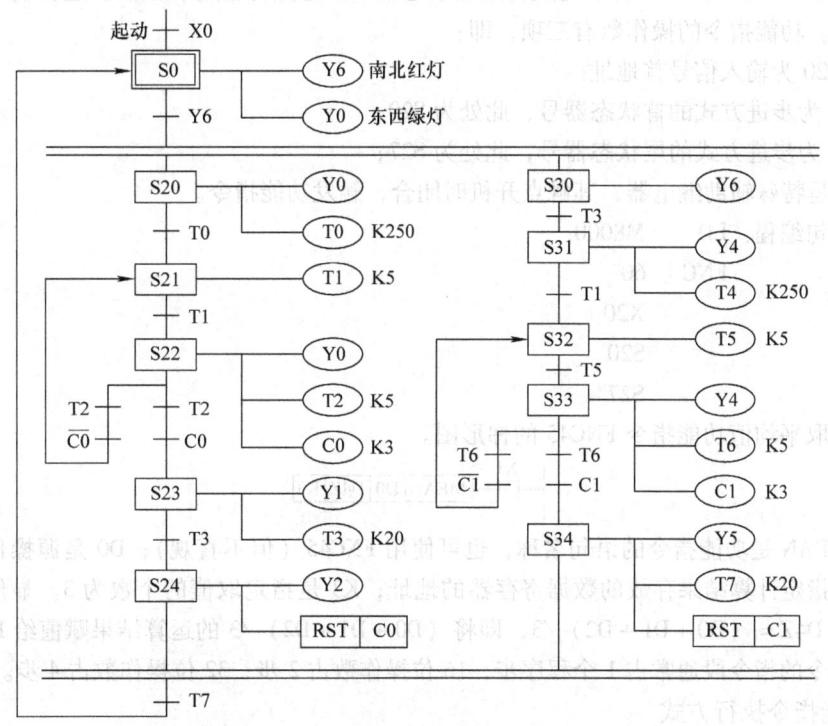

图 6-39 十字路口交通信号灯双流程控制状态转移图

对应的步进梯形图读者可根据状态图设计。

第四节 功能指令应用

早期人们习惯于将可编程序控制器看做是继电器、定时器和计数器的集合，把可编程序控制器的作用局限在等同于继电器集成控制系统。实际上，可编程序控制器就是工业控制计算机。可编程序控制器系统具有计算机系统的功能。

早期的可编程序控制器小型机功能比较简单，只有大型机具有较全的计算机系统功能。从 20 世纪 80 年代开始，为满足用户的一些特殊要求，可编程序控制器制造商就在小型机上加入一些功能指令，随着小型机机型改进，扩大功能指令范围，使小型机的控制功能更丰富，使用也更趋灵活方便。功能指令实际上就是具有一定功能的子程序，由用户通过功能指令调用。FX 系列可编程序控制器有上百种功能指令，可完成如程序流控制、数据传送和比较、四则运算和逻辑运算、循环位移与移位、高速处理、模拟量处理、浮点数处理、时钟运算、触点比较及外接设备处理等功能。这里简要介绍常用的几种功能指令，详细内容可参阅可编程序控制器使用手册。

1. 功能指令的基本格式

功能指令按功能号（FNC00~FNC99）编排，每条功能指令有一助记符。如 FNC60 的助记符为 IST，功能指令在指定功能号的同时，还需给出操作数，FNC60 功能指令格式表达为：

```
                    [S.] [D1.] [D2.]
FNC60 (IST)      ┤├─┤ IST x20 S20 S27 ├
初始状态指令     M8000
```

功能指令 FNC60（IST）自动完成初始化状态器 S，能自动设定、触发步进控制状态器需要的初始状态。功能指令的操作数有三项，即：

[S.] x20 为输入信号首地址

[D1.] 为步进方式的首状态器号，此处为 S20；

[D2.] 为步进方式的尾状态器号，此处为 S27；

M8000 是特殊辅助继电器，其触点开机时闭合，触发功能指令。

指令语句编程： LD   M8000
                    FNC 60
                        X20
                        S20
                        S27

再比如取平均值功能指令 FNC45 的梯形图。

```
     X1
    ─┤├──┤ MEAN D0 D4Z K3 ├
```

图中 MEAN 是功能指令的语句名称，也可使用 FNC45（但不直观）；D0 是源操作数的首元件；D4Z 是指定计算结果存放的数据寄存器的地址；K3 是指定取值的个数为 3。显然该功能指令的含义是 D4Z =（D0 + D1 + D2）/3，即将（D0 + D1 + D2）/3 的运算结果赋值给 D4Z。

功能指令的指令段通常占 1 个程序步，16 位操作数占 2 步，32 位操作数占 4 步。

2. 功能指令执行方式

功能指令有连续执行和脉冲执行两种类型。图 6-40 中第 1 支路的 MOV 是连续执行型指令，即当 X001 接通时，各运算周期都执行一次，而第 2 支路的 MOV（P）是脉冲执行型指令，（P）表示当 X000 由 OFF 转换为 ON 时，仅执行一次指令。

3. 可处理数据长度

功能指令可处理 16 位数据，也可处理 32 位数据，见图 6-41 示例梯形图。第 1 梯级中，当 X000 接通，则移位 MOV 功能指令处理的数据为 16 位，即将 D10 的内容传送至 D12；而在第 2 梯级中，（D）MOV 功能指令处理的数据为 32 位，将 D21D20（由 D21、D20 构成的 32 位数据）的内容传送到 D23D22（由 D23、D22 组成的 32 位数据存储单元）。

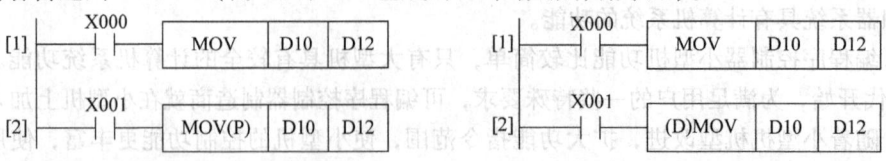

图 6-40 功能指令执行方式示例   图 6-41 功能指令处理数据长度示例

4. 常用功能指令

(1) 条件跳转指令 FNC00（CJ）

条件跳转指令当跳转条件满足时，实现跳转，达到选择执行程序段的目的。跳转指令的操作数为指针地址 P0～P63，用于指定跳转目标程序段。跳转指令跳过部分中的输出线圈号，允许与其他部分程序中输出线圈重号。当条件控制触点为 ON 时，触发跳转，跳过部分的程序指令不执行，控制触点为 OFF 时，跳转不执行，程序按原顺序向下执行。

（2）比较指令 FNC10（CMP）

比较指令 FNC10（CMP）可根据数据比较结果形成条件选择，完成控制转移。比较指令 FNC10（CMP）须有三个操作数，即数据源 [S1] 和 [S2] 以及目标地址 [D]，指令操作进行 [S1] 和 [S2] 的数据比较，并将比较结果送目标 [D] 中，其梯形图表示如下：

```
        X0    [S1] [S2]  [D]
        ├──┤─ CMP  K100 C20  M0
              M0   K100>C20当前值M0置在ON
              ├──┤
              M1   K100=C20当前值M1置在ON
              ├──┤
              M2   K100<C20当前值M2置在ON
              ├──┤
```

当 X0 闭合时，触发比较指令，此时将 [S1] 常数数据 K100 与 [S2] 计数器 C20 的计数数据进行比较，根据比较结果，对 M1、M2 或 M3 置位，达到选择控制的目的。

（3）传送指令 FNC12（MOV）

传送指令 FNC12（MOV）实现数据的传送。传送指令需要两个操作数，即源数据 [S] 和目标地址 [D]。操作将源数据 [S] 数据 K100 传送到指定目标地址 [D] 中。梯形图表示如下：

```
        X0       [S]  [D]
        ├──┤─ MOV K100 D10
```

（4）右移位指令 FNC34 与左移位指令 FNC35（FSTR）

脉冲型右移位指令 FNC34 与左移位指令 FNC35（FSTR）用于在脉冲信号作用下将位状态向右或向左移动。移位指令有 4 个操作数，分别为源数据 [S]、移位目标 [D]、移位目标个数 n1 和移动位数 n2，指令应用梯形图表示如下：

```
        X10       [S] [D]  n1 n2
        ├──┤─ FSTL X0 M0  K8 K2
```

梯形图中 [S] 为源数据，此处是输入置位信号 X0，[D] 为移位目标元件辅助继电器 M0，n1 指定了辅助继电器的个数，n2 指定每次移动的位数，使用中脉冲上升沿触发移位，如 X10 闭合，则执行一次移位，移位过程示意图如图 6-42 所示。

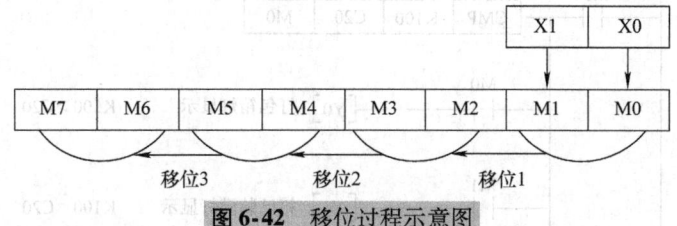

图 6-42 移位过程示意图

（5）加 1 指令 FNC24（INC）

图 6-43a 中，X0 接通一次，D10 里的内容加 1，执行过程见图 6-43b。

（6）减 1 指令 FNC25（DEC）

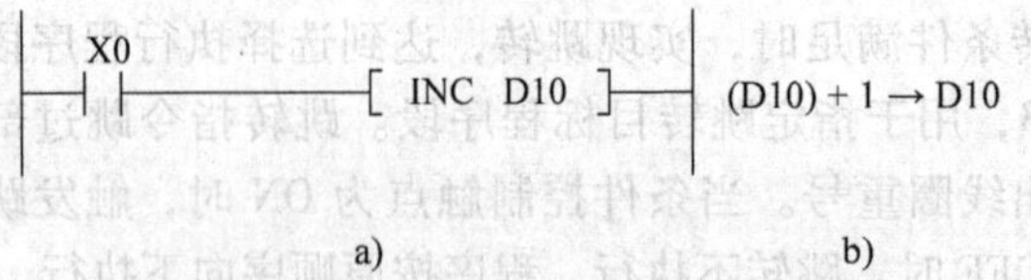

```
         X0
    ──┤ ├──────────[ INC  D10 ]         (D10) + 1 → D10
         a)                                  b)
```

图 6-43 加 1 指令及执行过程示意图

图 6-44a 中，X10 接通一次，D10 里的内容减 1，执行过程如图 6-44b 所示。

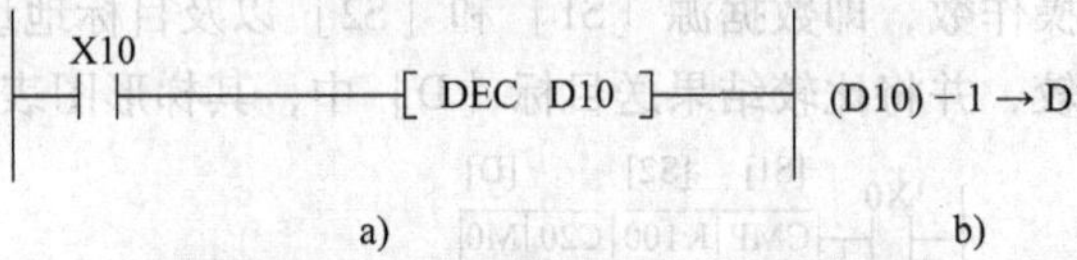

```
         X10
    ──┤ ├──────────[ DEC  D10 ]         (D10) − 1 → D10
         a)                                  b)
```

图 6-44 减 1 指令及执行过程示意图

(7) BCD 码转换指令 FNC18（BCD）

该指令的功能是将源操作数（图 6-45a 中的 D0）中的二进制码转换成 BCD 码，存放在目标操作数（图 6-45a 中的 D5）中。BCD 码转换是将十位数的每一位转换成对应的 4 位二进制 BCD 码。指令中 D0 等于十进制数 25，转换成 BCD 码后为十六进制数 25H（实际大小为 37）。执行过程如图 6-45b 所示。

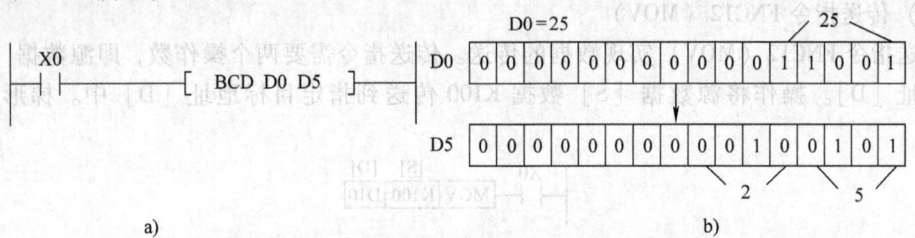

a)   b)

图 6-45 BCD 码转换指令及执行过程示意图

5. 功能指令应用举例

功能指令的使用可以使控制简捷方便，现以产品装箱控制中装箱状态显示控制以及电梯运行显示控制为例，了解功能指令中比较指令的使用。

(1) 装箱状态显示控制

产品装箱时，每箱装 100 只，然后将箱打包运出，为监视工作状态，控制回路含有工作状态显示功能，并用比较指令实现控制，其控制梯形图如图 6-46 所示。

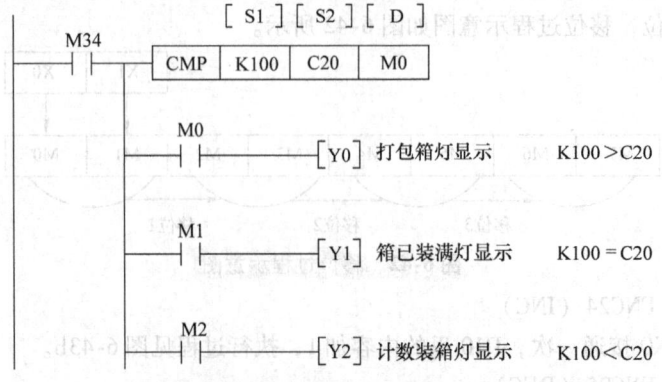

图 6-46 装箱状态显示控制

图中,当设备开机工作后,M34 触点闭合,比较指令将常数 K100 与计数器计数值进行比较,并根据比较结果对 M0、M1 或 M2 置位,由 M0、M1 和 M2 分别实现装箱状态显示控制。

(2) 电梯运行显示控制

电梯层显 PLC 接线图如图 6-47a 所示。相应的梯形程序图如图 6-47b 所示,现分析程序工作过程。

当电梯位于某一层时,应产生位于该楼层的信号,以便控制楼层所在显示器显示楼层所处的位置,离开该楼层后,该楼层信号被新的楼层信号(上一层或下一层)所代替。D200 为电梯的楼层数,通过译码器译码后用数码管显示出来。X40 是上强迫行程开关,装在 5 楼,当电梯运行到 5 楼时,使 D200 为 5。X41 是下强迫行程开关,装在 1 楼,当电梯运行到 1 楼时,使 D200 为 1。以上两步相当于一个初始化操作。在中间的某楼层中,电梯上行时,每上一层,D200 加 1;当电梯下行时,每下一层,D200 减 1。另外,电梯在 1~5 楼时,分别使 M110~M114 置 ON。

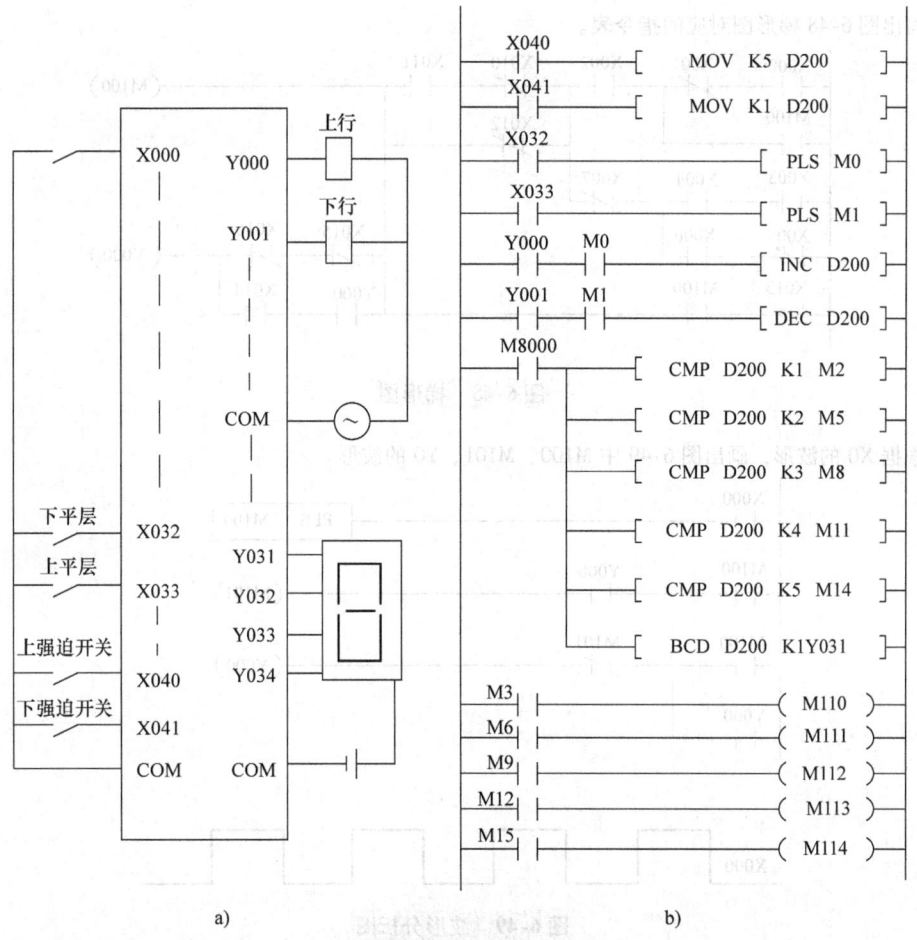

图 6-47 电梯楼层显示控制
a) 电梯层显 PLC 接线图 b) 电梯层显 PLC 梯形程序图

指令中 K1Y031 是组合位元件,组合位元件的规律是以 4 位为一组组合成单元,K 后所带数字代表组数,后面的元素为最低一组的最低位。所以 K1Y031 意思是将 Y034~Y031 这 4 位组合成一组单元。再比如 K5X0,意思是将 X19~X0 共 4×5=20 位组合成一个单元。例子中因为楼层数最多为5，只需要4位即1组组合单元表达即可。

习题与思考题

1. 画出表 6-2 对应的梯形图。

表 6-2 指令表

1	LD X0	7	AND X5	13	AND X103
2	AND X1	8	LD X6	14	ORB
3	LD X2	9	AND X7	15	AND M102
4	ANI X3	10	ORB	16	OUT Y34
5	ORB	11	ANB		END
6	LD X4	12	LD M101		

2. 写出图 6-48 梯形图对应的指令表。

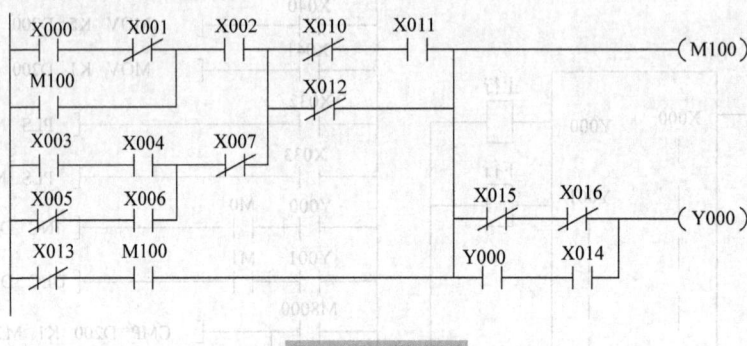

图 6-48 梯形图

3. 根据 X0 的波形，画出图 6-49 中 M100、M101、Y0 的波形。

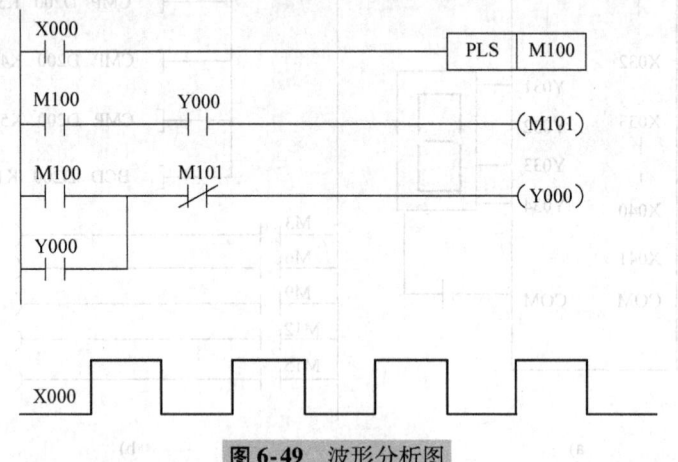

图 6-49 波形分析图

4. 利用 FX 系列 PLC 提供的定时器指令编出实现图 6-50 所示动作时序的梯形图程序和语句表程序。

5. 设计一个汽车库自动门控制系统，具体控制要求是：当汽车到达车库门前，超声波开关接收到车来的信号，开门上升，当升到顶点碰到上限开关，门停止上升，当汽车驶入车库后，光电开关发出信号，门电动机反转，门下降，当下降碰到下限开关后门电动机停止。试画出输入输出设备与 PLC 的接线图，设计出梯形图程序。

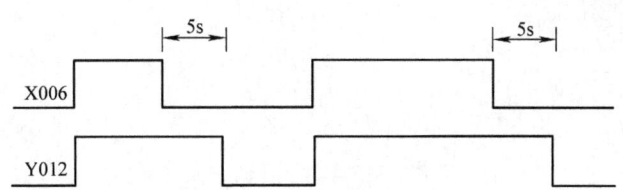

图 6-50　定时器指令编程应用图

6. 有一 3 台传送带运输机系统（见图 6-51），分别用电动机 M_1、M_2、M_3 带动，控制要求如下：
按下起动按钮，按 M_3、M_2、M_1 的顺序起动，每隔 5s 起动一台传送带运输机。正常运行时，M_3、M_2、M_1 均工作；按下停止按钮时，按 M_1、M_2、M_3 的顺序停止，每隔 5s 停一台传送带运输机。

1）写出 I/O 分配表；
2）画出梯形图。

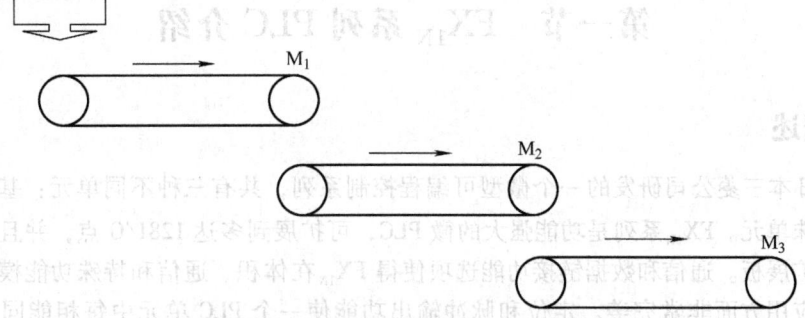

图 6-51　传送带运输机系统工作示意图

7. 5 盏灯单通循环控制。

要求：按下起动信号 X0，5 盏灯（Y0 ~ Y4）依次循环显示，每盏灯单独亮 1s 时间。按下关灯信号 X1，灯全灭。

第七章

FX$_{1N}$ 系列 PLC 及其编程软件

第一节 FX$_{1N}$ 系列 PLC 介绍

一、概述

FX$_{1N}$ 为日本三菱公司研发的一个微型可编程控制系列，共有三种不同单元：基本单元、扩展单元、特殊单元。FX$_{1N}$ 系列是功能强大的微 PLC，可扩展到多达 128I/O 点，并且能增加特殊功能模块或扩展板。通信和数据链接功能选项使得 FX$_{1N}$ 在体积、通信和特殊功能模块和能源控制等重要的应用方面非常完美。定位和脉冲输出功能使一个 PLC 单元中每相能同时输出 2 点 100kHz 脉冲。PLC 配备有 7 条特殊的定位指令，包括零返回、绝对或相对地址表达方式及特殊脉冲输出控制。可以通过扩展板或显示模块升级系统，如可以使用扩展板增加通信功能，如 RS – 232，RS – 422，RS – 485 或增加模拟电位器。显示模块能监控/编辑定时器、计数器和数据寄存器并能和扩展板连接。在网络和数据通信功能方面，通过连接扩展板或特殊适配器能实现多种通信和数据链接。

FX$_{1N}$ 的可选用设备有：

1）存储盒 FX$_{1N}$ – EEPROM – 8L，具有程序读写传送功能的 8K 步 EEPROM。

2）显示模块 FX$_{1N}$ – 5DM，能监控位元件的 ON/OFF 和字元件的当前值/设定值的 BFM，也可强制 SET/RST 位元件、改变字元件以及 BFM 的当前值/设定值，是一种小型设定显示器。

3）功能扩展板 具有通信功能或作为模拟电位器使用的板。

FX$_{1N}$ – 232 – BD：用于连接 PLC 的外围设备的 RS – 232 通信板。

FX$_{1N}$ – 422 – BD：用于连接 PLC 的外围设备的 RS – 422 通信板。

FX$_{1N}$ – 485 – BD：用于连接 PLC 的外围设备的 RS – 485 通信板。

FX$_{1N}$ – CNV – BD：用于连接 FX$_{0N}$ 的特殊适配器的选用板。

FX$_{1N}$ – 8AV – BD：是装有 8 点模拟电位器的选用板。

FX$_{1N}$ 系列 PLC 的型号含义如下：

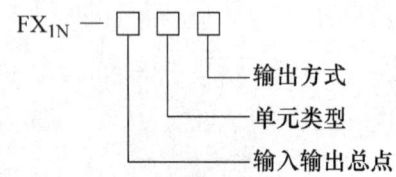

输出方式：
R——继电器输出（有触点、交流/直流负载两用）
T——晶体管输出（无触点、直流负载用）
单元类型：
M——基本单元
E——扩展单元

例如，FX_{1N} – 60MT 表示：FX_{1N} 系列 PLC 的一种基本单元，它的输入输出总点数为 60 点，采用晶体管输出方式。

FX_{1N} 系列 PLC 基本单元由电源、CPU、存储器、输入输出点组成。有 3 种类型，其输入输出点数分配见表 7-1。

表 7-1　FX_{1N} 系列 PLC 基本单元

总点数	输入点数	输出点数	继电器输出	晶体管输出
24	14	10	FX_{1N} – 24MR	FX_{1N} – 24MT
40	24	16	FX_{1N} – 40MR	FX_{1N} – 40MT
60	36	24	FX_{1N} – 60MR	FX_{1N} – 60MT

二、技术性能

技术性能如表 7-2 所示。

表 7-2　技术性能

项　　目		性　　能
运算控制方式		存储程序反复扫描方式，有中断指令
输入输出控制方式		批处理方式、输入输出刷新指令，有脉冲捕捉功能
编程语言		指令表，梯形图（也可用 SFC 表示）
程序内存	程序容量、形式	内置 8KB EEPROM（不需存储器电池支持）
	可选存储器	FX_{1N} – EEPROM – 8L
指令种类	顺控指令	27 个
	步进梯形图指令	2 个
	应用指令	89 种
运算处理速度	基本指令	0.55 ~ 0.7μs/指令
	应用指令	数个至数百个 μs/指令
输入输出点数	输入点数	从 X000 开始 ~（八进制编号）
	输出点数	从 Y000 开始 ~（八进制编号）
周围温度		0 ~ 55℃（使用时）　– 20 ~ 70℃（保存时）
相对湿度		35% ~ 85%RH（不结露）
耐电压		AC1500V（1min）

三、软元件的种类和编号

软元件的种类和编号如表 7-3 所示。

表 7-3 软元件的种类和编号

	FX$_{1N}$-24M	FX$_{1N}$-40M		FX$_{1N}$-60M
输入继电器 X	X000~X015 14 点	X000~X027 24 点		X000~X043 36 点
输出继电器 Y	Y000~Y011 10 点	Y000~Y017 16 点		Y000~Y027 24 点
辅助继电器 M	M0~M383 384 点 一般用	M384~M1535 1152 点保持用 M384~M511 EEPROM 保持 M512~M1535 电容保持		M8000~M8255 256 点 特殊用
状态 S		S0~S999（S0~S9 为初始状态） 1000 点保持用 S0~S127 EEPROM 保持　　S10~S999 电容保持		
定时器 T	T0~T199 200 点 100ms	T200~T245 46 点 10ms	T246~T249 4 点　1ms 累计 电容保持	T250~T255 6 点 100ms 累计 电容保持
计数器 C	16 位增计数器		32 位增减计数器	高速计数器
	C0~C15 16 点 一般用	C16~C199 184 点 保持用	C200~C219　C220~C234 20 点　　　　15 点 一般用　　　　保持用	C235~C255 21 点 EEPROM 保持
数据寄存器 D,V,Z	D0~D127 128 点 一般用	D128~D7999 7872 点 保持用	D8000~D8255 256 点 特殊用	V0~V7 Z0~Z7 16 点变址用
嵌套指针	N0~N7 8 点 主控用	P0~P127 128 点 跳转、子程序用分支指针		I00*~I05* 6 点　*为 0：下降沿，1：上升沿 输入中断用指针
常数 K	16 位 -32768~32767		32 位 -2147483648~2147483647	
H	16 位 0~65535		32 位 0~4294967295	

四、常用指令一览

常用指令一览表如表 7-4 所示。

表 7-4 常用指令一览表

指令助记符	功能	回路表示和对象软元件
LD 取	运算开始 常开触点	─┤├──┤├──( ) 　XYMSTC
LDI 取反	运算开始 常闭触点	─┤/├──┤├──( ) 　XYMSTC
LDP 取脉冲	运算开始 上升沿检出	─┤↑├──┤├──( ) 　XYMSTC

（续）

指令助记符	功能	回路表示和对象软元件
LDF 取脉冲	运算开始 下降沿检出	┤↓├ ( ) XYMSTC
AND 与	串联连接 常开触点	┤├ ┤├ ( ) XYMSTC
ANI 与非	串联连接 常闭触点	┤├ ┤/├ ( ) XYMSTC
ANDP 与脉冲	串联连接 上升沿检出	┤├ ┤↑├ ( ) XYMSTC
ANDF 与脉冲	串联连接 下降沿检出	┤├ ┤↓├ ( ) XYMSTC
OR 或	并联连接 常开触点	┤├ ( ) ┤├ XYMSTC
ORI 或非	并联连接 常闭触点	┤├ ( ) ┤/├ XYMSTC
ORP 或脉冲	并联连接 上升沿检出	┤├ ( ) ┤↑├ XYMSTC
ORF 或脉冲	并联连接 下降沿检出	┤├ ( ) ┤↓├ XYMSTC
ANB 回路块与	回路块之间 串联连接	┤├┤├ ┤├┤├ ( )
ORB 回路块或	回路块之间 并联连接	┤├┤├ ┤├┤├ ( )
OUT 输出	线圈 驱动指令	┤├ ( ) YMSTC
SET 置位	线圈动作 保持指令	┤├ ─[SET | YMS]─
RST 复位	解除线圈动作 保持指令	┤├ ─[RST | YMSTCD]─
PLS 上升沿脉冲	线圈上升沿 输出指令	┤├ ─[PLS | YM]─
PLF 下降沿脉冲	线圈下降沿 输出指令	┤├ ─[PLF | YM]─
MC 主控	公共串联接点用 线圈指令	┤├ ─[YM | N | MC]─
MCR 主控复位	公共串联接点 解除指令	─[MCR | N]─

151

(续)

指令助记符	功能	回路表示和对象软元件
NOP 空操作	无动作	消除程序或留出空间
END 结束	程序结束	程序结束，返回到 0 步
STL 步进触点	步进梯形图开始	⊣├──┤├──( ) S
RET 步进返回	步进梯形图结束	RET
CJ 条件跳转	条件跳转指令	⊣├── CJ P1
MOV 传送	数据传送	
CMP 比较	数据比较	
ADD 加	二进制加法	
SUB 减	二进制减法	
MUL 乘	二进制乘法	
DIV 除	二进制除法	
INC 加 1	二进制加 1	
DEC 减 1	二进制减 1	
MTR	矩阵输入	
SPD	脉冲密度（测速指令）	
PLSY	脉冲输出	
PWM	脉宽调制	
PID	PID 运算	
RD3A	模拟量输入	
WR3A	模拟量输出	

五、FX1N 系列 PLC 用户程序输入

1) 由手持式编程器 HPP（FX－20P）进行程序输入、编辑、监控等（指令表形式）。

2) 在 PC 机上利用三菱编程软件（SWOPC FXGP/WIN－C）进行用户程序输入、编辑、注释、监控等（梯形图、指令表等形式）。

第二节　FX$_{1N}$ 系列 PLC 联机软件 SWOPC－FXGP/WIN－C 操作说明

一、概述

SWOPC－FXGP/WIN－C 为一个可应用于 FX 系列可编程控制器的编程软件，可在 Windows 操作系统下运行。它是一个纯绿色软件，无需安装，只要将相关文件复制到一个目录下运行即可，同样，卸载时只要删除安装的目录就行了。

在 SWOPC－FXGP/WIN－C 中，你可通过线路符号、列表语言及 SFC 符号来创建顺控指令程序，建立注释数据及设置寄存器数据，创建顺控指令程序以及将其存储为文件，用打印机打

印。该程序可在串行系统中可与可编程序控制器进行通信、文件传送、操作监控以及各种测试功能。软件操作主界面如图 7-1 所示。

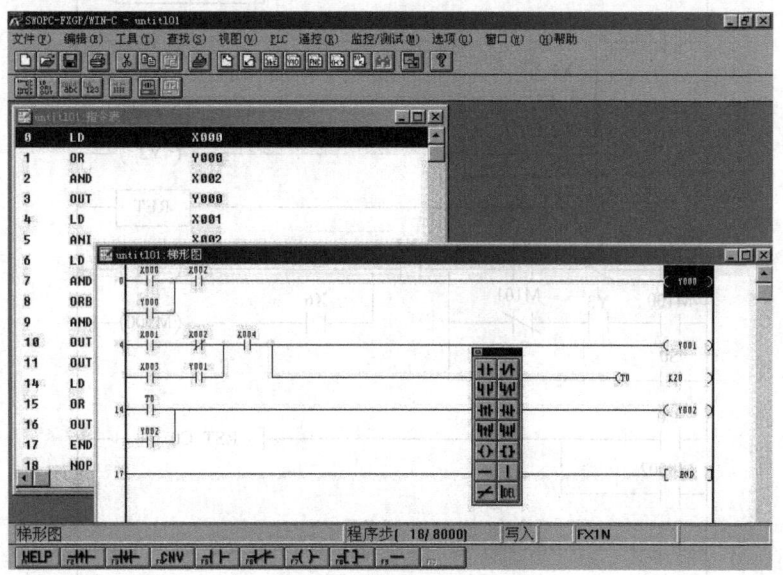

图 7-1 软件操作主界面

二、软件的主要功能

◆ 梯形图编辑
◆ 指令表编辑
◆ SFC 编辑
◆ 注释编辑
◆ 寄存器编辑
◆ 文件
◆ 打印
◆ PLC 操作
◆ 联机
◆ 监控
◆ 检测
◆ 选择项

三、操作步骤

下面以图 7-2 所示梯形图为例介绍软件的操作方法。

1. 创建新文件

功能：创建一个新的顺控程序。

操作方法：通过选择［文件］-［新文件］菜单项或者［Ctrl］+［N］键操作，程序将打开一"PLC 类型设置"窗口，对于本程序选择 FX_{1N}，如图 7-3 所示。单击［确认］按钮，程序进入主界面，显示梯形图编辑窗口。

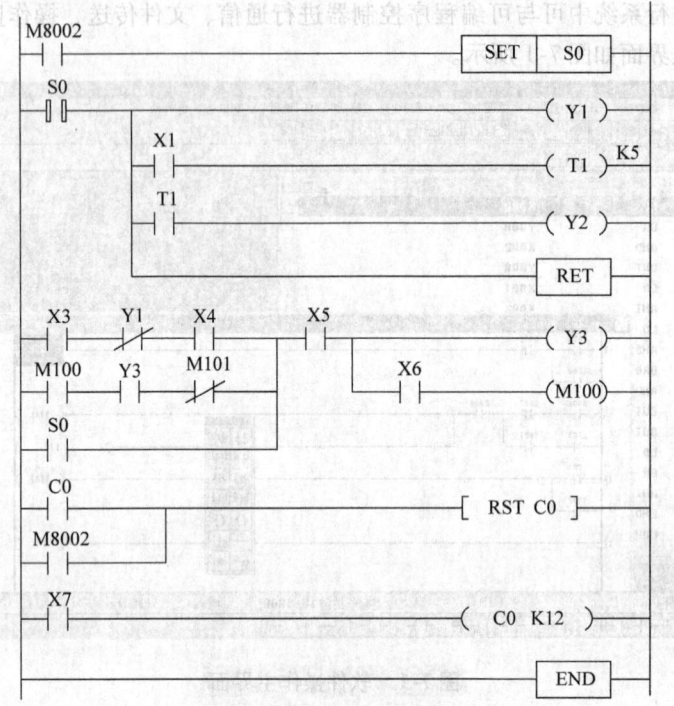

图 7-2　所编辑的梯形图

2. 输入程序

默认情况下，显示"功能图"选择模板，如图 7-4 所示。如果没有打开，通过选择 [视图] – [功能图] 菜单项打开"功能图"选择模板。

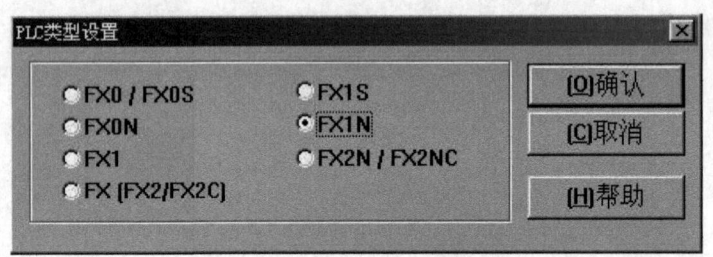
图 7-3　"PLC 类型设置"窗口

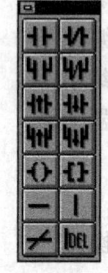
图 7-4　"功能图"选择模板

各主要元件的输入方法以及主要的编辑方法如下：

（1）工具

1）触点

功能：输入电路符号中的触点符号。

操作方法：在执行 [工具] – [触点] – [– | | –] 菜单操作时，选中一个触点符号，显示"元件输入"对话框。执行 [工具] – [触点] – [– | / | –] 菜单操作选中 B 触点。执行 [工具] – [触点] – [– | P | –] 菜单操作选择脉冲触点符号，或执行 [工具] – [触点] – [– | F | –] 菜单操作选择下降沿触发触点符号。在元件输入栏中输入元件，按 [Enter] 键或确认按钮后，光标所在处的便有一个元件被登录。若单击参照按钮，则显示元件说明对话框，可完成更多的设置。本程序里如：LD M8002、LD X3、ANI Y1、OR S0 等。

2) 线圈

功能：在电路符号中输入输出线圈。

操作方法：在进行［工具］-［线圈］菜单操作时，"元件输入"对话框被显示。在输入栏中输入元件，按［Enter］键或确认按钮，于是光标所在地的输出线圈符号被登录。单击参照按钮显示元件说明对话框，可进行进一步的特殊设置。本程序里如：OUT Y1、OUT T1 K5、OUT C0 K12 等。

3) 功能指令

功能：输入功能线圈命令等。

操作方法：在执行［工具］-［功能］菜单操作时，显示"命令输入"对话框。在输入栏中输入元件，按［Enter］键或确认按钮，光标所在地的应用命令被登录。再单击参照按钮，显示命令说明对话框，可进行进一步的特殊设置。本程序里如：STL S0、RET、SET S0、RST C0、END 等。

4) 连线

功能：输入垂直及水平线，删除垂直线。

操作方法：垂直线被菜单操作［工具］-［连线］-［｜］登录，水平线被菜单操作［工具］-［连线］-［－］登录，翻转线被菜单操作［工具］-［连线］-［-／-］登录，垂直线被菜单操作［工具］-［连线］-［｜删除］删除。

注：所有的触点、线圈、功能指令、连线均可从"功能图"选择模板上选取。

编程技巧：

如果熟悉语句指令编程，可以在梯形图中用鼠标点中需要编程的地方，然后直接在键盘上输入相应的指令语句。

如图 7-5 所示，鼠标选中，第 1 行的第 1 列，在键盘上输入"LD X0"，一个常开触点的 X0 将直接置于此处，鼠标自动选中第 1 行的第 2 列，再在键盘上输入"OUT Y0"，Y0 输出线圈将自动靠右显示在梯形图上。

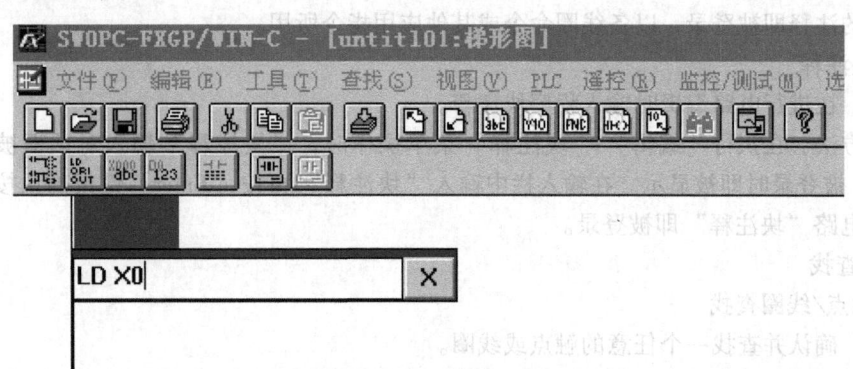

图 7-5 直接输入指令

(2) 编辑

1) 块选择

功能：在块单元中选择电路。欲执行［剪切 & 粘贴］或［拷贝 & 粘贴］前应以此来选择电路块。

操作方法：电路块是通过［编辑］-［块选择］-［向上］或［编辑］-［块选择］-［向下］

菜单操作，或［Ctrl］+［?］键操作来选定的。通过重复同样的操作，可在屏幕的竖直方向上选定电路块。

2）行插入

功能：插入一行。

操作方法：通过执行［编辑］-［行插入］菜单操作，在光标位置上插入一行。

3）行删除

功能：删除电路符号或电路块单元。

操作方法：通过进行［编辑］-［删除］菜单操作或［Delete］键操作删除光标所在处的电路符号欲执行修改操作，首先通过执行［编辑］-［块选择］菜单操作选择电路块，再通过［编辑］-［删除］菜单操作或［Delete］键操作，被选单元被删除。

4）删除

功能：删除电路符号或电路块单元。

操作方法：通过进行［编辑］-［删除］菜单操作或［Delete］键操作删除光标所在处的电路符号。欲执行修改操作，首先通过执行［编辑］-［块选择］菜单操作选择电路块，再通过［编辑］-［删除］菜单操作或［Delete］键操作，被选单元被删除。

5）元件注释

功能：在进行电路编辑时输入"元件注释"。

操作方法：在执行［编辑］-［元件注释］菜单操作时，"元件注释"输入对话框被打开。"元件注释"被登录即被显示。在输入栏中输入"元件注释"再按［Enter］键或按确认按钮，光标所在电路符号的元件注释便被登录。

6）线圈注释

功能：在进行电路编辑时输入线圈注释。

操作方法：在执行［编辑］-［线圈注释］菜单操作时，"线圈注释"输入对话框被显示。当线圈注释被登录时即被显示。在输入栏中输入线圈注释并按［Enter］键或确认按钮，光标所在处线圈的注释即被登录，以备线圈命令或其他应用指令所用。

7）块注释

功能：在进行电路编辑时输入程序块注释。

操作方法：在执行［编辑］-［块注释］菜单操作时，"块注释"输入对话框被显示。当"块注释"被登录时即被显示。在输入栏中输入"块注释"再按［Enter］键或确认按钮，光标所在处的电路"块注释"即被登录。

（3）查找

1）触点/线圈查找

功能：确认并查找一个任意的触点或线圈。

操作方法：在执行［查找］-［触点/线圈查找］菜单操作时，触点/线圈查找对话框显现。键入待查找的触点或线圈，单击运行按钮或按［Enter］键，执行指令，光标移动到已寻到的触点或线圈处，同时改变显示。

2）可以进行元件名查找、元件查找、指令查找，方法同上。

3）改变元件地址

功能：改变特定软元件地址。

操作方法：执行［查找］-［改变元件号］菜单操作，屏幕显示"改变元件"对话框。设置好将被改变的元件及范围范围。单击［运行］按钮或［Enter］键执行命令。

［例如］：用 X20 至 X25 替换 X10 至 X15：

在［被代换元件］输入栏中输入［X10］至［X15］并在［代换起始点］处输入［X10］。用户可设定顺序替换或这成批替换，还可设定是否同时移动注释以及应用指令元件。

4）改变触点类型

功能：将 A 触点与 B 触点互换。

操作方法：执行［查找］-［改变位元件］菜单操作，改变 A，B 触点的对话框出现。指定待换元件范围，单击［运行］按钮或按［Enter］键，改变 A，B 触点的变换得到执行。可选择顺序改变或成批改变。

3. 视图

在保存之前，一定要先转换成梯形图，否则保存为空。转换方法：执行［工具］-［转换］菜单操作。必须事先确保梯形图无错误，否则不能转换。转换前背景为灰色，转换后背景为白色。

另外还可以显示各种视图。

（1）梯形图

功能：打开电路图视图或激活已打开的电路图视图。默认的显示方式。

操作方法：单击［视图］-［梯形图视图］菜单，窗口显示被改变。

（2）指令表

功能：打开指令表视图或激活已被打开的指令表视图。

操作方法：单击［视图］-［指令表视图］菜单，窗口显示被改变。

（3）SFC——状态转移图

功能：打开 SFC 视图或激活已被打开的 SFC 视图。

操作方法：单击［视图］-［SFC 视图］菜单，窗口显示被改变。

（4）触点/线圈列表

功能：显示触点及线圈的使用状态。

操作方法：在指令表窗口的激活状态下，执行［视图］-［触点/线圈列表］菜单操作，显示可用指令表视图。若在此处指定元件，则该元件的使用状态被显示。在此使用状态的显示区域或移动光标到目的地，按［Enter］键即可。

目标元素：X，Y，M，S，T，C，D，P，I，N，V，Z

（5）已用元件显示

功能：显示程序中元件的使用状态。

操作方法：在指令表视图的激活状态下，执行［视图］-［已用元件显示］菜单操作，屏幕显示已用元件列表。如果在此指定起始元件，随后元件的使用状态也被显示。

目标元件：X，Y，M，S，T，C，D，P，I，N

显示内容：-｜｜-及-（）-表明正被使用的触点和线圈。上面数字表示被使用次数。显示 E 意味着元件仅仅只能被用作触点或线圈二者之一。

4. 赋名并保存

功能：指定保存文件的文件名及路径，保存指令程序以及诸如注释文件之类的数据。

操作方法：选择［文件］-［赋名并且保存］操作，"保存文件"对话框将被打开，指定好文件名及路径。可同时在对话框［程序写入器］中登录注释数据。

注：

1）保存之前一定要先正确地转换成指令表程序，否则保存的内容无效，下次打开将是空白。

2) 在输入文件名时可不必输入文件扩展名。所有文件被自动加上扩展名。

5. PLC 操作

(1) 传送程序

功能：将已创建的顺控程序成批传送到可编程序控制器中。传送功能包括［读入］、［写出］及［校验］。

［读入］：将 PLC 中的顺控程序传送到计算机中。

［写出］：将计算机中的顺控程序发送到可编程序控制器中。

［校验］：将在计算机及可编程序控制器中顺控程序加以比较校验。

操作方法：由执行［PLC］-［传送］-［读入］，-［写出］，-［校验］菜单操作而完成。当选择［读入］时，应在［PLC 模式设置］对话框中将已连接的 PLC 模式设置好。

注：在选择写出步数时，如果选择所有范围，传送时间将很长，因此最好选择起始步和终止步范围，终止步略大于或等于实际步数即可。

另必须保证 PLC 连接正确，端口设置正确。方法：执行［PLC］-［端口设置］，端口设置根据所接串口号设置，传送速率一般选择"9600bit/s"。

(2) 遥控运行/终止

功能：在可编程序控制器中以遥控的方式进行运行/停止操作。

操作方法：执行［PLC］-［遥控运行/停止］菜单命令，在"遥控运行/停止"对话框中操作。

(3) 运行时改变程序

功能：将运行中的与计算机相连的 PLC 的顺控程序部分改变。

操作方法：在［线路编辑］中，执行［PLC］-［运行时改变程序］菜单操作或［Shift］+［F4］键操作时出现确认对话框，单击确认按钮或［Enter］键执行命令。

警告：

1) 该功能改变了 PLC 操作，应对其改变内容充分加以确认。

2) 计算机的 RS232C 端口及 PLC 之间必须用指定的缆线及转换器连接。

3) PLC 程序内存必为 RAM。

4) 可被改变的顺控程序仅为一个电路块，限于 127 步。依据要求，被改变的电路块中应无高速计数器的应用指令或标签被改变的情况。

6. 监控

(1) 元件监控

功能：监控元件单元。

操作方法：执行［监控/测试］-［元件监控］菜单操作命令，屏幕显示元件登录监控窗口。在此登录元件，双击鼠标或按［Enter］键显示"元件登录"对话框。设置好元件及显示点数，再单击"确认"按钮或按［Enter］键即可。

(2) 强制 Y 输出

功能：强制 PLC 输出端口（Y）输出 ON/OFF。

操作方法：执行［监控/测试］-［强制 Y 输出］操作，出现强制 Y 输出对话框。设置元件地址及 ON/OFF，单击运行按钮或按［Enter］键，即可完成特定输出。

(3) 强制 ON/OFF

功能：强行设置或重新设置 PLC 的位元件。

操作方法：执行［监控/测试］-［强制设置，重置］菜单命令，屏幕显示"强制设置，重置"对话框。在此，设置元件 SET/RST，单击"运行"按钮或按［Enter］键，使特定元件得到设置或重置：

- SET 有效元件：X，Y，M，特殊元件 M，S，T，C
- RST 有效元件：X，Y，M，特殊元件 M，S，T，C，D，特殊元件 D，V，Z

RST 字元件：当 T 或 C 被重置，其位信息被关闭，当前值被清零。如果是 D，V 或 Z，仅仅是当前值被清零。

(4) 改变当前值

功能：改变 PLC 字元件的当前值。

操作方法：执行［监控/测试］-［改变当前值］菜单选择，屏幕显示"改变当前值"对话框。在此，选定元件及改变值，单击"运行"按钮或按［Enter］键，选定元件的当前值则被改变。

［元件范围］：对字元件（T，C，D，特殊 D，V，Z）有效。

［被改变的当前值］：设置加 K 十进制数，H 十六进制数，B 二进制数或 A ASCⅡ。如果为 ASCⅡ码，最多可设置 8 个数符。

举例：K100，H002C，B01001，AFX

元件值设置范围见表 7-5。

表 7-5　元件值设置范围（十进制表示法）

目标元素	允许被设置数值
T，C0～199	K0～K32767
C200～C234	K－2147483648～K2147483647
D（16 位）	K－32768～K32767
D（32 位）	K－2147483648～K2147483647

［数据大小］：当选定数据及文件寄存器时，16 位及 32 位均可。

(5) 改变设置值

功能：变 PLC 中计数器或计时器的设置值。

操作方法：在电路监控中，如果光标所在位置为计数器或计时器的输出命令状态，执行［监控/测试］-［改变设置值］菜单操作命令，屏幕显示"改变设置值"对话框。在此，设置待改变的值并单击运行按钮或按［Enter］键，指定元件的设置值被改变。如果设置输出命令的是数据寄存器，或光标正在应用命令位置并且 D，V 或 Z 当前可用，该功能同样可被执行。在这种情况下，元件号可被改变。

本功能在如下条件满足时即可执行。

1）在 PC 中的程序与在 PLC 中的程序为一致的。

2）PLC 的内存为 RAM 或 EEPROM（可被保护开关关断）。

7. 选项

(1) 程序检查

功能：检查语法，双线圈及创建的顺控程序电路图并显示结果。

［语法检查］：检验命令码及其格式。

［双线圈检查］：检查同一元件或显示顺序输出命令的重复使用状况。

［线路检查］：检查梯形图电路中的缺陷。

操作方法：执行［选项］-［程序检查］菜单操作，在［程序检查］对话框中进行设置，再单击确认按钮或按［Enter］键使命令得到执行。

（2）参数设置

功能：设置诸如创建顺控程序的程序大小或决定元件锁存范围大小的内存容量。

设置将被创建的顺控程序的程序大小的储存器，或决定元件保存范围的锁存范围。

操作方法：执行［选项］-［参数设置］菜单，再在［参数设置］对话框中对各项加以设置。

（3）PLC 类型改变

功能：改变 PLC 类型。

操作方法：通过执行［选项］-［PLC 类型改变］菜单操作命令，再在"类型改变"对话框上进行设置。

第三节　GX Developer 编程软件

一、软件概述

GX Developer 是三菱通用性较强的编程软件，它能够完成 Q 系列、QnA 系列、A 系列（包括运动控制 CPU）、FX 系列 PLC 梯形图、指令表、SFC 等的编辑。该编程软件能够将编辑的程序转换成 GPPQ、GPPA 格式的文档，当选择 FX 系列时，还能将程序存储为 FXGP（DOS）、FXGP（WIN）格式的文档，以实现与 FX-GP/WIN-C 软件的文件互换。该编程软件能够将 Excel、Word 等软件编辑的说明性文字、数据，通过复制、粘贴等简单操作导入程序中，使软件的使用、程序的编辑更加便捷。

此外，GX Developer 编程软件还具有以下特点：

1. 操作简便

1）标号编程：用标号编程制作程序的话，就不需要认识软元件的号码而能够根据标示制作成标准程序。用标号编程做成的程序能够依据汇编从而作为实际的程序来使用。

2）功能块：功能块是以提高顺序程序的开发效率为目的而开发的一种功能。把开发顺序程序时反复使用的顺序程序回路块零件化，使得顺序程序的开发变得容易，此外，零件化后，能够防止将其运用到别的顺序程序使得顺序输入错误。

3）宏：只要在任意的回路模式上加上名字（宏定义名）登录（宏登录）到文档，然后输入简单的命令，就能够读出登录过的回路模式，变更软元件就能够灵活利用了。

2. 能够用各种方法和可编程序控制器 CPU 连接

1）经由串行通信口与可编程序控制器 CPU 连接。

2）经由 USB 接口与可编程序控制器 CPU 连接。

3）经由 MELSEC NET/10（H）与可编程序控制器 CPU 连接。

4）经由 MELSEC NET（Ⅱ）与可编程序控制器 CPU 连接。

5）经由 CC-Link 与可编程序控制器 CPU 连接。

6）经由 Ethernet 与可编程序控制器 CPU 连接。

7）经由计算机接口与可编程序控制器 CPU 连接。

3. 丰富的调试功能

1）由于运用了梯形图逻辑测试功能，能够更加简单地进行调试作业。通过该软件可进行模拟在线调试，不需要与可编程序控制器连接。

2）在帮助菜单中有 CPU 出错信息、特殊继电器/特殊寄存器的说明等内容，所以对于在线调试过程中发生错误，或者是程序编辑中想知道特殊继电器/特殊寄存器的内容的情况下，通过帮助菜单可非常简便地查询到相关信息。

3）程序编辑过程中发生错误时，软件会提示错误信息或错误原因，所以能大幅度缩短程序编辑的时间。

二、GX Developer 的特点

这里主要就 GX Developer 编程软件和 FX 专用编程软件 FX-GP/WIN-C 操作使用的不同进行简单说明。

1. 软件适用范围不同

FX-GP/WIN-C 编程软件为 FX 系列可编程序控制器的专用编程软件，而 GX Developer 编程软件适用于 Q 系列、QnA 系列、A 系列（包括运动控制 SCPU）、FX 系列所有类型的可编程序控制器。

需要注意的是使用 FX-GP/WIN-C 编程软件编辑的程序能够在 GX Developer 中运行，但是使用 GX Developer 编程软件编辑的程序并不一定能在 FX-GP/WIN-C 编程软件中打开。

2. 操作运行不同

1）步进梯形图命令（STL、RET）的表示方法不同。

2）GX Developer 编程软件编辑中新增加了监视功能。监视功能包括回路监视、软元件同时监视、软元件登录监视机能。

3）GX Developer 编程软件编辑中新增加了诊断功能，如可编程序控制器 CPU 诊断、网络诊断、CC-Link 诊断等。

4）FX-GP/WIN-C 编程软件中没有 END 命令，程序依然可以正常运行，而 GX Developer 必须在程序中强制插入 END 命令，否则不能运行。

三、GX Developer 的操作界面

图 7-6 所示为 GX Developer 编程软件的操作界面，该操作界面大致由下拉菜单、工具条、编程区、工程数据列表、状态条等部分组成。这里需要特别注意的是在 FX-GP/WIN-C 编程软件里称编辑的程序为文件，而在 GX Developer 编程软件中称之为工程。

与 FX-GP/WIN-C 编程软件的操作界面相比，该软件取消了功能图、功能键，并将这两部分内容合并，作为梯形图标记工具条；新增加了工程参数列表、数据切换工具条、注释工具条等。这种友好、直观的操作界面使操作更加简便。

具体的 GX Developer 操作请参考该软件使用手册。

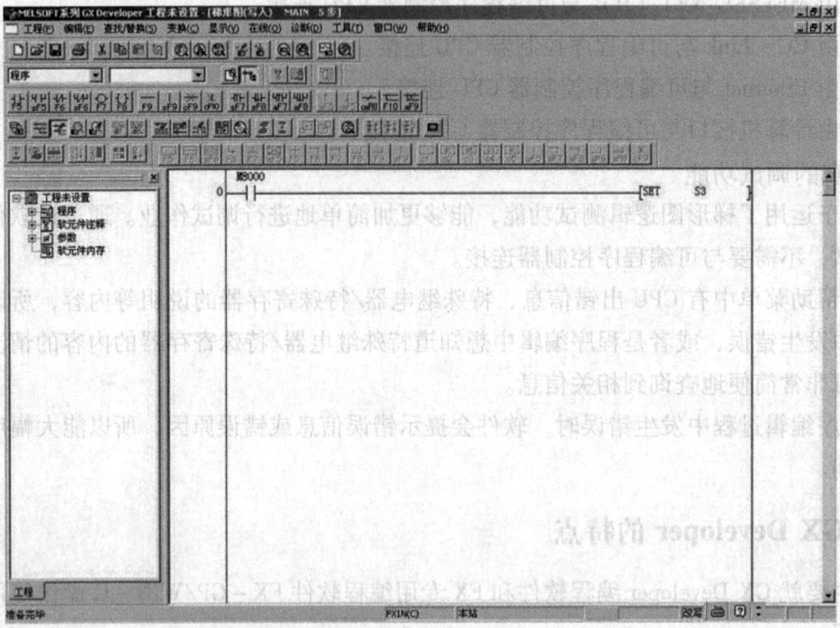

图 7-6　GX Developer 编程软件的编程界面

习题与思考题

1. PLC 主要有哪几种编程语言？
2. PLC 用户程序输入手段有哪些？

第八章

PLC 控制系统的开发应用

可编程序控制器因其具有控制能力强、可靠性高、配置灵活、编程简单、开发使用方便、易于扩展等优点,在当今及今后工业控制领域都将占有最重要的一席,是工业控制的主要手段和重要的自动化控制设备。特别是在机械控制自动化和过程控制自动化两大领域里,小到单机、大到大规模生产自动线、集散控制系统、联网集中控制,一般都能用 PLC 作为电气控制装置,尤其是在复杂的多功能机床、超大规模生产自动线、集散控制系统中更能体现出 PLC 无与伦比的优势。本章将在前面的基础上,进一步介绍 PLC 控制系统设计的一般方法和步骤以及 PLC 控制系统的设计应用举例。

第一节　PLC 控制系统设计的一般方法

一、PLC 控制系统设计的一般步骤

1) 与其他控制系统设计一样,首先在设计一个 PLC 控制系统之前,要根据生产的工艺过程分析控制任务,了解被控对象的工艺流程、控制的基本方式、应完成的动作、自动工作循环的组成、必要的保护和连锁等,从成本、时间、效益等方面决定是否值得适合采用 PLC 控制系统。在控制系统逻辑关系较复杂、工艺流程和产品改型较频繁、需要进行数据处理和信息管理(一般需要与计算机配合)、准备实现工厂自动化联网等情况下,使用 PLC 控制系统是很有必要的。决定采用 PLC 控制系统后就要确定所需要的输入/输出点数及设备,以及控制逻辑关系。

2) 按照前面的要求估算 PLC 的规模,选择功能和容量最适合的 PLC 机型以及需要配置的相关模块(包括电源模块、主控模块、数字量输入/输出模块、通信模块等)。

3) 确定各输入、输出点(包括数字量和模拟量)名称和类型。常用的输入设备有按钮、选择开关、行程开关、接近开关、传感器等,常用的输出设备有继电器、接触器、指示灯、电磁阀等。分配 PLC 的 I/O 点,绘制出输入/输出分配表,设计外部连接图(反映 PLC 与外围设备连接关系的图)。

4) 根据需完成的任务要求,进行 PLC 程序设计,根据工作功能图表或状态流程图等设计出梯形逻辑图。同时还要进行控制台的机械设计、电气设计并完成现场施工。这一步是整个应用系统设计的最核心工作,也是比较困难的一步,要设计好梯形图,首先要十分熟悉控制要求,同时还要有一定的电气设计的实践经验。

5) 如条件许可,可先在编程软件上对所编制的程序进行模拟调试,然后用编程器或者使用配套的辅助编程软件将程序载入 PLC 进行联机调试,调试期间检查和修改程序,直到满足应用

要求。如果控制系统由几部分组成，在调试过程中，应先作局部调试，然后进行整体调试；如果控制程序步序较多，则可先进行分段调试，然后再连接起来总调。

6）整机试运行，并编写相应的技术文档（包括设计方案、说明书、设备清单、程序清单、各种设计图样等）。

7）交付用户正式使用。

二、选择 PLC 机型

目前，国内外 PLC 生产厂家生产的 PLC 品种很多，其性能各有特点，价格也不尽相同，所以要权衡利弊、合理地选择 PLC 机型才能达到经济实用的目的。一般选择机型要以满足系统功能为宗旨，不要盲目贪大求全，以免造成投资和设备资源的浪费。选择 PLC 机型要考虑以下几个方面：

1. 规模的估算

要完成预定任务所需的 PLC 规模主要取决于设备对输入输出点的需求量和控制过程的难易程度。首要的是要确保相应类型的输入输出点数，并留有一定的余量（一般为总点数的15%~20%，防止设计阶段未考虑到的以及后续需要扩充的点）。一般来讲，对于单机自动化和小型的机电一体化产品，可选用整体式的小型 PLC。如果控制系统较大，被控设备较分散，则需选用大中型 PLC。盲目选择点数多的机型会造成一定的浪费。

2. 功能的选择

对于全部以较少开关量作为输入输出点的控制系统，一般的小型低档机就能满足要求。如果开关量较多，同时带有少量模拟量的控制系统，则应选用带 A-D、D-A 转换功能且能进行数学运算、数据传送功能的机型。

对于控制系统较复杂、控制性能要求较高的场合，如要求实现 PID 运算、闭环控制、高速脉冲控制、精确定位控制且需与计算机等其他设备进行通信联网配合管理较多，则应选择中档或高档机特别是模块组合式的高档 PLC。

3. 存储容量的选择

存储容量只能按照系统的控制要求做粗略地估算。一般估算方法是：对于开关量，（输入点数+输出点数）×（10~12）字；有运算处理时按每个开关量5~10字估算；有模拟量处理时可按一路模拟量需80~100字估算；有通信处理时按每种接口200字以上估算；另外，如果还存在其他控制模块，也要增加一定的程序量。最后，还要按估算量的50%~100%留有一定的余量。

4. 可编程序控制器的处理速度应满足实时控制的要求

可编程序控制器是采用顺序扫描的工作方式，其顺序扫描工作方式使它有可能遗漏接收持久时间小于1个扫描周期的输入信号。为此，对于需快速反应的输入开关信号需要选取扫描速度高的机型。对于可编程序控制器的选型问题，当然还应考虑到它的联网通信功能、价格等因素。系统可靠性也是考虑的重要因素。

5. 输入/输出功能及负载能力选择

主要从输入/输出点的类型上考虑。

开关量输入模块的输入电压一般为 DC24V 和 AC220V 两种。直流输入可以直接与接近开关、光电开关等电子输入装置连接，三菱 FX 系列直流输入模块的公用端已经接在内部电源的0V，因此直流输入不需要外接直流电源，有些类型的可编程序控制器输入的公用端要另接电源，这一点需要注意。交流输入方式的触点接触可靠，适合于在有油雾、粉尘的恶劣环境下使用。

不过我们最常用的还是直流输入模块。此外对于输入一般应该选用带光电隔离的模块，以增强系统抗干扰能力和电气保护。

对于输出要决定选用无触点的还是有触点的类型，开关量输出模块有继电器输出、晶体管输出及晶闸管输出。有触点的一般用继电器触点输出，继电器型输出模块的触点工作电压范围广，导通压降小，承受瞬时过电压和过电流的能力较强，价格便宜，但是动作速度较慢，寿命（动作次数）有一定的限制。一般控制系统的输出信号变化不是很频繁，我们优先选用继电器型，并且继电器输出型价格最低，也容易购买。无触点的如晶体管型与双向晶闸管型输出模块分别用于直流负载和交流负载，它们的可靠性高，反应速度快，寿命长，缺点是价格高、过载能力稍差。选择时应考虑负载电压的种类和大小、系统对延迟时间的要求、负载状态变化是否频繁等，还应注意同一输出模块对电阻性负载、电感性负载和白炽灯的驱动能力的差异。因此，一般对于频繁通断的感性负载，应选择晶体管或晶闸管输出型的，不应选用继电器输出型的。

另外需要注意的是，一些 PLC 的输入点模块不光每个点的输入电流是有限制的，对于同时接通的总点数也是有限制的。同样对于 PLC 输出点，每个输出点的驱动能力是有限的，总的输出电流也是有限制的，有的 PLC 每点输出电流的大小还随所加负载电压的不同而异，允许输出电流随环境温度的升高而有所降低。具体的规定可以查询相关的 PLC 使用手册。

6. 其他

包括使用环境条件、价格、可扩充性、软件开发的难易程度以及编程方式、是否容易维修等方面。

三、可编程序控制器的安装与维护

尽管可编程序控制器是专门用于工业生产的控制装置，在设计中有许多有关环境的设计特性，使得它几乎可安装于任何工业环境中。但是为了确保整个系统的稳定性和可靠性，应尽量为可编程序控制器提供良好的运行环境，并采取必要的抗干扰措施。

1. 可编程序控制器的安装

（1）安装环境

在安装可编程序控制器时，其安装环境应满足以下几点：

1）环境温度在 0~55℃ 范围内，低于此范围需采取加温措施，超过 55℃，要安装电风扇强迫通风。

2）相对湿度在 35%~85%RH 范围内。

3）周围无腐蚀性、可燃性气体的地方。

4）避免剧烈振动和冲击。

5）避免受水或油的溅射，避免安装在有导电性尘埃的地方。

6）无阳光直射的地方。

（2）安装注意事项

1）PLC 所有的单元必须在断电情况下进行拆卸。

2）为了避免其他外围设备的电干扰，应安装在尽可能远离高压设备、动力设备的地方。

3）PLC 要有良好的接地，安装用的衬板也要安装接地。

4）在垂直安装或者加工螺纹或布线时，要严防切削粉末、金属导线头落入可编程序控制器的通风窗口内，以免造成短路火灾、故障或误动作。

（3）安装方法

1）DIN 导轨安装：直接安装在 DIN46277（宽 35mm）的导轨上，卸下主机时，用一字形螺丝旋具从下方轻轻拉出导轨安装用卡扣。

2）直接安装：可利用安装孔直接用 M4 的螺钉将可编程序控制器各个模块固定在底板上，安装孔的距离由机型尺寸来决定。

(4) 配线

1）电源连接。FX_{1N} 系列可编程序控制器有 AC100～240V 和 DC24V 两种电源，可根据实际情况选择。DC24V 端可为输入传感器提供 400mA/DC24V 的电源使用，此端子不能由外部电源供电。电源线使用直径 2mm 的双绞线。若电源发生故障，中断时间小于 10ms，可编程序控制器工作不受影响。对于从电源线来的干扰，可编程序控制器本身就具有足够的抵制能力。若电源干扰严重，可安装一个 1:1 的隔离变压器，减少设备与地之间的干扰。

2）接地：良好的接地是保证 PLC 可靠工作的重要条件，可避免电压冲击造成的危害。接地线与机器的接地端相连，基本单元必须接地；基本单元和扩展单元的接地点必须连在一起。接地电阻应小于 100Ω，接地点应与动力设备接地点分开，并尽可能靠近可编程序控制器。

3）输入配线：外部传感器与输入端子的接地根据地址分配来选择输入点。输入器件可以是节点输入或 NPN 型集电极开路晶体管输入。器件接通时，输入线路闭合，指示灯亮。为了达到输入点可靠地接通、断开，输入端的工作电流应满足其指标要求。注意基本单元与扩展单元的 +24V 端子不要连在一起，因为基本单元由内部 +24V 电源供电，而扩展单元需外接电源供电。

4）输出配线：可编程序控制器有三种输出方式：继电器输出、晶闸管输出、晶体管输出。输出端配线有独立输出型和公共输出型两种。点数少的可编程序控制器如 FX – 14MR，其基本单元多为独立输出；FX_{1N} – 40MR、FX_{1N} – 60MR 多采用公共输出。一般每 4 个输出端作为一组，对应一个公共端，各公共端互不相连。不同组中可采用不同类型的电压等级供电，同组中只能用同一电压等级电源供电。

另外，对于直流感性负载输出，两端应并联二极管以吸收噪声干扰，对于交流感性负载输出，两端并接 RC 串联电路；在 PLC 内部输出电路中没有保险丝，为防止因负载短路造成输出短路，应在外部输出电路中安装熔断器或设计紧急停车电路。

2. 可编程序控制器的维护

PLC 主要构成元器件以半导体器件为主，考虑到环境因素，随着使用时间的增长，元器件总是要老化的，因此定期检修和日常维护是很必要的。

(1) 定期检修

每台 PLC 都有确定的定期检修时间，一般以六个月至一年一次为宜，也可根据实际情况将检修期缩短。一般检修的内容包括使用电源、外部工作环境、输入输出用电源、安装连接情况、元器件使用寿命等。若检修有故障，操作时应注意如下事项：

1）更换单元时应先切断电源。

2）要检查换上的单元是否还有异常。

3）如果有接触不良，可用干净的纯棉布醮工业酒精擦拭，然后装好单元。

(2) 日常维护

在可编程序控制器的维护中，经常性损耗的元件有熔断器、输出继电器、锂电池等。更换损耗元件是日程维护的重要内容。

若日常检修中发现有元件损坏，更换前要注意以下几点：

1）切断电源，以免引起触电及元件损害。

2）将损坏的元件按正确的方法拆下，装上新匹配的器件。

3）对于由于外围设备故障造成的损坏，一定要查清原因。

4）安装好后，送电检查是否还有故障。

第二节　PLC 控制系统开发应用举例

可编程序控制器是将继电器控制的概念和设计思想与计算机技术及微电子技术相结合而形成的专门从事逻辑控制的微机系统。在 PLC 系统应用中，梯形图的设计往往是最主要的问题。梯形图不但沿用和发展了电气控制技术，而且其功能和控制指令已远远超过电气控制范畴。它不仅可实现逻辑运算，还具有算术运算、数据处理、联网通信等功能，是具有工业控制指令的微机系统。由于梯形图的设计是计算机程序设计与电气控制设计思想结合的产物，因此，在设计方法上与计算机程序设计和电气控制设计既有着相同点，也有着不同点。

在继电器逻辑控制电路基础上设计 PLC 控制程序一般采用替代设计法。所谓替代设计法，就是用 PLC 的程序，替代原有的继电器逻辑控制电路。它的基本思想是：将原有电气控制系统输入信号及输出信号作为 PLC 的 I/O 点，原来由继电器—接触器硬件完成的逻辑控制功能由 PLC 的软件—梯形图程序替代完成。其优点是程序设计方法简单，有现成的电气控制线路作依据，设计周期短。一般在旧设备电气控制系统改造中，对于不太复杂的控制系统常采用。下面将阐述在继电器逻辑控制基础上采用 PLC 的控制线路设计的案例。

一、三相异步电动机控制中的应用

设计一三相异步电动机控制电路，要求具有减压起动、可逆运行、反接制动功能。其主回路图如图 8-1 所示。如果采用继电器—接触器控制系统，控制电路比较复杂，更改不易，现采用 PLC 控制系统。

1. 控制要求（以正向为例）

1）按下正向起动按钮 SB_1，控制 KM_1 接通，电动机串电阻正向减压起动。

2）延时 5s，接通 KM_3，电动机全压运行。

3）按下停止按钮 SB_3，控制 KM_1、KM_3 断开，在速度继电器 KSZ 自动接通情况配合下，KM_2 接通，反接制动开始，当转速下降小于某值时，KSZ 自动断开，控制 KM_2 断开，反接制动结束。

4）按下反向起动按钮 SB_2，电动机串电阻反向减压起动，后面的操作与正向类似（相应动作的速度继电器触点为 KSF），实现可逆运行。

2. I/O 地址分配

I/O 地址分配表如表 8-1 所示。

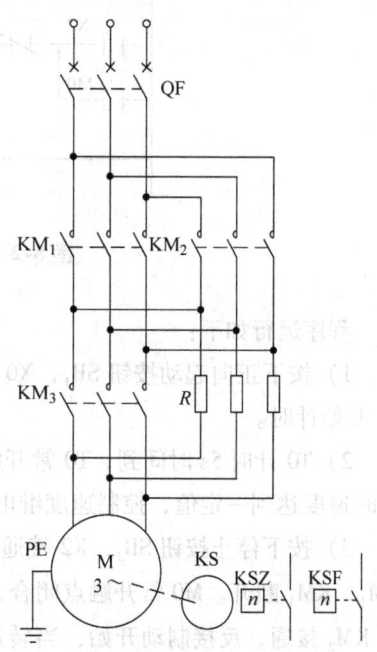

图 8-1　三相异步电动机控制主回路图

表 8-1　I/O 地址分配表

输入设备	对应输入点号	输出设备	对应输出点号
正向起动按钮 SB_1	X0	接触器 KM_1	Y0
反向起动按钮 SB_2	X1	接触器 KM_2	Y1
停止按钮 SB_3	X2	接触器 KM_3	Y2
速度继电器触点 KSZ	X3		
速度继电器触点 KSF	X4		

3. 软件系统设计

根据系统控制要求，采用基本逻辑指令编制的梯形图程序，如图 8-2 所示。

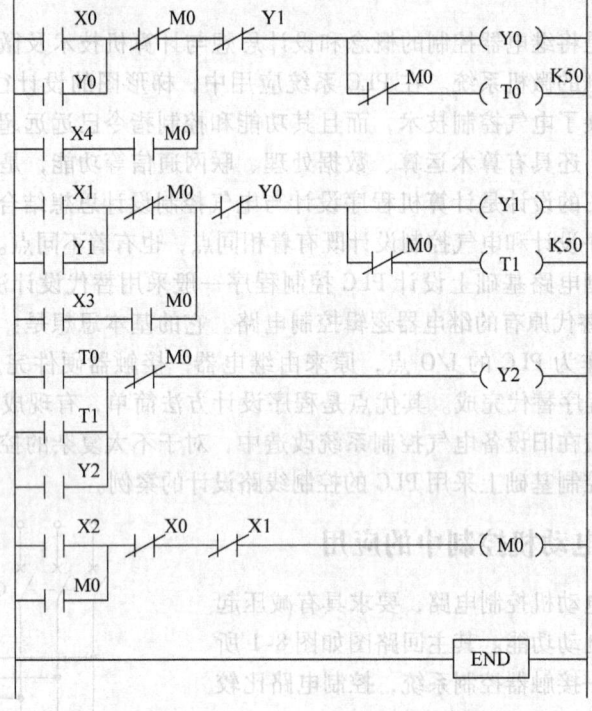

图 8-2 三相异步电动机控制梯形图程序

程序运行如下：

1）按下正向起动按钮 SB_1，X0 接通，Y0 接通并自保，KM_1 接通，电动机减压起动。同时 T0 开始计时。

2）T0 计时 5s 时间到，T0 常开触点接通，Y2 接通并自保，接通 KM_3，电动机全电压运行，同时速度达到一定值，控制速度继电器 KSZ 自动接通，X3 接通。

3）按下停止按钮 SB_3，X2 接通，M0 接通并自保，M0 常闭触点断开，Y0、Y2 断开，控制 KM_1、KM_3 断开。M0 常开触点闭合，在速度继电器 KSZ 自动接通即 X3 接通配合下，Y1 接通，使 KM_2 接通，反接制动开始，当转速下降到小于某值时，KSZ 自动断开，X3 断开，控制 KM_2 断开，反接制动结束。

4）按下反向起动按钮 SB_2，X1 接通，电动机串电阻反向减压起动，后面的操作与正向类似（相应动作的速度继电器触点为 KSF），实现可逆运行。

二、传送带运输机中的应用

有一个用 4 台传送带运输机组成的物料传送系统，如图 8-3 所示。每条传送带由相应的电动机 M_1、M_2、M_3、M_4 带动，$M_1 \sim M_4$ 分别由接触器 $KM_1 \sim KM_4$ 控制起停。同时每台电动机均设置相应的故障继电器，当遇到堵转等故障时，相应的故障继电器即刻动作。

I/O 地址分配表如表 8-2 所示。

1. 控制要求

1) 起动时，按下按钮 SB₁，为了避免在前段传送带上造成物料堆积，要求逆物料流动方向按一定时间间隔顺序起动，即按 M₄、M₃、M₂、M₁ 的顺序起动，每隔 5s 起动一台传送带运输机。

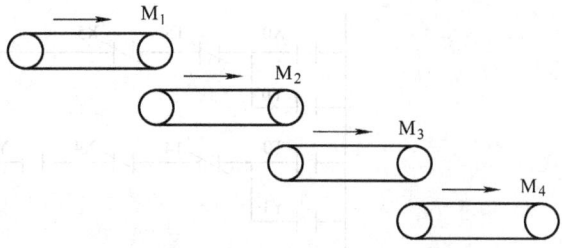

图 8-3 传送带运输机控制示意图

2) 停机时，按下按钮 SB₂，为了使传送带上不残留物料，要求顺物料流动方向按一定时间间隔顺序停止，即按 M₁、M₂、M₃、M₄ 的顺序停止，也是每隔 5s 停一台传送带运输机。

3) 当某台传送带运输机发生故障时，该传送带运输机及前面的传送带立即停止，而后面的传送带运输机料运完后才停止。例如 M₂ 出故障，M₁、M₂ 立即停止，经过 5s 延时后 M₃ 停，再过 5s M₄ 停。

2. I/O 地址分配

表 8-2 I/O 地址分配表

输入设备	对应输入点号	输出设备	对应输出点号
起动按钮 SB₁	X0	M₄ 的接触器 KM₄	Y0
停止按钮 SB₂	X1	M₃ 的接触器 KM₃	Y1
M₁ 故障继电器	X2	M₂ 的接触器 KM₂	Y2
M₂ 故障继电器	X3	M₁ 的接触器 KM₁	Y3
M₃ 故障继电器	X4		
M₄ 故障继电器	X5		

3. 软件系统设计

根据系统控制要求，用基本逻辑指令编制的梯形图程序如图 8-4 所示。

程序运行如下：

1) 起动时，按下按钮 SB₁，X0 接通，Y0 接通并自保，KM₄ 接通，M₄ 起动，Y0 常开触点闭合。同时 T0 开始计时，T0 计时 5s 时间到，T0 常开触点接通，Y1 接通并自保，KM₃ 接通，M₃ 起动，Y1 常开触点闭合。同时 T1 开始计时。依此即按 M₄、M₃、M₂、M₁ 的顺序起动，每隔 5s 启动一台传送带运输机。

2) 停机时，按下按钮 SB₂，X1 接通，M0 接通并自保，M0 常闭触点断开，Y3 断开，KM₁ 失电，M₁ 停止。同时 T3 开始计时，T3 计时 5s 时间到，T3 常闭触点断开，Y2 断开，KM₂ 失电，M₂ 停止。依此即按 M₁、M₂、M₃、M₄ 的顺序停止，也是每隔 5s 停一台传送带运输机。

3) 当某台传送带运输机发生故障时，如 M₂ 出故障，则相应的故障继电器 X3 常闭触点断开，Y2 断开，KM₂ 失电，M₂ 停止，同时 Y2 常开触点断开，Y1 断开，KM₁ 失电，M₁ 停止，即 M₁、M₂ 立即停止。Y3 常闭触点闭合，M0 接通并自保，M0 常开触点接通，Y3 常闭触点闭合，T4 开始计时，经过 5s 延时后 T4 常闭触点断开，Y1 断开，KM₃ 失电，M₃ 停，同理再过 5s M₄ 停。

三、液压动力滑台控制中的应用

某液压动力滑台控制的工作循环图如图 8-5 所示，电磁阀动作顺序表见表 8-3。

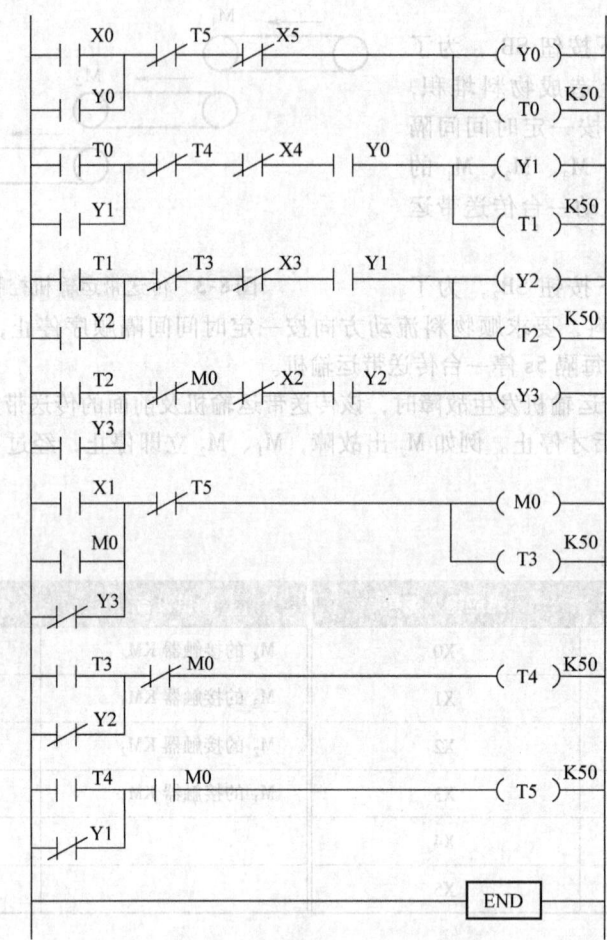

图 8-4 传送带运输机控制梯形图程序

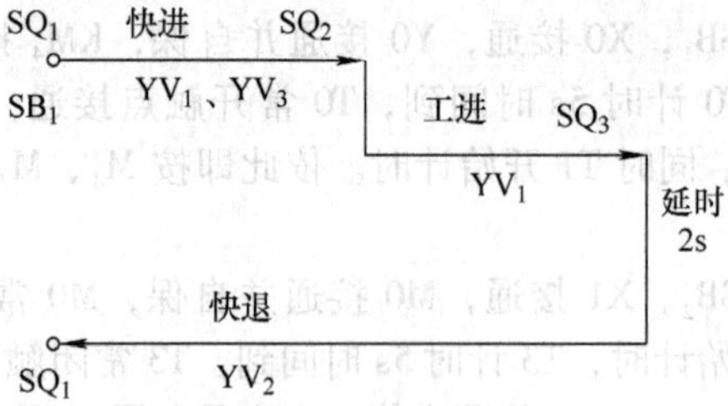

图 8-5 工作循环图

表 8-3 电磁阀动作顺序表

工步 \ 电磁阀	转换主令	YV$_1$	YV$_2$	YV$_3$
快进	SB$_1$	+	−	+
工进	SQ$_2$	+	−	−
快退	SQ$_3$	−	+	−
原位停止	SQ$_1$	−	−	−

注：(+) 表示得电，(−) 表示失电。

1. 控制要求

1) 自动快进：事先接通 SA_1，选择半自动工作方式，SQ_1 已被压下，按下 SB_1，接通 YV_1、YV_3，动力滑台快进。

2) 自动工进：动力滑台快进到快进终点时，压下 SQ_2，断开 YV_3，只接通 YV_1，动力滑台工进。

3) 自动快退：动力滑台工进到工进终点后，延时 2s，断开 YV_1、YV_3，接通 YV_2，动力滑台快退，快退到原点，压下 SQ_1，原位停止。

4) 在快进过程中，按下 SB_2，动力滑台立即快退，快退到原点，压下 SQ_1，原位停止。

5) 手动调整方式：断开 SA_1，选择手动调整工作方式，按下 SB_1，接通 YV_1、YV_3，动力滑台快进。到工进终点时，压下 SQ_3，动力滑台停止。按下 SB_2，接通 YV_2，动力滑台快退。到原点时，压下 SQ_1，动力滑台停止。

2. I/O 地址分配

I/O 地址分配表如表 8-4 所示。

表 8-4 I/O 地址分配表

输入设备	对应输入点号	输出设备	对应输出点号
行程开关 SQ_1	X0	电磁阀 YV_1	Y0
行程开关 SQ_2	X1	电磁阀 YV_2	Y1
行程开关 SQ_3	X2	电磁阀 YV_3	Y2
起动按钮 SB_1	X3		
停止按钮 SB_2	X4		
方式选择开关 SA_1	X5		

3. PLC 外部接线图

动力滑台控制的 PLC 外部接线图如图 8-6 所示。

4. 软件系统设计

下面分别用三种方法设计 PLC 程序。

（1）基本逻辑编程法

根据系统控制要求用基本逻辑指令编制的梯形图程序如图 8-7 所示。

程序运行如下：

1) SA_1 闭合，X5 常闭触点断开，进入半自动工作方式：在 SQ_1 压下（X0 接通）情况下，按下向前按钮 SB_1，X3 接通，Y0、Y2 接通并自保，电磁阀 YV_1、YV_3 接通，自动快进。

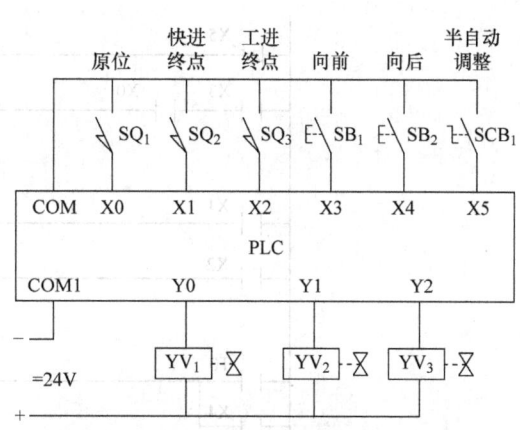

图 8-6 动力滑台控制 PLC 外部接线图

2) 快进到快进终点压下 SQ_2，X1 常闭触点断开，Y2 断开，自动工进。

3) 工进到工进终点，压下 SQ_3，X2 接通，X2 常闭触点断开，Y0 断开，同时定时器 T0 开始计时，延时 5s 后，Y1 接通并自保，电磁阀 YV_2 接通，自动快退，快退到原位，压下 SQ_1，X0 常闭触点断开，Y1 断开，YV_2 断电，原位停止。

4) SA_1 断开，程序跳到 P0 处执行，进入手动调整工作方式：按下向前按钮 SB_1，Y0、Y2 接通并自保，快进，终点停止；按下向后按钮 SB_2，快退，原位停止。

（2）S、R 编程法

根据系统控制要求用 SET、RST 指令编制的梯形图程序如图 8-8 所示。

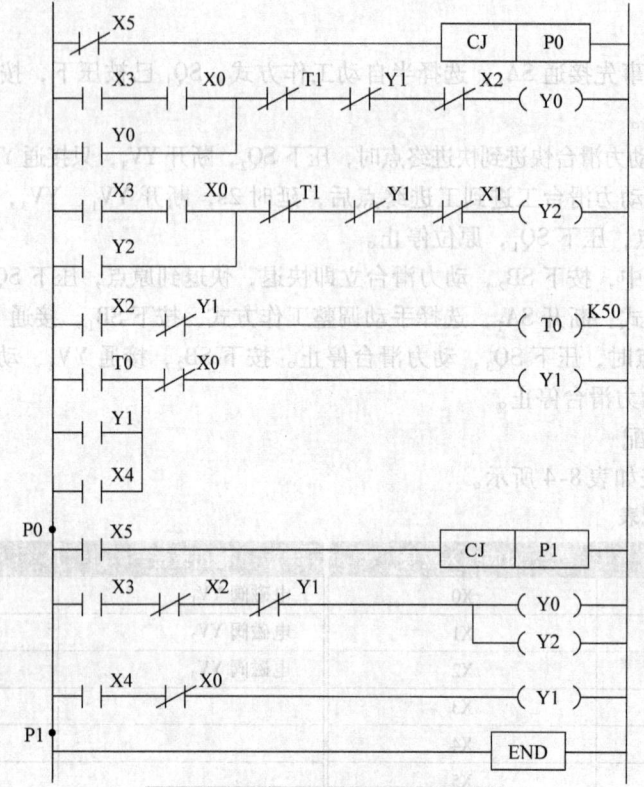

图 8-7 基本逻辑指令梯形图程序

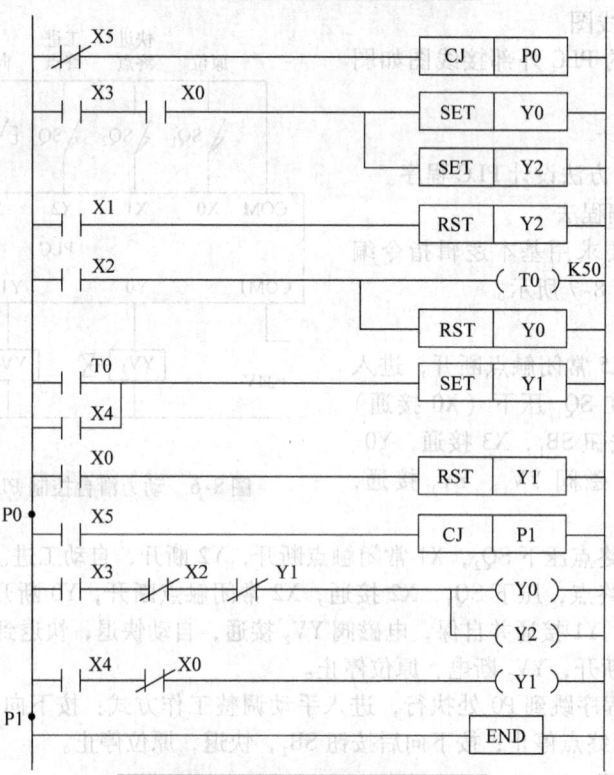

图 8-8 SET、RST 指令梯形图程序

程序运行如下:

1) SA_1 闭合,X5 常闭触点断开,进入半自动工作方式:在 SQ_1 压下（X0 接通）情况下,按下向前按钮 SB_1,X3 接通,Y0、Y2 置位接通,电磁阀 YV_1、YV_3 接通,自动快进。

2) 快进到快进终点压下 SQ_2,X1 常开触点闭合,Y2 复位,YV_3 断开,自动工进。

3) 工进到工进终点,压下 SQ_3,X2 接通,X2 常开触点闭合,Y0 复位,同时定时器 T0 开始计时,延时 5s 后,Y1 置位接通,电磁阀 YV_2 接通,自动快退,快退到原位,压下 SQ_1,X0 常开触点闭合,Y1 复位,YV_2 断电,原位停止。

4) SA_1 断开,程序跳到 P0 处执行,进入手动调整工作方式:按下向前按钮 SB_1,Y0、Y2 接通并自保,快进,终点停止;按下向后按钮 SB_2,快退,原位停止。

(3) 步进指令编程法

根据系统控制要求,工作状态转移图如图 8-9 所示,相应的用步进指令编制的梯形图程序如图 8-10 所示。

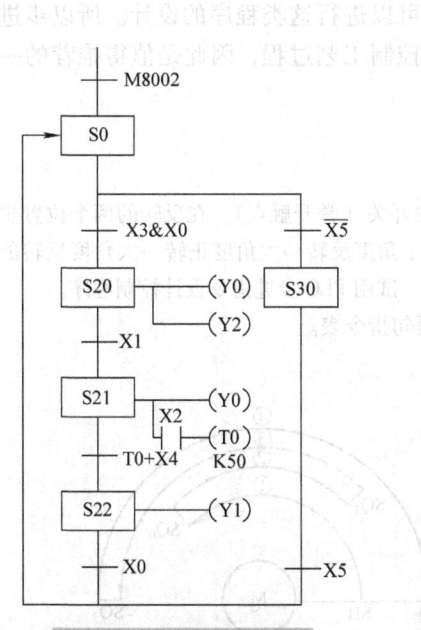

图 8-9 工作状态转移图

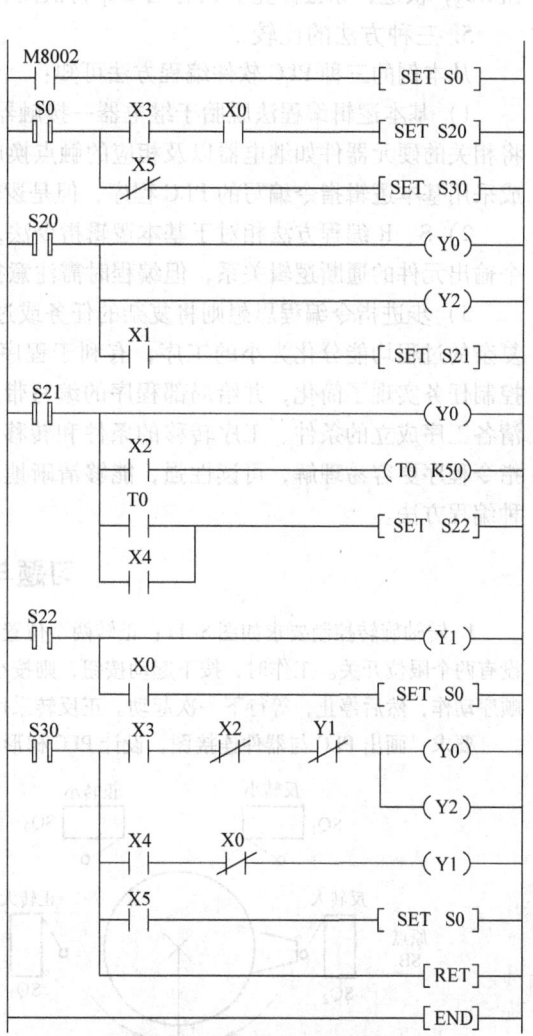

图 8-10 步进指令梯形图程序

程序运行如下:
采用的是选择型分支与汇合类的步进状态思想。

1) 当设备开机起动后,开机 M8002 产生初始化脉冲使初始状态 S0 置位,设备进入复位状态。SA_1 闭合,X5 常闭触点断开,在 SQ_1 压下(X0 接通)情况下,按下向前按钮 SB_1,X3 接通,状态器 S20 置位,进入半自动工作方式:Y0、Y2 接通,电磁阀 YV_1、YV_3 接通,自动快进。

2) 快进到快进终点压下 SQ_2,X1 常开触点闭合,状态器 S21 置位,进入 S21 状态,只有 Y0 接通,电磁阀 YV_1 接通,自动工进。

3) 工进到工进终点,压下 SQ_3,X2 接通,X2 常闭触点断开,Y0 断开,停止工进,X2 常开触点闭合,定时器 T0 开始计时,延时 5s 后,T0 常开触点闭合,状态器 S22 置位,进入 S22 状态,Y1 接通,电磁阀 YV_2 接通,自动快退,当快退到原位,压下 SQ_1,X0 常开触点闭合,初始状态器 S0 再次置位,设备再次进入复位状态,原位停止。

4) 在初始状态 S0 下,SA_1 断开,X5 常闭触点闭合,状态器 S30 置位,进入手动调整工作方式:在 S30 状态下,按下向前按钮 SB_1,Y0、Y2 接通并自保,快进,终点停止;按下向后按钮 SB_2,快退,原位停止。只有当 SA_1 再次闭合,方可进入初始状态 S0,使设备进入复位状态。

5. 三种方法的比较

从本例的三种 PLC 软件编程方法可知:

1) 基本逻辑编程法脱胎于继电器—接触器控制系统,以前的继电器—接触器控制系统只要将相关的硬元器件如继电器以及相应的触点换成相应的 PLC "软元件",稍做修改,就很容易构成采用基本逻辑指令编写的 PLC 程序,但是逻辑关系的复杂程度并未简化,往往造成编程困难。

2) S、R 编程方法相对于基本逻辑指令法,简化了输出元件之间的互锁关系以及决定某一个输出元件的通断逻辑关系,但编程时需注意指令顺序。

3) 步进指令编程思想则将复杂的任务或过程分解成了若干个工序(状态),使得无论多么复杂的过程均能分化为小的工序,有利于程序的结构化设计。相对于某一个具体的工序来说,控制任务实现了简化,并给局部程序的编写带来了方便。整体程序是局部程序的综合,只要弄清各工序成立的条件、工序转移的条件和转移的方向,就可以进行这类程序的设计。所以步进指令程序更容易理解,可读性强,能够清晰地反映全部的控制工艺过程,因此是值得推荐的一种编程方法。

习题与思考题

1. 转轴旋转控制要求如图 8-11:正转两个位置设有两个限位开关(常开触点),在反转的两个位置也设有两个限位开关。工作时,按下起动按钮,则按小角度正转→小角度反转→大角度正转→大角度反转的顺序动作,然后停止,等待下一次起动。正反转采用接触器控制。试用 PLC 步进指令设计控制程序。

要求:画出 PLC 与器件连接图,设计 PLC 梯形图,并转为语句指令表。

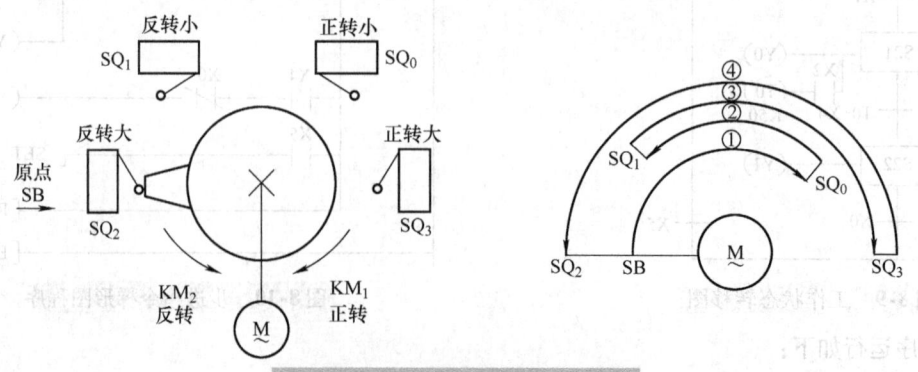

图 8-11 转轴旋转控制工作示意图

2. 采用步进指令设计钻床主轴多次进给控制程序。

要求：该机床进给由液压驱动。电磁阀 YA_1 得电主轴前进，失电后退。同时，还用电磁阀 YA_2 控制前进及后退速度，YA_1 和 YA_2 都得电快速，只有 YA_1 得电 YA_2 失电慢速。其工作过程为：

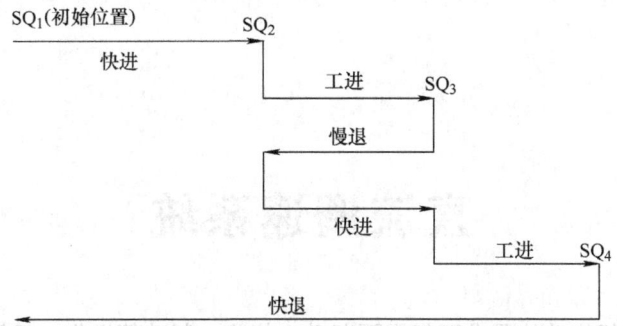

图 8-12　机床主轴多次进给工作示意图

3. 一小车运行过程示意图如图 8-13 所示。小车原位在后退终端，当小车压下后限位开关 SQ_1 时，按下起动按钮 SB_1，小车前进。当运行至料斗下方时，前限位开关 SQ_2 动作，使料斗门打开给小车加料，延时 8s 后关闭料斗。小车后退返回，碰撞后限位开关 SQ_1 动作时，打开小车底门卸料，6s 后结束，完成一次动作。试用 PLC 步进指令设计控制程序。

要求：画出 PLC 与器件连接图，设计 PLC 梯形图，并转为语句指令表。

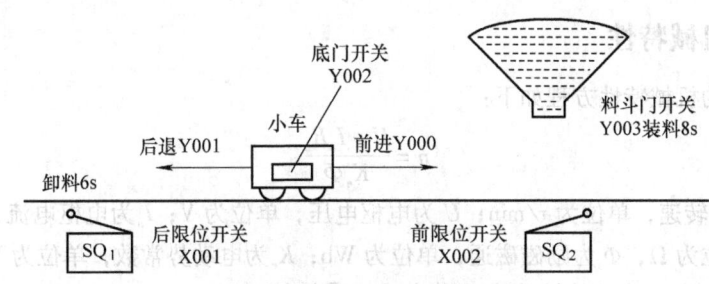

图 8-13　小车运行过程示意图

4. 氯碱生产过程中需对盐碱进行分离，分离过程为一个顺序循环工作过程，共分为 6 道工序，靠进料阀、洗盐阀、化盐阀、升刀阀、母液阀、熟盐水阀 6 个电磁阀完成上述工作过程，各工序各阀动作如表 8-5 所示。系统启动后，首先进料，5s 后甩料，延时 5s 后洗盐，5s 后升刀，再延时 5s 后间歇，间歇时间为 5s，之后重复进料、甩料、洗盐、升刀、间歇工序，重复 8 次后最后进行清洗，清洗 20s 后再进料，这样为一个工作周期。试设计 PLC 梯形图，并转为语句指令表。

表 8-5　盐碱分离动作表

电磁阀序号	名称	步骤 进料	甩料	洗盐	升刀	间歇	清洗
1	进料阀	+	−	−	−	−	−
2	洗盐阀	−	−	+	−	−	+
3	化盐阀	−	−	+	−	−	−
4	升刀阀	−	−	−	+	−	−
5	母液阀	+	+	+	+	+	−
6	熟盐水阀	−	−	−	−	−	+

第九章

直流调速系统

机电设备对电动机拖动的要求不仅需要起动、停止、制动等操作,经常还要有平滑调速的要求。直流电动机调速系统在理论和实际应用两方面都比较成熟,长期来得到了广泛应用,而且,它还在不断发展。本章从直流电动机的机械特性出发,阐述他励直流电动机的调速方法和调速特性,然后,分析一些简单的直流电动机调速系统。

第一节 直流电动机的调速方法

一、开环机械特性

直流电动机的机械特性方程如下:

$$n = \frac{U - I_a R_a}{K_e \Phi}$$

式中,n 为电动机转速,单位为 r/min;U 为电枢电压,单位为 V;I_a 为电枢电流,单位为 A;R_a 为电枢电阻,单位为 Ω;Φ 为励磁磁通,单位为 Wb;K_e 为电动势常数,单位为 V/(r·min^{-1})。

因此,调节直流电动机的转速有三种方法:①调压(U)调速;②调磁(Φ)调速;③调阻(R)调速。

二、调速方法

1. 调压调速

保持磁通和电阻为额定值,电压 U 从额定值向减小的方向变化,所得到的机械特性族叫调压调速机械特性族。当电压 U 下降时,理想空载转速 n_0 与电源电压 U 成正比地下降,而斜率 k 则与 U 无关。根据这个特点可以方便地作出调压调速的机械特性族,如图 9-1 所示。

采用调压调速法时,因为在调速过程中保持磁通为常数,只要电枢电流 I_a 一定,电动机产生的转矩 T 就一定。电动机长期工作时,允许输入的最大电流为额定电流。相应地,电动机在长期工作时,所能输出的最大转矩也是常数。所以这种调速方法是恒转矩调速。

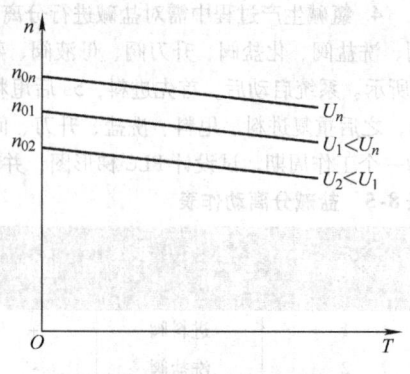

图 9-1 调压调速机械特性族

这种调速方法可以在宽阔的范围内平滑调速,在各种速度时,机械特性的硬度不变,当电

动机的电源电压 U 跃变时,电枢电流的响应速度快,过渡过程的持续时间短,动态特性好。所以,在三种调速方法中,调压调速应用最广。

2. 调磁调速

在他励直流电动机的励磁回路中,串接电阻 R_f,见图9-2a。调节电阻值,或者调节励磁电压 U_f 的大小,都可以改变磁通。由于一般直流电动机在额定励磁时磁路已接近饱和,增大励磁电流,磁通增加的效果不明显,故都采用减小励磁的方法来改变磁通,从而改变转速,因此这种调速方法又称弱磁调速法。对应于不同励磁电流的弱磁调速机械特性族如图9-2b所示。由上

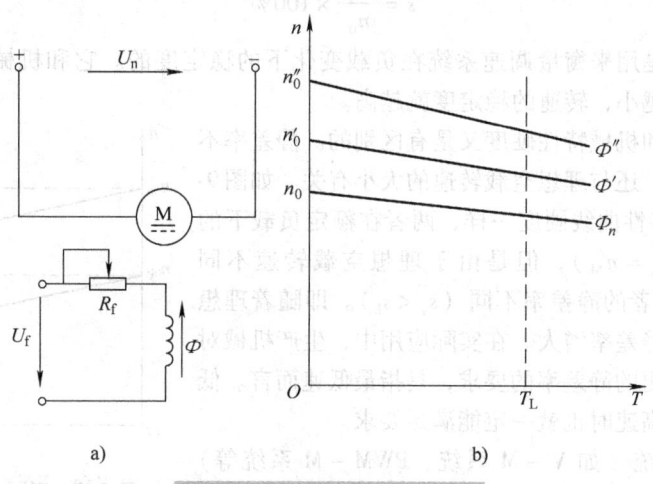

图 9-2 调磁调速机械特性族

述可见:这种弱磁调速法,只可使电动机的额定转速向上调。但电动机的转速是有上限的,且转速越高机械特性越软。因此这种调速法通常不单独使用,而是作为调压调速法的辅助手段。当然对于永磁直流电动机这种调速方法不适用。

电动机的输出功率 P 与磁通无关,因此弱磁调速法是恒功率调速法。

3. 电枢电路串电阻调速

在电枢回路串联电阻的条件下,直流电动机的机械特性族如图9-3所示。电阻越大,直线越向下倾斜,是以 n_0 点为中心的放射线。

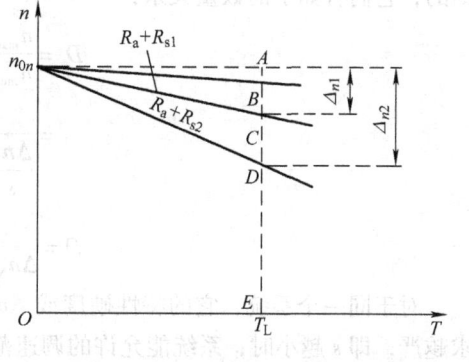

图 9-3 串电阻调速的机械特性族

第二节 性 能 指 标

一、稳态性能指标

1. 调速范围

生产机械要求电动机提供的最高转速 n_{max} 和最低转速 n_{min} 之比叫调速范围,用字母 D 表示,即

$$D = \frac{n_{max}}{n_{min}}$$

式中的 n_{max} 和 n_{min} 一般都指电动机额定负载时的转速,对于少数负载很轻的机械,例如精密磨床,也可用实际负载时的转速。在直流电动机调压调速系统中,常以电动机的额定转速 n_N 为最高转速。

2. 静差率

当系统在某一转速下运行时,负载由理想空载增加到额定值所对应的转速降落 Δn_N,与理想空载转速 n_0 之比,称作静差率 s,即

$$s = \frac{\Delta n_N}{n_0} \times 100\%$$

显然,静差率是用来衡量调速系统在负载变化下的稳定度的。它和机械特性的硬度有关,特性越硬,静差率越小,转速的稳定度就越高。

然而,静差率和机械特性硬度又是有区别的。静差率不仅与转速降落有关,还与理想空载转速的大小有关。如图 9-4 所示,两条机械特性曲线硬度一样,两者在额定负载下的转速降落相同($n_{Na} = n_{Nb}$),但是由于理想空载转速不同($n_{0a} > n_{0b}$),所以两者的静差率不同($s_a < s_b$)。即随着理想空载转速的降低,静差率增大。在实际应用中,生产机械对电力拖动系统所提出的静差率的要求,是指最低速而言。低速时能满足要求,高速时也就一定能满足要求。

在调压调速系统(如 V - M 系统、PWM - M 系统等)中,调速范围、静差率和额定速降三者是相互联系、相互制约的,它们有如下的数量关系:

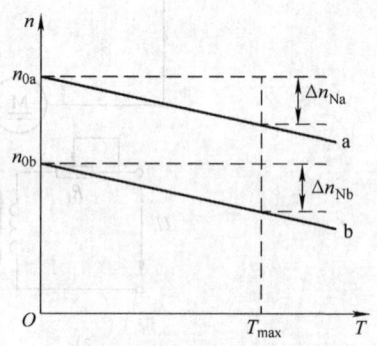

图 9-4 不同转速下的静差率

$$D = \frac{n_{max}}{n_{min}} = \frac{n_N}{n_{min}} = \frac{n_N}{n_{0min} - \Delta n_N}$$

$$= \frac{n_N}{\frac{\Delta n_N}{s} - \Delta n_N}$$

$$D = \frac{n_N s}{\Delta n_N (1-s)}$$

对于同一个系统,它的特性硬度或 Δn_N 是相同的,因此,由上式可见,如果对静差率的要求越严,即 s 越小时,系统能允许的调速范围也越小。

二、动态性能指标

调速系统的动态性能指标包括跟随性能指标和抗扰性能指标两类。

1. 跟随性能指标

在给定输入信号 $R(t)$ 的作用下,系统输出量 $C(t)$ 的变化可用跟随性能指标来描述。通常使用阶跃响应性能指标,即以输出量的初始值为零,给定信号阶跃变化下的过渡过程为典型的跟随过程。一般希望在阶跃响应中输出量 $C(t)$ 与其稳态值 C_∞ 的偏差越小越好,达到 C_∞ 的时间越快越好。具体的指标有下列几项:

(1) 上升时间 t_r

在典型的阶跃响应跟随过程中,输出量从零起第一次上升到稳态值 C_∞ 所经过的时间称为上升时间。它表示动态响应的快速性,如图 9-5 所示。

（2）超调量 $\sigma\%$

在典型的阶跃响应跟随过程中，输出量超出稳态值的最大偏离量与稳态值之比，用百分数表示，叫做超调量：

$$\sigma\% = \frac{C_{\max} - C_{\infty}}{C_{\infty}}$$

超调量反映系统的相对稳定性。超调量越小，则相对稳定性越好，即动态响应比较平稳。

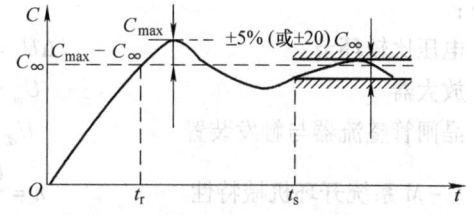

图 9-5　典型阶跃响应曲线和跟随性能指标图

（3）调节时间 t_s

调节时间又称过渡过程时间，它衡量系统整个调节过程的快慢。定义为从加输入量的时刻起，到输出量进入其稳态值的误差带（一般取 ±5% 或 ±2%），响应曲线达到且不再超出该误差带所需的最短时间，如图 9-5 所示。

2. 抗扰性能指标

稳定的调速系统在运行中，如果受到扰动，经历一段动态过程后，能达到新的稳态，除了稳态误差以外，在动态过程中输出量变化有多少？在多长的时间内能恢复稳定运行？这些问题标志着调速系统的抗扰能力。一般以系统稳定运行中突加一个使输出量降低的负扰动 N 以后的过渡过程作为典型的抗扰过程，见图 9-6。各项抗扰性能指标定义如下：

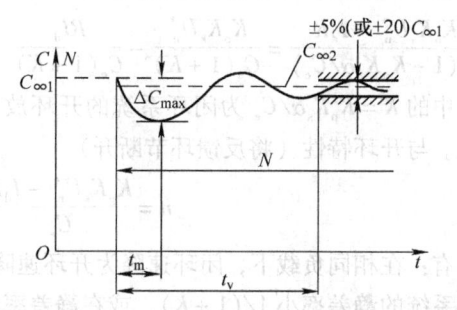

图 9-6　突加扰动的动态过程和抗扰性能指标

（1）动态降落（$C_{\max}\%$）

系统稳定运行时，突加一个约定的标准的负扰动量，在过渡过程中所引起输出量最大降落值 $\Delta C_{\max}$ 叫做动态降落，用输出量原稳态值 $C_{\infty 1}$ 的百分数表示，输出量在动态降落后逐渐恢复，达到新的稳态值 $C_{\infty 2}$，（$C_{\infty 1} - C_{\infty 2}$）是系统在扰动下的稳态降落（即静差）。调速系统突加额定负载扰动的动态降落称作动态速降 $\Delta n_{\max}\%$。

（2）恢复时间 t_v

从阶跃扰动作用开始，到输出量进入新稳态值的误差带（该误差带为某基准量 C_b 的 ±5% 或 ±2%）所需的时间，定义为恢复时间 t_v。

一般说来，调速系统的动态指标以抗扰性能为主，而随动系统的性能指标以跟随性能为主。

第三节　单闭环调速系统

根据负反馈原理，当需要转速 n 保持稳定时，反馈通道的输入信号就选用转速信号。转速负反馈调速系统原理如图 9-7。在电动机轴上安装一台测速发电机 TG，引出与转速成正比的负反馈电压 U_n，U_n 与给定电压 U_n^* 相比较后，得到偏差电压 ΔU_n，经过放大器 A，产生触发装置 GT 的控制电压 U_{ct}，以调节晶闸管相控整流电路的输出电压 U_d，控制电动机的转速。这就组成了转速负反馈单闭环调速系统。

假定系统电流连续，并且各个环节的输入输出关系都是线性的，系统中各环节的稳态关系如下：

电压比较环节 $\Delta U_n = U_n^* - U_n$

放大器 $U_{ct} = K_p \Delta U_n$

晶闸管整流器与触发装置 $U_{d0} = K_s U_{ct}$

V–M系统开环机械特性 $n = \dfrac{U_{d0} - I_d R}{C_e}$

测速发电机 $U_{tg} = \alpha n$

上述各关系式中：K_p 为放大器的电压放大系数；K_s 为晶闸管整流器与触发装置的电压放大系数；α 为测速反馈系数，单位为 V·min/r；其余各量见图9-7。

消去中间变量，得静特性方程式为：

$$n = \dfrac{K_p K_s U_n^* - I_d R}{C_e(1 - K_p K_s \alpha / C_e)} = \dfrac{K_p K_s U_n^*}{C_e(1+K)} - \dfrac{R I_d}{C_e(1+K)}$$

式中 $K = K_p K_s \alpha / C_e$ 为闭环系统的开环放大系数。与开环特性（将反馈环节断开）

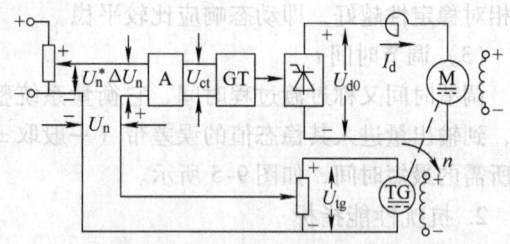

图9-7 采用转速负反馈的单闭环调速系统

$$n = \dfrac{K_p K_s U_n^* - I_d R}{C_e} = \dfrac{K_p K_s U_n^*}{C_e} - \dfrac{R I_d}{C_e}$$

相比较有：在相同负载下，闭环速降为开环速降的 $1/(1+K)$，在 n_0 相同时，闭环系统的静差率比开环系统的静差率小 $1/(1+K)$，或在静差率相同的情况下，闭环系统的调速范围比开环系统的调速范围大。条件是闭环系统要设置放大器，使 K 远大于1。

第四节 无静差调速系统

一、带比例调节器（P调节器）的闭环控制系统

它本质上是一个有静差的系统，增大其放大系数，只能减小稳态误差，却不能消除它。而带比例积分调节器（PI调节器）的闭环控制系统，在理论上能消除稳态误差，组成无静差调速系统。这是积分控制规律的作用。

积分调节器和积分控制规律：

在采用比例调节器的调速系统中，由于

$$U_{ct} = K_p \Delta U_n$$

故只要电动机在运行，就必须有控制电压 U_{ct}，也就存在输入偏差电压 ΔU_n，这是此类系统有静差的根本原因。

图9-8是由运算放大器构成的积分调节器（I调节器）的原理图、输出特性曲线和伯德图。由虚地原理易知：

$$U_{ex} = \dfrac{1}{C}\int i\,dt = \dfrac{1}{R_0 C}\int U_{in}\,dt = \dfrac{1}{\tau}\int U_{in}\,dt$$

在零初始条件阶跃输入作用下：

$$U_{ex} = \dfrac{U_{in}}{\tau} t$$

其传递函数为：

$$W_I(s) = \frac{U_{ex}(s)}{U_{in}(s)} = \frac{1}{\tau s}$$

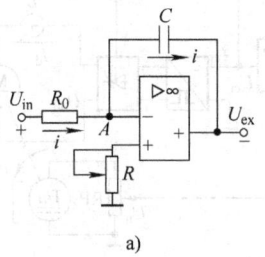 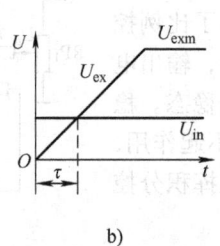 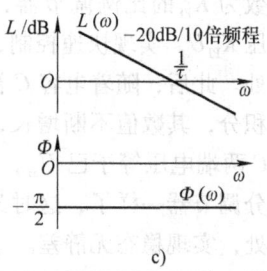

图 9-8 积分调节器

a) 原理图　b) 输出特性曲线　c) 伯德图

式中，τ 为积分时间常数，$\tau = R_0 C$。

如果系统采用积分调节器，有：

$$U_{ct} = \frac{1}{\tau} \int \Delta U_n dt$$

如果 ΔU_n 是阶跃函数，则 U_{ct} 按线性增长，每一时刻 U_{ct} 的大小和 ΔU_n 与横轴所包围的面积成正比，如图 9-9a 所示。如果 $\Delta U_n = f(t)$ 是像图 9-9b 所示的那样（当负载变化时的偏差电压即为此波形），同样按照 ΔU_n 与横轴所包面积成正比的关系可求出相应的 $U_{ct} = f(t)$ 曲线。

由图 9-9b 可见，在动态过程中，由于转速变化而使 ΔU_n 变化时，只要其极性不变，也就是说，只要仍是 $U_n^* > U_n$，积分调节器输出电压 U_{ct} 便一直增长；只有到达 $\Delta U_n = 0$ 时，U_{ct} 才停止上升；不到 ΔU_n 变负，U_{ct} 不会下降。值得特别注意的是，当 $\Delta U_n = 0$ 时，U_{ct} 并不是零，而是一个恒定的终值 U_{ctf}，这是积分控制和比例控制有明显区别的地方。正因为如此，积分控制可以使系统在偏差电压为零时保持恒速运行，从而得到无静差调速。

将以上的分析归纳起来，可以得到下面的论断：比例调节器的输出只取决于输入偏差量的现状，而积分调节器的输出则包含了输入偏差量的全部历史，虽然现在 $\Delta U_n = 0$，只要历史上有过 ΔU_n，其积分有一定数值，就能产生足够的控制电压 U_{ct}，保证新的稳态运行。比例控制规律和积分控制规律的根本区别就在于此。

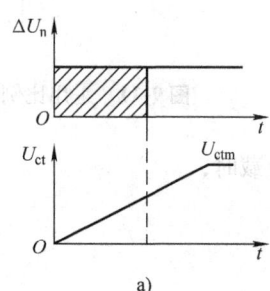

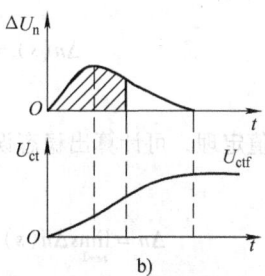

图 9-9 积分调节器的输入和输出动态过程

二、采用比例积分调节器的无静差调速系统

实用的无静差调速系统常采用比例积分调节器，如图 9-10 所示。这样的系统稳态精度高（I 控制），动态响应快（P 控制）。

当突加输入信号时,由于电容 C_1 两端电压不能突变,相当于两端瞬时短路,在运算放大器反馈回路中只剩下电阻 R_1,相当于一个放大系数为 K_{PI} 的比例调节器,在输出端立即呈现电压 $K_{PI}U$,实现快速控制,发挥了比例控制的长处。此后,随着电容 C 被充电,输出电压开始积分,其数值不断增长,直到稳态。稳态时,C 两端电压等于已 U_{ex},R_1 已不起作用,又和积分调节器一样了,这时又能发挥积分控制的长处,实现稳态无静差。

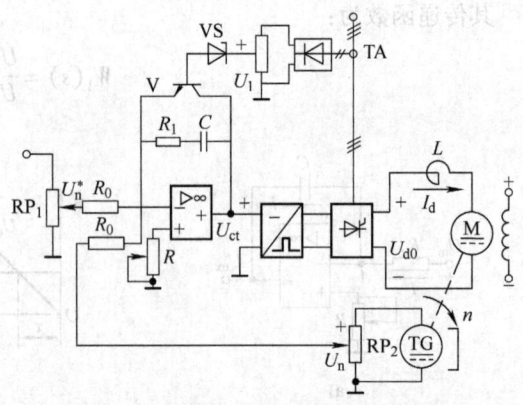

采用比例积分调节器控制的闭环调速系统($U_n^* = 0$ 时)的动态结构图如图 9-11 所示。

图 9-10 采用比例积分调节器的无静差调速系统

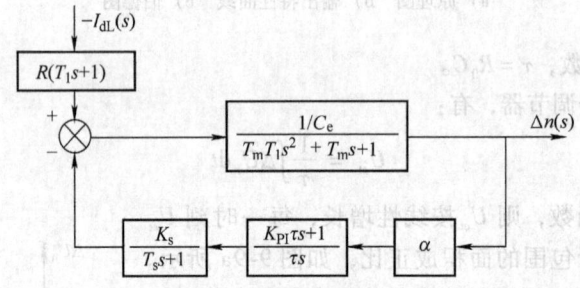

图 9-11 采用比例积分调节器控制的闭环调速系统($U_n^* = 0$)的动态结构图

突加负载时,

$$I_{dL}(s) = \frac{I_{dL}}{s}$$

于是

$$\Delta n(s) = \frac{-\dfrac{I_{dL}R}{C_e}\tau(T_s s + 1)(T_l s + 1)}{\tau s(T_s + 1)(T_m T_l s^2 + T_m s + 1) + \dfrac{\alpha K_s}{C_e}(K_{PI}\tau s + 1)}$$

由终值定理,可计算出稳态误差为:

$$\Delta n = \lim_{s \to 0} s \Delta n(s) = \lim_{s \to 0} \frac{-\dfrac{I_{dL}R}{C_e}\tau(T_s s + 1)(T_l s + 1)}{\tau s(T_s + 1)(T_m T_l s^2 + T_m s + 1) + \dfrac{\alpha K_s}{C_e}(K_{PI}\tau s + 1)} = 0$$

所以,比例积分控制的系统是无静差调速系统。

三、无静差调速系统稳态参数计算

无静差调速系统的稳态结构如图 9-12 所示。其中 PI 调节器的方框中无法用放大系数表示,一般画出它的输出特性,以表明是比例积分作用。

由于系统无静差,稳态时 PI 调节器的输入电压 $\Delta U_n = 0$,给定电压与反馈电压相等,因此可以按下式计算转速反馈系数:

$$\alpha = \frac{U^*_{\text{nmax}}}{n_{\text{max}}}$$

式中，n_{max} 为电动机调压时最高转速；U^*_{nmax} 为相应的转速给定电压最大值。

严格来说，"无静差"只是理论上的，因为积分或比例积分调节器在稳态时电容两端电压不变，相当于开路，运算放大器的放大系数理论上为无穷大，所以才能达到输入电压 $\Delta U_n = 0$，而输出电压 U_{ct} 为任意所需值。实际上，运算放大器开环放大系数其数值虽大，但还是有限的，因此仍存在着很小的静差 Δn。

有时为了避免运算放大器长期工作时的零点漂移，故意将其放大系数压低，在 $R_1 - C_1$ 两端再并接一个电阻 R_1'，其值一般为若干兆欧，这样就形成了近似的 PI 调节器，或称"准 PI 调节器"，如图 9-13 所示。

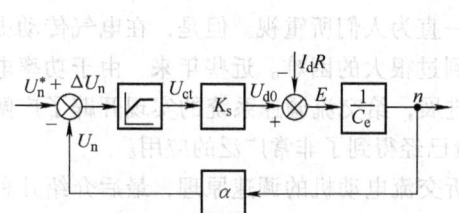

图 9-12 无静差调速系统的稳态结构图

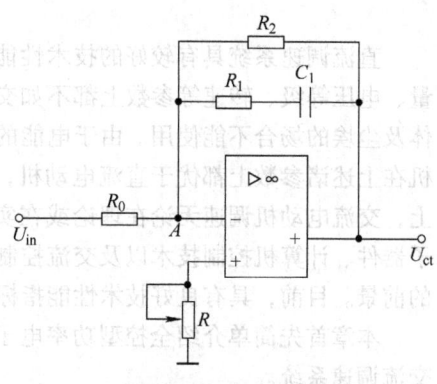

图 9-13 近似比例积分调节器

这时，调节器的稳态放大系数更低于无穷大，为 $K_p' = R_1'/R_0$。系统也只是一个近似的无静差调速系统。若需要，可以利用 K_p' 来计算系统实际存在的静差率。

多环控制的调速系统不再赘述，可参考有关资料。

第十章

交流调速系统

直流调速系统具有较好的技术性能指标，长期以来得到广泛应用。但直流电动机在单机容量、电压等级、转速等参数上都不如交流电动机高，且价格较贵、维修不方便，在有爆炸性气体及尘埃的场合不能使用。由于电能的产生及输送主要是以交流电能的形式进行，且交流电动机在上述诸参数上都优于直流电动机，所以交流调速一直为人们所重视。但是，在电气传动史上，交流电动机调速无论在理论或在实际应用上都遇到过很大的困难。近些年来，由于功率电子器件、计算机控制技术以及交流控制理论所取得的进展，给交流调速系统的实现开辟了广阔的前景。目前，具有良好技术性能指标的交流调速装置已经得到了非常广泛的应用。

本章首先简单介绍全控型功率电子器件，接着分析交流电动机的调速原理，最后介绍几种交流调速系统。

第一节 全控型功率电子器件

一、门极可关断晶闸管（GTO）

GTO 具有三个极，分别是阳极 K、阴极 T 和门极 G，GTO 的开通控制像普通晶闸管那样，可用单个门极脉冲电流开通，但它又具有在负脉冲门极电流的作用下自关断的能力，所以可通过门极控制电路的作用强迫关断而不必非要主电流下降到小于维持电流才能关断。这样用 GTO 就可以省去用普通晶闸管构成逆变器时通常所需要的强迫换流电路，因而简化了变流器的结构，改善了性能。但 GTO 的关断增益较低，并且对门极驱动电路的要求较高。目前 GTO 在变流技术中得到了广泛应用。

二、大功率晶体管（GTR）

GTR 即巨型晶体管，与小功率晶体管相似，三个极是发射极 E、基极 B 和集电极 C。在交流伺服控制系统中得到了十分广泛的应用。大功率晶体管保持通态时需要持续的基极驱动电流，而且电流增益较低，但可以通过基极控制关断。大功率晶体管可以工作于较高的开关频率，通常其基极驱动电路比较复杂，但能通过基极驱动电路提供加速开通和关断、限流保护、防止过饱和等功能。在直流电压型逆变器和斩波器中应用较多。

目前，在交流伺服控制器的主电路中，大都采用由达林顿功率晶体管组成的模块，使主电路结构简化，便于安装使用。

三、功率场效应晶体管（MOSFET）

MOSFET 是一种电压控制多数载流子的电力半导体器件，它的三个极是源极 S、漏极 D 和栅极 G，在高频小功率场合得到了越来越广泛的应用。近几年来，交流伺服系统的逆变器采用 MOSFET 器件者已不鲜见。MOSFET 是一种电压控制器件，用一个相对于源极端为正的电压加到栅极上，在其内部便感应出一个 N 型沟道，在外加电压的作用下，电子流便从源极流向漏极、形成漏极电流。电路阻抗非常高，从信号源电路吸取的电流非常小。由于这种特点，使得 MOSFET 有可能直接用 CMOS 或 TTL 逻辑电路来驱动。MOSFET 是电压控制器件，从理论上讲，静态时不需要驱动电流。但在高频率工作时，由于分布电容等原因，需要能提供一定的驱动电流。同时，这种器件通常有一个集成在一起的反接二极管，它允许通过与主器件同样大小的续流电流。

四、绝缘门极晶体管（IGBT）

交流调速装置在不断开发出的各种快速、高压、大电流、低驱动功率的功率电子器件的支持下，不断向小型化、轻型化、高效化和无噪声化发展。但常用的功率晶体管和功率场效应晶体管都有其不足之处。根据目前的技术水平，功率晶体管比较容易实现高电压大电流化，而难以实现高速化；MOSFET 容易实现高速化、而难以实现大电流化。所以，将上述两种器件复合得到的绝缘门极晶体管（IGBT）是具有 GTR 的高电流密度、低饱和电压和 MOSFET 的高输入阻抗、高速特性的一种新型功率开关器件。绝缘门极晶体管性能优越，正得到越来越广泛的应用。

第二节 交流调速原理

异步电动机的转速为：

$$n = n_0(1-s) = \frac{60f_1}{p}(1-s)$$

式中，n_0 为同步转速；f_1 为电源频率；p 为磁极对数；s 为转差率。

异步电动机也有三种调速方法：
1) 改变磁极对数调速
2) 改变转差率调速
① 改变转子电阻调速；
② 改变定子电压的调压调速；
③ 电磁离合器调速（滑差电动机）；
④ 串级调速。
3) 改变供电电源频率调速

在以上几种方案中，改变磁极对数调速和改变转子电阻调速的原理在电工学课程中已学过。改变磁极对数调速简称变极调速，其优点是：操作简便，机械特性硬。通过改变绕组的接线方式可以适用于恒功率调速及恒转矩调速等调速性质。其缺点是：平滑性差，调速级数少。变极调速常用于各种机床上，将变极调速和机械变速相配合，以达到比较满意的效果。

改变转子电阻采取转子串电阻的方法，转子串电阻调速的优点是：方法简单，初期投资少；缺点是机械特性软，低速运行的稳定性差，调速范围小，损耗大，效率低，为有级调速，故调速的平滑性差。这种调速方法一般用于对调速性能要求不高的场合，如桥式起重机，另外可用于短时工作制机械,如卷扬机等。

下面主要对其他几种调速方法即调压调速、串级调速、变频调速的原理进行讨论。

第三节 异步电动机调速方法

一、改变定子电压调速

1. 调速原理与特性

我们知道异步电动机改变定子电压时的人工机械特性是：同步转速 n_0 和临界转差率 s_m 不变，电动机的转矩（包括最大转矩）随着电压的下降成平方比例下降。图 10-1 为异步电动机改变定子电压时的机械特性。

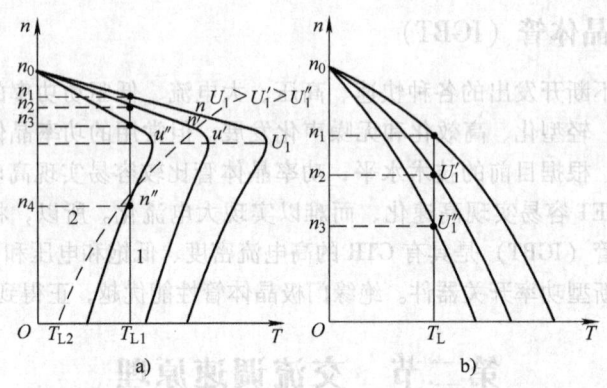

图 10-1 异步电动机改变定子电压时的机械特性

图 10-1a 中曲线 2 是通风机负载时的负载转矩曲线,从图可看出：定子电压由 U_1、U_1' 到 U_1'' 下降时,转速由 n、n' 到 n'' 下降,能稳定运行,可以得到较宽的调速范围。图 10-1a 中曲线 1 为恒转矩负载时的负载转矩曲线。从图可看出,当定子电压如图下降时,转速由 n_1、n_2 到 n_3（n_4 不能稳定运行）,调速范围变窄,通常不能满足要求。为了增大调速范围,可增大转子电阻,如图 10-1b 所示,此时机械特性变软。转速由 n_1、n_2 到 n_3 变化,调速范围较宽,但因机械特性太软,低速运行时的稳定性太差,静差度又通常不能满足要求。所以常要采用闭环控制,来提高机械特性曲线的硬度。

所以,改变定子电压的调速特性适用于通风机负载,而对于恒转矩负载,单纯采取改变定子电压调速的效果通常不佳,必须在增加转子电阻的基础上配合转速负反馈的闭环控制才能得到比较满意的调速特性。

2. 调速方法

图 10-2 是改变定子电压调速的闭环系统原理图。

U_g 是速度给定信号,它对应电动机的给定转速 n_g。与电动机同轴安装的测速发电机 6 产生与电动机转速 n 成正比的电压信号,将此信号反馈到输入端就构成闭环。在某一稳定状态的基础下,改变给定信号 U_g,此信号与反馈信号比较后得到的偏差信号送至调节器 2,经过调节器的处理,输出到触发器 3,控制触发延迟角的大小,从而改变调压装置的输出电压,使电动机转速随着变化,同时,反馈信号随着变化,使偏差信号的幅值变小,从而转速逐步接近新的给定信号对应的转速,达到调速的目的。所以只要改变速度给定,即可调速,并利用转速负反馈使

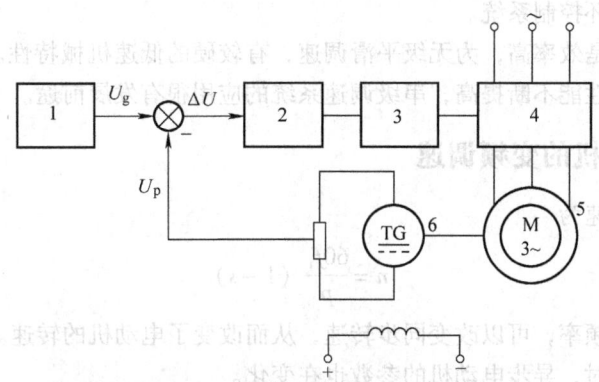

图 10-2 改变定子电压调速的闭环系统原理图

转速基本不变,从而解决了特性太软的矛盾。

拖动电动机用笼型高转差异步电动机或绕线转子异步电动机使转子有较大的电阻。为改善调速性能,可采用变极变压结合的调速方法。拖动电动机采用单绕组多速电动机,粗调变极,细调变压,扩大了调速范围,又提高了调速的平滑性。

二、异步电动机的串级调速

异步电动机转子串电阻可以达到调速的目的,此调速方法的缺点是降低了机械特性硬度,并把大量的转差功率 sP_{em}(P_{em} 为电磁功率)消耗在为调速附加的电阻上。因此,效率很低。串级调速的方法是将转子中的转差功率 sP_{em} 通过变换装置加以利用,以提高设备的效率。晶闸管元件的出现给串级调速创造了条件。绕线转子异步电动机的晶闸管串级调速系统原理图如图 10-3 所示,它是将转差功率 sP_{em} 通过晶闸管逆变器变为交流电而送回电网的。

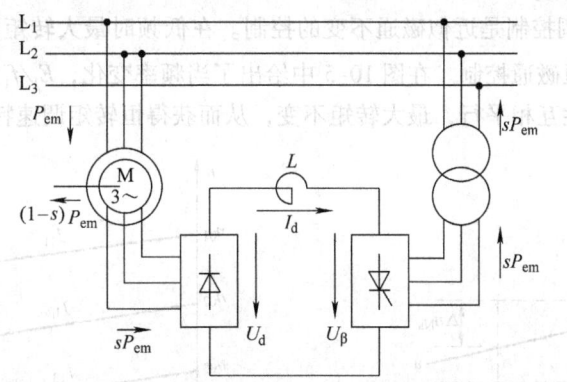

图 10-3 绕线转子异步电动机的晶闸管串级调速系统原理图

当异步电动机运行于某一转速 n(相应转差率为 s)时,转子中的频率为 $f_2 = sf_1$,电动势为 $E_{2s} = sE_2$。在忽略各电路阻抗及管压降的情况下,整流器的平均整流电压为

$$U_d \approx K_d E_{2s} = K_d s E_2$$

逆变器的逆变电压平均值 U_β 与之近似相等,改变逆变器的逆变角,则改变了串在异步电动机转子回路中的反电动势,就可以改变异步电动机的转速。逆变角大,逆变电压低,异步电动机转速较高。反之,逆变角小,异步电动机转速下降。为了改善机械特性曲线斜率,可以使用

带有转速负反馈的闭环控制系统。

串级调速的优点是效率高，为无级平滑调速，有较硬的低速机械特性。缺点是功率因数低。由于晶闸管工作可靠性能不断提高，串级调速系统的应用很有发展前途。

三、异步电动机的变频调速

异步电动机的转速为

$$n = \frac{60f_1}{p}(1-s)$$

因此，改变定子电源频率，可以改变同步转速，从而改变了电动机的转速。

在改变电源频率时，异步电动机的参数也在变化。

$$\frac{U_1}{f_1} \approx \frac{E_1}{f_1} = C_1 \Phi$$

若保持电源电压 U_1 不变，则磁通将随频率的改变而成反比变化。当频率降低时，磁通要增加；当频率升高时，磁通要减少。一般电动机在额定频率下工作时磁路已接近饱和，所以，在频率下降时的磁通增加，将使磁路饱和，引起励磁电流急剧增加，从而铁损大大增加，这是不允许的。当频率升高时，磁通要减少，将导致电动机输出转矩下降，电动机得不到充分利用。所以，频率与电压应协调。

变频调速时，在不同的场合要求不同的调速特性，所以，频率与电压的协调控制方式也不同。现分为以下几种控制方式进行说明。

1. 保持 U_1/f_1 = 常数

维持 U_1/f_1 = 常数，实质为保持磁通基本不变，保持 U_1/f_1 = 常数时变频调速的机械特性如图 10-4 所示。当频率变化时，曲线基本是互相平行的，最大转矩随着频率的下降而减小。

2. 保持 E_1/f_1 = 常数

U_1/f_1 = 常数的协调控制是近似磁通不变的控制。在低频时最大转矩减小。为了在低频时使最大转矩不变，要求恒磁通控制。在图 10-5 中给出了当频率变化，E_1/f_1 等于常数时的变频调速机械特性，其机械特性互相平行，最大转矩不变，从而获得恒转矩调速特性。

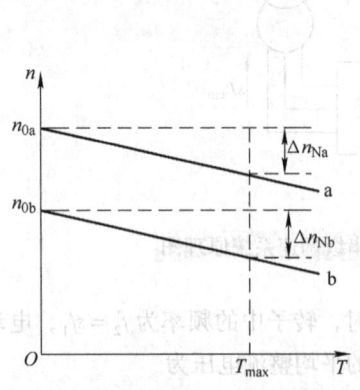

图 10-4 U_1/f_1 = 常数时变频调速的机械特性

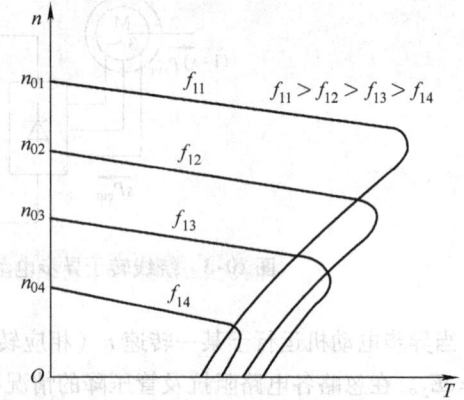

图 10-5 E_1/f_1 等于常数时的变频调速机械特性

3. 恒功率的控制方式

由额定频率向上变频调速时，不能随着频率的增加而提高电源电压，这是因为电动机绝缘耐压的限制，不允许超过额定电压，故只能保持额定电压不变。当频率升高时，机械特性互相平行，最大转矩减小，可近似为恒功率调速性质，和直流他励电动机弱磁调速相类似。

异步电动机变频调速的调速范围较大，在额定频率以下为恒转矩调速，在额定频率以上为恒功率调速，此种调速平滑性好，频率连续平滑调节可实现无级调速，且调速稳定性能好，所以变频调速是异步电动机理想的调速方案。为了使交流电动机供电频率可变，自然需要一套变频电源。过去采用的是一整套变频机组或离子变频器，设备庞大，可靠性差，因此在技术上得不到推广。近年来，由于电力电子技术的广泛应用，促进了变频调速的发展，使之成为交流调速的重要发展方向之一，走向了扩大应用的新阶段。

变频调速系统中的变频器可分为交—交变频器与交—直—交变频器两大类。交—交变频器亦称为直接变频器，它是将交流电变成电压和频率都可调的交流电输出。交—直—交变频器称为带直流环节的间接变频器，它是由整流器、中间滤波环节及逆变器三部分组成。整流器为可控整流器，它将定频定压的交流电变为幅值可调的直流电，作为逆变器的直流供电电源。逆变器通常为用全控型功率电子器件构成的三相桥式或 H 形电路，它的作用与整流器相反，是将直流电变为频率可调的交流电，是变频器的主要组成部分。中间滤波环节是用电容器或电抗器对整流后的直流电进行滤波。根据中间滤波方法不同，可以分为采用电容器滤波的电压型逆变器和采用电抗器滤波的电流型逆变器。

参考文献

[1] 陈立定. 电气控制与可编程控制器 [M]. 广州：华南理工大学出版社，2001.
[2] 王永华. 现代电气及可编程控制技术 [M]. 北京：北京航空航天大学出版社，2002.
[3] 张万忠. 可编程控制器应用技术 [M]. 北京：化学工业出版社，2002.
[4] 杨长能. 可编程序控制器（PC）基础及应用 [M]. 重庆：重庆大学出版社，2002.
[5] 戴一平. 可编程序控制器技术 [M]. 北京：机械工业出版社，2002.
[6] 熊葵容. 电器逻辑控制技术 [M]. 北京：科学出版社，2002.
[7] 江汉秀. 可编程序控制器原理及应用 [M]. 西安：西安电子科技大学出版社，2000.
[8] 刘金琪. 机床电气自动控制 [M]. 哈尔滨：哈尔滨工业大学出版社，1999.
[9] 陈国呈. 变频调速技术 [M]. 北京：机械工业出版社，1998.
[10] 许建国. 拖动与调速系统 [M]. 武汉：武汉测绘科技大学出版社，1998.
[11] 茂林. 低压电器及配电电控设备选用手册 [M]. 沈阳：辽宁科学技术出版社，1998.
[12] 陈宇. 可编程控制器基础及编程技巧 [M]. 广州. 华南理工大学出版社，1999.
[13] 郑晟. 现代可编程序控制器原理与应用 [M]. 北京：科学出版社，1999.
[14] 常斗南. 可编程序控制器原理、应用、实验 [M]. 北京：机械工业出版社，1998.
[15] 宋德玉. 可编程序控制器原理及应用系统设计技术 [M]. 北京：冶金工业出版社，1999.
[16] 史国生. 电气控制与可编程控制器技术 [M]. 北京：化学工业出版社，2010.
[17] 宫淑贞，徐世许. 可编程控制器原理及应用 [M]. 北京：人民邮电出版社，2012.
[18] 孙振强. 可编程控制器原理及应用教程 [M]. 北京：清华大学出版社，2008.
[19] 王庭有. 可编程控制器原理及应用 [M]. 北京：国防工业出版社，2008.
[20] 何衍庆，黄海燕，黎冰. 可编程控制器原理及应用技巧 [M]. 北京：化学工业出版社，2010.
[21] 董爱华. 可编程控制器原理及应用 [M]. 北京：中国电力出版社，2010.
[22] 江永富，廖晓梅. 三菱 PLC 编程技术及工程案例精选 [M]. 北京：机械工业出版社，2011.